液压传动与控制

主编　冯永保　李　锋　何润生
编者　冯永保　李　锋　何润生
　　　姚晓光　陈　珊　马长林
　　　高运广　李　良　何祯鑫
　　　曹大志

西北工业大学出版社

西安

【内容简介】 本书主要介绍了液压传动的基本概念,流体力学基础知识,液压元件的工作原理和结构特点,液压传动的基本回路,液压传动系统的工作原理及分析使用、安装、调试,以及液压伺服控制系统等。

本书编写中着重对基本概念和原理进行阐述,体现理论与实际的联系,并突出针对性和实用性,注重对机械、机电类技术人员学习和掌握液压传动与控制知识的需求和实际应用能力的提升。

本书主要作为高等学校机械、机电类专业本科学生学习液压传动与控制的教材或参考书,也可作为工程技术人员技术培训的教材或参考书。

图书在版编目(CIP)数据

液压传动与控制/冯永保,李锋,何润生主编. —
西安:西北工业大学出版社,2020.3
ISBN 978 - 7 - 5612 - 6809 - 4

Ⅰ.①液… Ⅱ.①冯… ②李… ③何… Ⅲ.①液压传动-高等学校-教材 ②液压控制-高等学校-教材 Ⅳ.
①TH137

中国版本图书馆 CIP 数据核字(2020)第 032787 号

YEYA CHUANDONG YU KONGZHI

液 压 传 动 与 控 制

责任编辑:李阿盟 王 尧	策划编辑:杨 军
责任校对:胡莉巾	装帧设计:李 飞

出版发行:西北工业大学出版社
通信地址:西安市友谊西路 127 号　　邮编:710072
电　　话:(029)88491757,88493844
网　　址:www.nwpup.com
印刷者:兴平市博闻印务有限公司
开　　本:787 mm×1 092 mm　　1/16
印　　张:19.75
字　　数:515 千字
版　　次:2020 年 3 月第 1 版　　2020 年 3 月第 1 次印刷
定　　价:69.00 元

前　言

　　液压传动与控制目前已经成为各行各业技术装备不可或缺的技术手段,特别是在汽车起重机、转载车、各类工程机械等一些行走式机动设备中,液压技术的应用非常广泛,如汽车起重机以及机动式设备中的起升、回平、锁紧、制动等装置的驱动与控制均用到了液压技术。目前,有关液压传动方面的书籍虽然较多,但大都是针对通用液压元件和系统的,有关描述特种机动式设备液压传动方面的较少,在教学中,教师和学生均感觉到采用通用教材的针对性不强。因此,笔者针对特种机动式液压设备的应用及学生的学习要求和特点,编写了本书。

　　由于本书的使用对象为机械、机电类专业本科学生,而液压传动课程又属于技术基础课,学习本课程应着重于基本内容的掌握和知识的应用。本书在内容取舍上贯彻少而精、理论联系实际的基本原则。为体现教材的实用性,液压基础知识部分以必需、够用为原则,液压元件、基本回路和典型特种机动式设备液压系统部分突出针对性和背景特色,注重理论与实践的紧密结合。为方便广大读者朋友阅读和理解,本书在介绍液压元件工作原理时均配以简明易懂的结构原理图,对典型结构示例还配以常用新型的实际外形图。

　　全书内容共 10 章,主要包括绪论、液压工作介质、液压流体力学基础、液压泵与液压马达、液压缸、液压控制元件、辅助装置、液压基本回路、液压传动系统分析与使用、液压伺服控制系统等。其中第 1~3 章由冯永保编写,第 4 章由陈珊、何润生编写,第 5 章由李良编写,第 6 章由姚晓光、李良、曹大志编写,第 7 章和附寻由何祯鑫编写,第 8 章由高运广编写,第 9、10 章由马长林、李锋编写。全书由冯永保、李锋、何润生统稿。

　　笔者编写本书曾参阅了相关文献资料,在此谨向其作者表示衷心感谢。

　　由于水平有限,书中不足之处在所难免,恳请读者批评指正。

编　者

2019 年 10 月

目　　录

第 1 章 绪 论

一部完整的机器一般是由原动机、传动机构和工作机三部分组成的。原动机包括电动机、内燃机等。工作机是完成该机器工作任务的直接工作部分,如起重机的卷扬机构、回转机构等。由于原动机的功率和转速变化的范围有限,为适应工作机所需力和工作速度变化范围较宽的需求以及操纵控制的要求,在原动机和工作机之间设置传动机构,把原动机输出的功率经过转换后传递给工作机,以满足工作需要。

常见的传动方式通常有机械传动、电气传动、流体传动等。流体传动根据传动介质的不同分为气体(气压)传动和液体传动。液体传动又分为液力传动和液压传动,液压传动只是各传动形式中的一种而已。

液力传动和液压传动都是以液体作为工作介质的,但液力传动主要依靠液体的速度和质量,也就是动能来进行能量的传递和转换,它依据的基本原理是流体力学的动量矩原理。液力传动也称动压传动,如常用的液力耦合器、液力变矩器等。而液压传动则是基于帕斯卡原理,利用液体的压力能进行动力(力和速度)的传递和转换的传动方式,也被称为静压传动或静液压传动。

当然,一个完整的液压传动系统,需要利用各种液压元件组成相应的基本回路,再由若干基本回路有机组合成能够实现各种功能的系统,从而完成能量的转换、传递和控制。因此,液压传动与控制是通过研究以有压流体为传动介质来实现各种机构传动和控制的学科。在学习中,必须了解传动介质的基本物理性质及其力学特性,熟悉各类元件的结构、工作原理和性能,以及各种基本回路的性能和特点,才可在此基础上对液压传动系统进行分析、使用和设计。

1.1 液压传动的工作原理

图 1-1 所示为手动液压千斤顶结构图及外观图,以该图来说明液压传动的工作原理。液压千斤顶主要由大缸体 5 和大活塞 6 组成举升液压缸;由手动杠杆 4、小缸体 3、小活塞 2、单向阀 1 和 7 组成手动液压泵。外力使手动杠杆 4 上下摆动,带动小活塞 2 在小缸体 3 中做上下往复运动。当小活塞 2 上移时,小缸体 3 腔内的容积扩大而形成真空,油箱中的油液在大气压力的作用下,通过进油单向阀 1 进入泵腔内;当小活塞 2 下移时,小缸体 3 腔内的油液顶开单向阀 7 将油液排入大缸体 5 内,使大活塞 6 带动重物一起上升。反复上下扳动杠杆,重物就会逐步升起。手动杠杆 4 停止工作,大活塞 6 将停止运动;打开截止阀 8,大缸体 5 内油液在重力的作用下排回油箱,大活塞 6 落回原位。以上叙述就是液压千斤顶的工作原理。

现在根据图 1-1 对大小活塞之间的受力关系、运动关系和功率关系进行分析。在分析时,做以下假定:①工作介质是不可压缩的;②液压缸和管道均为刚体,受力后不会变形;③系统无泄漏;④忽略一切摩擦力。

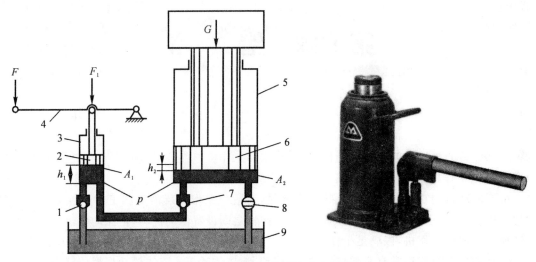

图 1-1 液压千斤顶的工作原理

1,7—单向阀;2—小活塞;3—小缸体;4—手动杠杆;5—大缸体;6—大活塞;8—截止阀;9—油箱

1. 力的关系

当大活塞上有重物负载 G 时,其下腔的油液将产生一定的液体压力 p,即

$$p = \frac{G}{A_2} \tag{1-1}$$

在千斤顶工作中,小活塞到大活塞之间会形成密封的工作容积,依据帕斯卡原理:在密闭容器内,施加于静止液体上的压力将以等值同时传到液体各点,因此要顶起重物,在小活塞下腔就必须产生一个等值的压力 p,即在小活塞上施加的力为

$$F_1 = pA_1 = \frac{A_1}{A_2}G \tag{1-2}$$

可见,在活塞面积 A_1,A_2 一定的情况下,液体压力 p 取决于举升的重物负载 G。将小活塞 2 和小缸体 3 以及手动杠杆 4 组成的装置称为手动泵,手动泵上的作用力 F_1 则取决于密封容腔内的液体压力 p。因此,被举升的重物负载 G 越大,液体压力 p 越高,手动泵上所需的作用力 F_1 也就越大;反之,如果空载工作,且不计摩擦力,则液体压力 p 和手动泵上的作用力 F_1 都为零。由此,可得出液压传动的第一个特征:压力取决于负载。实际工作中,此处压力应为系统中的压力,负载应为包括重物以及摩擦力等的各种外负载。

2. 运动关系

由于工作过程中小活塞到大活塞之间为密封的工作容积,小活塞向下压出油液的体积必然等于大活塞向上升起时大缸体内扩大的体积,设 h_1 为小活塞下移位移,h_2 为大活塞上升位移,即

$$A_1 h_1 = A_2 h_2 \tag{1-3}$$

假设大小活塞匀速运动,式(1-3)两端同除以活塞移动时间 t,得

$$v_1 A_1 = v_2 A_2 \tag{1-4}$$

$$v_2 = \frac{A_1}{A_2} v_1 = \frac{q}{A_2} \tag{1-5}$$

式中，$q = v_1 A_1 = v_2 A_2$，称之为流量，表示单位时间内流过某管路过流截面的液体体积。由于活塞面积 A_1，A_2 已定，所以大活塞的移动速度 v_2 只取决于进入大缸体的流量 q。因此，进入大缸体的流量 q 越多，大活塞的移动速度 v_2 也就越高。由此，可得出液压传动的第二个特征：速度取决于流量。此处速度是指推动负载的速度，即大活塞（负载）的速度，流量是指进入大缸体的流量。

这里需要着重指出的是，以上两个特征是独立存在的，互不影响。不管液压千斤顶的负载如何变化，只要供给的流量一定，活塞推动负载上升的运动速度就一定；同样，不管液压缸的活塞移动速度如何变化，只要负载是一定的，那么，推动负载所需要的液体压力就不会变化。

3. 功率关系

若不考虑各种能量损失，手动泵的输入功率等于液压缸的输出功率，即

$$F_1 v_1 = G v_2 \text{ 或 } N = p A_1 v_1 = p A_2 v_2 = pq \tag{1-6}$$

可见，液压传动的功率 N 可以用液体压力 p 和流量 q 的乘积来表示，压力 p 和流量 q 也是液压传动系统中最基本、最重要的两个物理量。同时，从功率公式还可看出，要传递某一确定的功率，既可以采用低压大流量，也可以采用高压小流量。而流量小，意味着液压元件的体积可以小。因此，多年来，液压技术的发展趋势之一就是不断提高液压系统的工作压力。

在液压千斤顶的工作过程中，存在着两次的能量转换过程：一是手动泵装置将手动机械能转换为液体压力能；二是大缸体将液体压力能转换为机械能输出。

综上所述，可归纳出液压传动的基本特征是：①以液体为工作介质，依靠处于密封工作容积内的液体压力能来传递能量；②压力的高低取决于负载；③负载速度的传递是按容积变化相等的原则进行的，速度的大小取决于流量；④液压传动过程中经过了两次能量转换；⑤压力和流量是液压传动中最基本、最重要的两个参数。

1.2　液压传动系统的组成

由 1.1 节示例千斤顶的结构和原理可知，系统由手动杠杆 4、小缸体 3、小活塞 2 组成的手动泵完成吸油和排油过程；大缸体 5 和大活塞 6 组成举升液压缸，接收手动泵提供的能量推动负载做功；进油单向阀 1、排油单向阀 7 及截止阀 8 等控制油液的流动方向、负载的下降等。因此，在实际应用中，液压系统一般由液压泵、液压阀、液压执行器、液压辅件以及工作介质等组成，如图 1-2 所示。

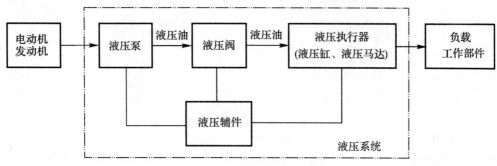

图 1-2　液压系统的组成

一个完整的液压系统由以下 5 部分组成：

(1)液压泵，也称动力元件。其功能是将原动机输出的机械能转换成液体的压力能，为系统提供动力。液压泵是在电动机或发动机的驱动下排出液压油。

(2)液压执行器，即液压缸、液压马达，也称执行元件。它们的功能是将液体的压力能转换成机械能，以带动负载进行直线运动或旋转运动(液压缸一般控制负载直线运动，液压马达控制负载实现旋转运动)。液压执行器一般与工作部件相连，在液压油的推动下，驱动工作部件运动。

(3)液压阀，即压力、流量和方向控制阀，也称控制元件。它们的作用是控制和调节系统中液体的压力、流量和流动方向，以保证执行元件达到所要求的输出力(或力矩)、运动速度和运动方向。

(4)液压辅件，也称辅助元件，指保证系统正常工作所需要的各种辅助装置，包括管道、管接头、密封、油箱、过滤器、加热器、冷却器和指示仪表等。

(5)工作介质，常用介质为液压油，用于传递能量。

1.3　液压传动系统的图形符号

图 1－3 所示为设备工作台的液压传动系统，它由液压泵、溢流阀、节流阀、换向阀、液压缸、油箱以及连接管道等组成。其工作原理：液压泵 3 由电动机带动旋转，从油箱 1 经过滤器 2 吸油，液压泵 3 排出的压力油先经节流阀 4 再经换向阀 6(设换向阀手柄向右扳动，阀芯处于右端位置)进入液压缸 7 的左腔，推动活塞和工作台 8 向右运动。液压缸 7 右腔的油液经换向阀 6 和回油管道返回油箱。若换向阀的阀芯处于左端位置(手柄向左扳动)时，活塞及工作台反向运动。改变节流阀 4 的开口大小，可以改变进入液压缸的流量实现工作台运动速度的调节，多余的流量经溢流阀 5 和溢流管道排回油箱。液压缸 7 的工作压力由活塞运动所克服的负载决定。液压泵 3 的工作压力由溢流阀 5 调定，其值略高于液压缸 7 的工作压力。由于系统的最高工作压力不会超过溢流阀 5 的调定值，所以溢流阀 5 还对系统起到过载保护的作用。

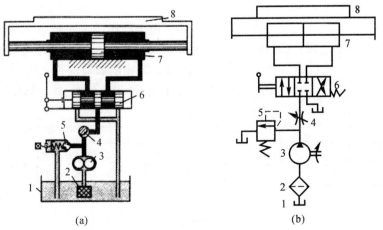

图 1－3　液压系统工作原理图

(a)结构原理；(b)图形符号

1—油箱；2—过滤器；3—液压泵；4—节流阀；5—溢流阀；6—换向阀；7—液压缸；8—工作台

　　图 1-3(a)所示的液压系统工作原理图是半结构式的,其直观性强,易于理解,但绘制起来比较繁杂。图 1-3(b)所示是用液压图形符号绘制成的工作原理图,其简单明了,便于绘制,图中的符号可参见《流体传动系统及元件图形符号和回路图　第 1 部分:用于常规用途和数据处理的图形符号》(GB/T 786.1 — 2009)。学习时应注意,图形符号只表示元件的功能、控制方法及外部连接口,不表示元件的具体结构和参数,也不表示连接口的实际位置和安装位置。

1.4　液压传动的特点

　　1. 液压传动的主要优点

　　(1)体积小、质量轻,单位质量输出的功率大,这是液压传动最突出的优点。由于液压传动可以采用很高的压力,一般可达 32 MPa,个别场合更高,因此具有体积小、质量轻的特点。如在同等功率下,液压马达的外形尺寸和质量仅为电动机的 12% 左右。特别是在中、大功率场合使用中,这一优点尤为突出。

　　(2)可方便地实现无级调速。液压传动调速范围宽,调速范围一般可达 100∶1,甚至高达 2 000∶1。

　　(3)易实现控制。液压传动操纵控制方便,与电子技术结合更易于实现各种自动控制和远距离操纵。

　　(4)响应速度快。由于液压传动体积小、质量轻,因而惯性小,速度响应快,启动、制动和换向迅速。如一个中等功率的电动机启动需要几秒,而液压马达只需 0.1 s。

　　(5)结构简单,布局灵活。因执行元件的多样性(如液压缸、液压马达等)和各元件之间仅靠管路连接,采用液压传动使得机器的结构简化,布置灵活更为方便。

　　(6)易于实现过载保护,安全性好;采用矿物油为工作介质,自润滑性好。

　　(7)液压元件已标准化、系列化和通用化,便于系统的设计、制造和推广应用。

　　2. 液压传动的主要缺点

　　(1)效率低。由于受液体流动阻力、泄漏,以及机械摩擦等影响,液压传动的效率还不高。

　　(2)存在泄漏问题。液压传动系统中存在的泄漏和油液的压缩性,影响了传动的准确性,不易实现定比传动。

　　(3)介质受温度影响大。由于油液的黏度随温度变化而变化,容易引起工作性能的变化,所以液压传动不宜在温度变化范围很大的场合工作。

　　(4)污染对系统性能的影响大。液压传动系统对油液的污染比较敏感,必须有良好的防护和过滤措施。

　　(5)故障不易排查。液压元件制造精度高,成本高,且出现故障时不易检查和排除。

　　液压传动的优点是主要的,而且液压元件已标准化、系列化和通用化,便于系统的设计、制造和推广应用。但其缺点也不可轻视,在设备的应用中,液压系统的泄漏、出现故障后较难查找、维护要求高等问题都直接影响了设备的使用及其性能的发挥。但其优点总是多于缺点,因此液压传动在装备及各种保障设备中有着广阔的应用前景和发展前途。

1.5 液压技术的发展及应用

1.5.1 液压技术发展历史

液压技术的发展是与流体力学、材料学、机构学、机械制造等相关基础学科的发展紧密相关的。早在公元前 200 年，人类就开始通过水轮的方式利用水力，一直到蒸汽机进入实用前，人们在生产中所使用的动力除了人力、风力外，就是水力。

公元前 250 年，古希腊人阿基米德就发表了《论浮体》一文，精确地给出了"阿基米德定律"，从而奠定了物体平衡和沉浮的基本理论，是对流体力学学科的形成最早做出贡献的人。

约在 1600 年德国人凯普勒发明了齿轮泵，但最初并没有获得应用。

1648 年，法国人帕斯卡（B.Pascal）归纳了静止液体中压力传递的基本定律——帕斯卡原理，奠定了液体静力学基础。

但流体动力学成为一门严密的学科，是在经典力学建立了速度、加速度、力、流场等概念，以及质量、动量、能量三个守恒定律建立之后才逐步形成的。

1687 年，力学奠基人牛顿（I.Newton）出版了著作《自然哲学的数学原理》，研究了在流体中运动物体所受到的阻力，针对黏性流体运动时的内摩擦力，提出了牛顿内摩擦定律，为黏性流体动力学奠定了初步的理论基础。

1654 年，德国人盖里克（O.von Guericke）发明了真空泵，他在雷根斯堡用 16 匹马拉拽两个合在一起的抽成真空的半球，首次向人们显示了真空和大气压的威力。

1681 年，帕潘（D.Papin）发明了带安全阀的压力釜，实现了压力的自动控制。

1733 年，法国人卡米（M.Camus）提出了齿轮啮合基本定律。

瑞士人伯努利（D.Bernoulli）从经典力学的能量守恒出发，研究供水管道中水的流动。1738 年，在出版的著作《流体动力学》中，他建立了流体势能、压力能和动能之间的能量转换关系，即伯努利方程。

瑞士人欧拉（L.Euler）是经典流体力学的奠基人。在 1755 年发表的著作《流体运动的一般原理》中，他提出了流体连续介质的概念，建立了流体连续性微分方程和理想流体的运动微分方程，即欧拉方程，正确地用微分方程组描述了无黏性流体的运动。

欧拉方程和伯努利方程的建立，是流体动力学作为一个分支学科建立的标志，从此开始了用微分方程和试验测量进行流体运动定量研究的阶段。

1772 — 1794 年，英国人瓦洛（C.Vario）和沃恩（P.Vaughan）先后发明了球轴承。

1774 年，英国人威尔金森（J.Wilkinson）发明了比较精密的镗床，使缸体精密加工成为可能。

1779 年，法国人拉普拉斯（P.S.Laplace）提出了"拉普拉斯变换"，后来成为线性系统分析的主要数学工具。

1785 年，法国人库仑（C.A.de Coulomb）用机械啮合概念解释干摩擦，首次提出了摩擦理论。

1788 年，英国人瓦特（J.Watt）用离心式调速器控制阀门，调节蒸汽机转速。

1797 年，英国人莫利兹（R.Maudslay）发明了包含丝杠、光杠、进刀架和导轨的车床，可车削不同螺距的螺纹。

1827 年,法国人纳维(C.L.M. Navier)在流体介质连续性、流体质点变形连续性等假设的基础上,第一个提出了不可压缩流体的运动微分方程组;1846 年,英国人斯托克斯(G.G. Stokes)又以更合理的方法严格地导出了这些方程。后来引用该方程时,便统称为纳维-斯托克斯方程(N-S 方程),它是流体动力学的理论基础。

1883 年,英国人雷诺(O.Reynolds)用实验证明了黏性流体存在两种不同的流动状态——层流和湍流,找出了实验研究黏性流体流动规律的相似准则数——雷诺数,以及判断层流和湍流的临界雷诺数,并且建立了湍流基本方程——雷诺方程。

自 16 世纪到 19 世纪,欧洲人对流体力学、近代摩擦学、机构学和机械制造等所做出的一系列贡献,为 20 世纪液压传动的发展奠定了科学与工艺基础。

在帕斯卡提出静压传递原理的 147 年后,1795 年英国人布拉默(Joseph Braman)获得了第一项关于液压机的英国专利。两年后,制成了由手动泵供压的水压机,到 1826 年,水压机已被广为应用,成为继蒸汽机以后应用最普遍的机械。此后,还发展了许多水压传动控制回路,并且采用职能符号取代具体的结构和设计,促进了液压技术的进一步发展。19 世纪下半叶,英国人阿姆斯强研发了很多液压机械和元件,主要用于船舶绞锚机和提升机。1880 年奥地利在开凿阿尔卑斯山隧道时第一次使用了液压钻机。那时,许多零件与现在的元件已经很相似了。

1939 年,伦敦的高压水网已达 300 km,每年为 8 000 台液压设备提供 750 m³,5.5 MPa 的压力水。直到 20 世纪 70 年代,此网还在为伦敦地铁的升降机提供液压能。

由于水具有黏度低、润滑性差、易产生锈蚀等缺点,所以严重影响了水压技术的发展。因此,在电力传动兴起后,水压传动的发展和应用不断地减少了。

20 世纪初,由于石油工业的兴起,矿物油与水相比具有黏度大、润滑性能好、防锈蚀能力强等优点,促使人们开始研究采用矿物油代替水作为液压系统的工作介质。

1905 年,美国人詹尼(Janney)首先将矿物油引入液压传动系统作为工作介质,并且设计制造了第一台油压轴向柱塞泵及由其驱动的油压传动装置,并于 1906 年应用到军舰的炮塔控制装置上,揭开了现代油压技术发展的序幕。

液压油的引入改善了液压元件摩擦副的润滑性能,减少了泄漏,从而为提高液压系统的工作压力和工作性能创造了有利条件。结构材料、表面处理技术及复合材料的引入,动、静压轴承设计理论和方法的研究成果,以及丁腈橡胶等耐油密封材料的出现,使油压技术在 20 世纪得到迅速发展。

由于车辆、舰船、航空等大型机械功率传动的需求,人们需要不断提高液压元件的功率密度和控制特性。1922 年,瑞士人托马(H.Thoma)发明了径向柱塞泵。随后,斜盘式轴向柱塞泵、斜轴式轴向柱塞泵、径向液压马达及轴向变量马达等的相继出现,使液压传动的性能不断得到提高。液压技术在两次世界大战期间被迅速推进,直到 1940 年,工作压力为 35MPa 的液压泵已系列生成。

汽车工业的发展及第二次世界大战中大规模武器生产的需要,促进了机械制造工业标准化、模块化概念和技术的形成与发展。1936 年,美国人威克斯(Harry Vickers)发明了以先导控制压力阀为标志的管式系列液压控制元件,20 世纪 60 年代出现了板式以及叠加式液压元件系列,20 世纪 70 年代出现了插装式系列液压元件,从而逐步形成了以标准化功能控制单元为特征的模块化集成单元技术。

由于高分子复合材料的发展以及复合式旋转和轴向密封结构的改进,至 20 世纪 80 年代,液压传动与控制系统的密封技术已日趋成熟,基本满足了各类工程的需求。

控制理论及其工程实践得到飞速发展,为电液控制工程的进步提供了理论基础和技术支持。在 20 世纪 60 年代后期,发展了采用比例电磁铁作为电液转换装置的比例控制元件,其鲁棒性更好,价格更低,对油质也无特殊要求。此后,比例阀广泛应用于工业控制。

液压传动及控制系统是动力装置与工作机械之间的中间环节,为了提高实时工作效率,最好能做到既与工作机构的负荷状态相匹配,又与原动机的高效工作区相匹配,从而达到系统效率最高化。因此,在 20 世纪 70 年代出现了负载敏感系统、功率协调系统,在 20 世纪 80 年代出现了二次调节系统。

在 20 世纪 60 年代,针对非线性时变系统和多输入/多输出复杂系统的现代控制理论的进展及微处理机技术的进步,使得先进的数字实时控制策略的实现成为可能,因而模型参照自适应控制、最优控制、模糊控制和现代控制策略相继被引入流体传动与控制系统中。

由于微电子技术的不断进步,微处理机、电子功率放大器、传感器与液压控制单元相互集成,形成了机械电子一体化产品,通过标准的现场总线、无线传输与上位机实行数字交互,形成智能化数字控制电液控制系统,不但提高了系统的静、动态控制精度,而且提高了系统智能化程度及可靠性和鲁棒性,也提高了系统对负载、环境以及自身变化的自适应能力。

20 世纪是液压技术逐步走向成熟的一个世纪,液压技术的应用领域不断得到拓展。从组合机床、注射成型设备、机械手、自动加工及装配线到金属和非金属压延,从材料及构件强度试验机到电液仿真试验平台,从建筑、工程机械到农业、环保设备,从能源机械调速控制到热力与化工设备过程控制,从橡胶、皮革、造纸机械到建筑材料生产自动线,从家用电器、电子信息产品自动生产线到印刷、包装及办公自动化设备,从食品加工、医疗监护系统到休闲及体育训练机械,从采煤机械到石油钻探及采收设备,从航空航天器控制到船舶、火车和家用小汽车等,液压传动与控制技术已成为现代机械工程的基本要素和工程控制的关键技术之一。

液压技术不断地从机器制造、材料工程、微电子、计算机及物质科学吸取新的成果,在社会和工程需求的强力推动下,接受来自机械和电气传动与控制快速发展的挑战,不断发挥自身的优势以便满足客观需求,将自身逐步推进到新的水平。

1.5.2 我国液压技术发展的历程

我国液压工业始于 20 世纪 50 年代,其产品最初主要应用于机床和锻压设备,后来才应用于拖拉机和工程机械。国内液压产品最初以仿苏为主,在 1965 年引进了日本油研公司的系列叶片泵、阀、液压缸、蓄能器等制造技术和工艺设备,并在山西榆次生产。同时,全国组织联合设计组进行液压产品设计以来,我国液压元件生产才从低压到高压形成系列,并在各类机械装备上得到应用。从 20 世纪 80 年代起,为促进液压、气动和密封行业的迅速发展,我国先后从德国、美国等国引进了 60 余项先进技术和产品。其中,液压技术 40 余项,经消化、吸收和技术改造,现均已批量生产,并成为液压行业的主导产品。再加上国家大量企改资金的投入,使我国一批主要液压企业的工艺装备得到了改善,技术水平进一步提高,为形成起点高、专业化、批量生产打下良好基础。目前,我国液压行业已形成国企、民企和合资企业三足鼎立的局面。国企的主导产品是以 20 世纪 80 年代的引进技术为基础,之后进行了跟踪仿制,其产品处于国际中档水平;民企产品的技术大多来源于国企以及对国外产品的仿制,产品多属中低档水平。但近年来许多民企在产品研发中投入了大量人力物力,产品质量得到了显著提升,有些已超过国企产品质量;合资企业的产品技术主要来源于国外先进工业国家,产品于 20 世纪后期达到中高档水平。

总之,我国液压行业已具备一定的技术基础,并形成了一定的生产规模,在中低档产品市场上,国内产品基本上能自给自足,并有少量出口;但不少高档产品或是空缺,或是与国外产品性能差别较大。特别是从主机不断发展的需要来看,仍然存在不少问题。例如,企业的自主创新能力比较薄弱,尤其是对关键核心技术的研发投入不够;产品的创新程度低,有自主知识产权的产品少;产品性能、品种及规格仍然不能满足主机的配套需要,有很大一部分高档产品要依靠进口,有些产品的进口甚至受到国外的封锁和限制;在水液压技术、微型液压技术以及电液集成元器件的研制等方面,近年来,发展势头很好,也取得了一系列成果,但总体水平还与发达国家有一定差距。

现在看来,我国液压技术在经历了数十年依靠进口国外先进技术、产品,然后消化、吸收的发展历程之后,仍然无法根本改变液压技术落后的局面。面对当前日益严格的安全性、可靠性、环境保护及节约能源的要求,面对我国要由制造大国转变为制造强国,要把国家建设成为创新型国家的历史使命,我国液压行业必须转变发展模式,坚持走自主创新、跨越式发展之路。要产学研结合,建立鼓励创新的机制,加强液压基础技术的教育,培养大批综合素质好、创新能力强、基础扎实的液压技术人才。只有这样,我国液压技术才可能有大的发展,不仅有可能很快跨入国际先进水平的行列,而且能真正为我国装备制造业的发展提供良好的配套服务。

1.5.3　液压技术的应用

距今,液压技术已有 200 多年的历史了,然而在工业上的真正推广使用是在 20 世纪中叶。先是在一些武器装备上用上了功率大、反应快、动作准的液压传动和控制装置,大大提高了武器装备的性能,同时也大大促进了液压技术本身的发展。到了后期,液压技术由军事转入民用,在机械制造、工程机械、锻压机械、冶金机械、汽车和船舶等行业中得到了广泛的应用和发展。

现代液压技术与微电子技术、计算机技术、传感技术的紧密结合已形成并发展成为一种包括传动、控制、检测在内的自动化技术。当前,液压技术在实现高压、高速、大功率、经久耐用、高度集成化等各项要求方面都取得了重大进展;在完善发展比例控制、伺服控制、开发数字控制技术上也有许多新成绩。同时,液压元件和液压系统的计算机辅助设计(CAD)和测试(CAT)、微机控制、机电液一体化(Hydromechatronics)、液电一体化(Fluitronics)、可靠性、污染控制、能耗控制、小型微型化等方面也是液压技术发展和研究的方向。而继续扩大应用服务领域,采用更先进的设计和制造技术,将使液压技术发展成为内涵更加丰富的、完整的综合自动化技术。

目前,液压技术已广泛应用于各个工业领域的技术装备上,例如机械制造、工程、建筑、矿山、冶金、军用、船舶、石化、农林等机械。上至航空、航天工业,下至地矿、海洋开发工程,几乎无处不见液压技术的踪迹。液压技术的应用领域大致上可归纳为以下几个主要方面。

(1)各种举升、搬运作业。尤其在行走机械和较大驱动功率的场合,液压传动已经成为一种主要方式,例如从起重、装载等工程机械到消防、维修、搬运等的特种车辆,船舶的起货机、起锚机、高炉、炼钢炉设备,船闸、舱门的启闭装置,剧场的升降乐池和升降舞台,以及各种自动输送线等。

(2)各种需要作用力大的推、挤、压、剪、切、挖掘等作业装置。在这些场合,液压传动已经具有垄断地位,例如各种液压机,金属材料的压铸、成型、轧制、压延、拉伸、剪切设备,塑料注射成型机、塑料挤出机等塑料机械,拖拉机、收割机以及其他砍伐、采掘用的农林机械,隧道、矿井和地面的挖掘设备,以及各种船舶的舵机等。

(3)高响应、高精度的控制,例如火炮的跟踪驱动、炮塔的稳定、舰艇的消摆、飞机和导弹的姿态控制等装置,加工机床高精度的定位系统,工业机器人的驱动和控制,电站发电机的调速系统,高性能的振动台和试验机,以及多自由度的大型运动模拟器和娱乐设施等。

(4)多种工作程序组合的自动操纵与控制,例如组合机床、机械加工自动线等。

(5)特殊工作场所,例如地下、水下、防爆等特殊环境的作业装备。

1.5.4　液压技术面临的挑战

当前,新技术层出不穷,技术改变的速度越来越快,液压技术也面临着巨大的挑战。随着环保节能的要求,以及新能源的发展和应用,新能源(如燃料电池、蓄电池等)在移动液压设备上将会逐步取代内燃机,这就会给移动液压带来大的改变。在移动式液压设备上,内燃机产生的机械能需要经过液压泵转化为液压能,驱动液压缸或液压马达,这个过程存在机械能转化为液压能、液压能再转化为机械能的能量的转化。但是,在燃料电池或蓄电池成为能量来源后,可以直接驱动电驱动器,从控制角度或者能量转换角度来讲,都会方便很多,设计人员设计时也会优先考虑电驱动。因此,电驱动取代液压驱动,在近年来比较热门,这也是液压技术当前所面临的挑战。

但是,技术取代总是有一个过程,需要一定时间的。而且,每一项技术都会朝前发展的,都会发现新的应用,开拓新的领域,液压技术也是如此。正如路甬祥院士所说,"由于流体特性及其应用领域的多样化及复杂性,流体传动与控制技术在未来有着无穷无尽的研究领域和无止境的应用范围"。

思考与练习

1.何谓液压传动?

2.液压传动系统由哪几部分组成?各部分的作用是什么?

3.液压传动与机械传动、电气传动相比有哪些优缺点?

4.液压传动过程中要经过两次能量转换,而经过能量转换是要损失能量的,那么为什么还要使用液压系统呢?

5.液压系统原理图中元件的表示方法有哪几种?为什么通常液压系统采用图形符号来表示?

6.举例说明在实际生活中有哪些液压传动设备。

7.针对液压技术发展历程谈谈我国液压工业发展的突破口在哪里。

8.液压技术目前面临哪些方面的挑战?

第2章　液压工作介质

液压传动通常是以液体作为工作介质来进行能量传递的。常采用矿物油作为工作介质，也称之为液压油。因此，了解液体的基本物理化学性质，了解液压油的选用原则、油液的种类和牌号以及液压系统油液的污染控制，有助于液压系统的合理使用。

2.1　液体的密度与重度

液体单位体积所具有的质量称为密度，以 ρ（单位：kg/m^3）表示，有

$$\rho = \frac{m}{V} \tag{2-1}$$

式中，m 为液体的质量，kg；V 为液体的体积，m^3。

液体单位体积所具有的重量称为重度，以 γ（单位：N/m^3）表示，有

$$\gamma = \frac{G}{V} \tag{2-2}$$

液体的密度随压力和温度的变化而变化，即随压力的增加而增大，随温度的升高而减小。在一般情况下，由压力和温度引起的变化都比较小，在实际应用中油液的密度可近似地视为常数。石油型液压油液的密度在一般情况下，以标准大气压下、20℃ 时油液的密度值作为计算值，通常取 $\rho = 900 \ kg/m^3$，而水的密度为 $\rho = 1\ 000 \ kg/m^3$。重力加速度一般取 $g = 9.8 \ m/s^2$。

2.2　液体的可压缩性

液体受压力作用而发生体积变化的性质称为液体的可压缩性。

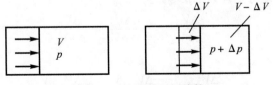

图 2-1　油液的可压缩性

如图 2-1 所示，一封闭容腔中液体的压力为 p，体积为 V，压力加大为 $p + \Delta p$，体积将会减小到 $V - \Delta V$。液体压缩性的大小通常以体积压缩率 β（单位：m^2/N）来表示，即当温度不变时，在单位压力变化下液体体积的相对变化量，即

$$\beta = -\frac{1}{\Delta p}\frac{\Delta V}{V} \qquad\qquad (2-3)$$

式中,V 为液体加压前的体积,m^3;ΔV 为加压后液体体积变化量,m^3;Δp 为液体压力变化量,N/m^2。

当压力增大时,液体体积总是减小,所以式(2-3)中冠一负号以使压缩系数为正值。液体的压缩率 β 的倒数称为液体的体积弹性模量,以 K(单位:N/m^2)表示,其值为

$$K = \frac{1}{\beta} = \frac{V\Delta p}{\Delta V} \qquad\qquad (2-4)$$

液压油的体积弹性模量为$(1.4 \sim 1.9)\times 10^9\ N/m^2$,水的体积弹性模量为 $2.1\times 10^9\ N/m^2$,钢的体积弹性模量为 $2.06\times 10^{11}\ N/m^2$,液压油的体积弹性模量为钢的 $1/140 \sim 1/100$。对液压系统来讲,由于压力变化引起的液体体积变化很小,故一般可认为液体是不可压缩的。但当液体中混有空气时,其压缩性显著增加,并将影响系统的工作性能。在有动态特性要求或压力变化范围很大的高压系统中,应考虑液体压缩性的影响,并应严格排除液体中混入的气体。实际计算时液压油的体积弹性模量常选用$(0.7 \sim 1.4)\times 10^9\ N/m^2$。在常压下,液压系统中矿物油内混入的空气量可达 $6\% \sim 12\%$。但随着压力的上升,一部分混入的空气将溶解于液体中,不再对液体的有效弹性模量产生明显影响。但是没有溶于液体中的空气将对液体的有效弹性模量产生明显影响。

在理解液压系统中压力的概念时应注意:封闭容腔中如果仅仅是充满液体,而无外界的作用力,是不会产生压力的。正是由于封闭容腔中的液体受到外部作用力,体积有所减少才产生压力的。所以,在液压系统工作时,只有油液充满执行机构的容腔,推动执行机构克服外界负载时,系统才能建立起由外界负载所决定的压力。

【例 2-1】 在某液压系统的油液中混入占体积 1% 的空气,求当压力分别为 $35\times 10^5\ Pa$ 和 $70\times 10^5\ Pa$ 时该油的等效体积模量。若油中混入 5% 的空气,求压力为 $35\times 10^5\ Pa$ 时油的等效体积模量(设气体做等温变化,钢管的弹性忽略不计)。

解 气体状态方程为 $pV/T =$ 常数,因气体做等温变化,则 $pV =$ 常数,微分得 $Vdp + pdV = 0$,气体的压缩系数为 $k = -\dfrac{dV}{Vdp}$,不难得出 $k = \dfrac{1}{p}$,所以气体的体积弹性模量 $K = p$。

设本题中压缩前油、气总体积为 V_Σ,气体体积为 V_g,油的体积 $V_o = V_\Sigma - V_g$;压缩总体积、气体体积和油体积的增量分别为 $-\Delta V_\Sigma$、$-\Delta V_g$ 和 $-\Delta V_o$;压力增量为 Δp;混合物、气体和纯油的体积弹性模量分别为 K'、K_g 和 K_o;压缩系数分别为 k'、k_g 和 k_o,由题意得 $-\Delta V_\Sigma = -\Delta V_o - \Delta V_g$,上式两端分别除以 $\Delta p V_\Sigma$,得

$$-\frac{\Delta V_\Sigma}{\Delta p V_\Sigma} = -\frac{\Delta V_o}{\Delta p V_\Sigma} - \frac{\Delta V_g}{\Delta p V_\Sigma}$$

变形得

$$-\frac{\Delta V_\Sigma}{\Delta p V_\Sigma} = -\frac{\Delta V_o}{\Delta p V_o}\frac{V_o}{V_\Sigma} - \frac{\Delta V_g}{\Delta p V_g}\frac{V_g}{V_\Sigma}$$

即

$$k' = k\frac{V_o}{V_\Sigma} + k_g\frac{V_g}{V_\Sigma}$$

易得

$$\frac{1}{K'} = \frac{1}{K}\frac{V_o}{V_\Sigma} + \frac{1}{K_g}\frac{V_g}{V_\Sigma}$$

式中，K 取 2.0×10^9 N/m²。由前文知 K_g 等于压力，于是，混入空气体积比为 1%，压力为 35×10^5 Pa 和 70×10^5 Pa 时液体的等效体积模量分别为

$$\frac{1}{K'} = \left(\frac{1}{2.0 \times 10^9} \times \frac{99}{100} + \frac{1}{35 \times 10^5} \times \frac{1}{100} \right) \text{ m}^2/\text{N}$$

$$K' = 0.298 \times 10^9 \text{ N/m}^2 \,(p = 35 \times 10^5 \text{ Pa 时})$$

$$\frac{1}{K'} = \left(\frac{1}{2.0 \times 10^9} \times \frac{99}{100} + \frac{1}{70 \times 10^5} \times \frac{1}{100} \right) \text{ m}^2/\text{N}$$

$$K' = 0.520 \times 10^9 \text{ N/m}^2 \,(p = 70 \times 10^5 \text{ Pa 时})$$

而当混入空气 5%，压力为 35×10^5 Pa 时，有

$$\frac{1}{K'} = \left(\frac{1}{2.0 \times 10^9} \times \frac{95}{100} + \frac{1}{35 \times 10^5} \times \frac{5}{100} \right) \text{ m}^2/\text{N}$$

$$K' = 0.068 \times 10^9 \text{ N/m}^2$$

【例 2-2】　图 2-2 所示为充满油液的柱塞缸，已知 $d = 5$ cm，$D = 8$ cm，$H = 12$ cm，柱塞在缸内的长度 $l = 6$ cm，油液的体积弹性模量 $K = 35 \times 10^9$ N/m²。现加重物 $W = 5 \times 10^4$ N，若加重物前缸内压力 $p_0 = 10 \times 10^5$ Pa，忽略摩擦及缸壁变形，求加重物后柱塞的下降距离。

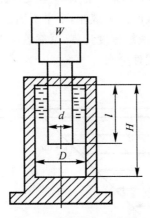

图 2-2　柱塞缸示意图

解　根据油液可压缩性公式：

$$K = \frac{1}{k} = -\frac{\Delta p}{l}\frac{V}{\Delta V}$$

依题意，式中

$$\Delta p = \frac{W}{\frac{\pi}{4}d^2} - p_0 = \left(\frac{5 \times 10^4}{\frac{\pi}{4} \times 0.05^2} - 10 \times 10^5 \right) \text{ Pa} = 245 \times 10^5 \text{ Pa}$$

$$V = \frac{\pi}{4}D^2H - \frac{\pi}{4}d^2L = \frac{\pi}{4}(0.08^2 \times 0.12 - 0.05^2 \times 0.06) \text{ m}^3 = 4.85 \times 10^{-4} \text{ m}^3$$

设加重物后，柱塞下降距离为 h，则有

$$\Delta V = -\frac{\pi}{4}d^2 h$$

代入前式，可得

$$h = \frac{\Delta p \cdot V}{K \frac{\pi}{4}d^2} = \frac{245 \times 10^5 \times 4.85 \times 10^{-4}}{1.5 \times 10^9 \times \frac{\pi}{4} \times 0.05^2} \text{ m} = 4.04 \times 10^{-3} \text{ m}$$

2.3 液体的黏性

2.3.1 黏性的定义

在日常生活中，我们会有这样的感觉：将一瓶菜油与一瓶水同时倒在地面上，菜油的流动性明显比水流的慢，这是由于菜油与水的黏性不同，菜油的黏性高于水。液体的黏性来自液体分子间的吸引力。

液体在外力作用下流动（或有流动趋势）时，液体分子间的内聚力要阻止分子间的相对运动而产生内摩擦力，液体的这种性质称为液体的黏性，它是液体的重要物理性质。液体只有在流动（或有流动趋势）时才会呈现黏性，静止液体不呈现黏性。

如图 2-3 所示，当两平行平板间充满液体，下平板固定，上平板以 u_0 速度向右平动，由于液体的黏性作用，紧靠着下平板的液层速度为零，紧靠着上平板的液层速度为 u_0，而中间各液层速度则从上到下按递减规律呈线性分布。

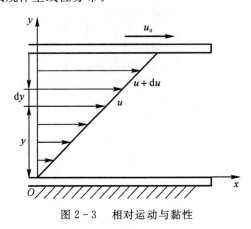

图 2-3 相对运动与黏性

实验测定指出，液体流动时相邻液层间的内摩擦力 F 与液层间接触面积 A 和液层间相对运动速度梯度 du/dy 成正比，即

$$F = \mu A \frac{du}{dy} \tag{2-5}$$

式中，μ 为比例系数，称为动力黏度。

在静止液体中，由于速度梯度 $du/dy = 0$，内摩擦力为零，因此液体在静止状态时不呈现黏性。

式(2-5)称为牛顿液体内摩擦定律。若以 τ 表示单位面积上的内摩擦力(即切应力),则式(2-5)可写为

$$\tau = \mu \frac{\mathrm{d}u}{\mathrm{d}y} \tag{2-6}$$

2.3.2　液体的黏度

液体黏性的大小用黏度来表示。常用的黏度有三种,即动力黏度、运动黏度和相对黏度。

(1)动力黏度。动力黏度又称绝对黏度,用 μ 表示,由式(2-5)、式(2-6),可得

$$\mu = \frac{F}{A\frac{\mathrm{d}u}{\mathrm{d}y}} = \frac{\tau}{\frac{\mathrm{d}u}{\mathrm{d}y}} \tag{2-7}$$

由此可知动力黏度 μ 的物理意义是:当速度梯度 $\mathrm{d}u/\mathrm{d}y$ 等于1(即单位速度梯度)时,流动液体内接触液层间单位面积上产生的内摩擦力。其法定计量单位为 Pa·s。

(2)运动黏度。动力黏度 μ 与密度 ρ 的比值,称为运动黏度,用 ν 表示,有

$$\nu = \frac{\mu}{\rho} \tag{2-8}$$

运动黏度无明确的物理意义,它是流体力学分析和计算中常遇到的一个物理量。因其单位中只有长度与时间的量纲,故称为运动黏度。运动黏度的法定计量单位是 m^2/s,它与非法定单位 cSt(厘斯)之间的关系是:$1\ m^2/s = 10^6\ cSt = 10^6\ mm^2/s$。水的运动黏度约为 $1\ mm^2/s$。

在我国液压油的黏度一般都采用运动黏度来表示。液压油的运动黏度直接表示在它的牌号上,每一种液压油的牌号,就表示这种油在40℃时以 mm^2/s 为单位的运动黏度的平均值。例如,L-HM46 抗磨液压油,表示在40℃时其运动黏度的平均值为 $46\ mm^2/s$。

(3)相对黏度。相对黏度又称条件黏度,它是采用特定的黏度计在规定的条件下测量出来的液体黏度。根据测量仪器和条件不同,各国采用的相对黏度的单位也不同,如美国采用赛氏黏度(SSU),英国采用雷氏黏度(R),而我国和欧洲国家采用恩氏黏度(°E)。

恩氏黏度用恩氏黏度计测定,如图2-4所示,将200 mL温度为20℃的被测液体装入黏度计内,使之由下部直径为2.8 mm的小孔流出,测出液体流尽所需的时间 t_1;再测出200 mL温度为20℃的蒸馏水在同一黏度计中流尽所需的时间 t_2。这两个时间的比值即为被测液体在 $t(℃)$ 时的恩氏黏度,即

$$E_t = \frac{t_1}{t_2} \tag{2-9}$$

液体的黏度随其压力的变化而变化。对常用的液压油而言,压力增大时,黏度增大,但在一般液压系统使用的压力范围内,压力对黏度影响很小,可以忽略不计;当压力变化较大时,则需要考虑压力对黏度的影响。

液体的黏度随其温度升高而降低。这种黏度随温度变化的特性称为黏温特性。不同的液体,黏温特性也不同。在液压传动中,希望工作液体的黏度随温度变化越小越好,因为黏度随温度的变化越小,对液压系统的性能影响也越小。如图2-5所示为几种国产液压油的黏温特性曲线。

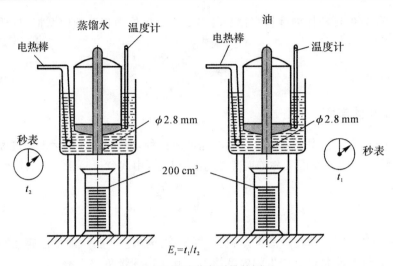

图 2-4 恩氏黏度测量的原理

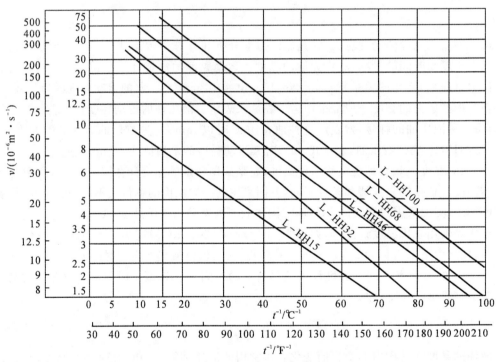

图 2-5 几种国产液压油的黏温特性曲线

（注：1°F=1℃×1.8+32）

2.4 液压油的选用

2.4.1 液压油的品种

液压油的品种很多,主要可分为两种,即矿物油型液压油和难燃型液压油。另外还有一些专用液压油。我国液压油(液)品种分类见表 2-1。

当前,我国与国际标称牌号一致,液压油牌号见表 2-2。液压油常用的黏度等级(或称牌号)为 10~100 号,主要集中在 15~68 号。

液压油代号示例:L-HM32。

含义:L——润滑剂类;

　　　　H——液压油(液)组;

　　　　M——防锈、抗氧和抗磨型;

　　　　32——黏度等级为 32 mm²/s。

表 2-1　液压油(液)品种分类

类别代号	L(润滑剂类)											
类型	矿物油型液压油							难燃型液压油				
品种代号	HH	HL	HM	HG	HR	HV	HS	HFAE	HFAS	HFB	HFC	HFDR
组成和特性	无抗氧剂的精制矿物油	精制矿物油并改善其防锈和抗氧化性	HL油并改善其抗磨性	HM油并具有黏磨性	HL油并改善其黏温性	HM油并改善其黏温性	无特定难燃性的合成液	水包油乳化液	水的化学溶液	油包水乳化液	含聚合物水溶液	磷酸酯无水合成液

表 2-2　液压油牌号

	油液牌号								
40℃时运动黏度等级	7	10	15	22	32	46	68	100	150

2.4.2　液压油的选择

选择液压油时首先依据液压系统所处的工作环境、系统的工况条件(压力、温度和液压泵类型等)以及技术经济性(价格、使用寿命等),按照液压油(液)各品种的性能综合统筹确定选用的品种(见表 2-3);然后根据系统的工作温度范围,参考液压泵的类型、工作压力等因素来确定黏度等级(见表 2-4)。

表 2-3　依据环境和工况条件选择液压油(液)品种

工况环境	压力<7 MPa	压力在 7~14 MPa	压力在 7~14 MPa	压力>14 MPa
	温度<50℃	温度<50℃	温度在 50~80℃	温度在 50~80℃
室内固定设备	HL	HL 或 HM	HM	HM
寒天、寒区或严寒区	HR	HV 或 HS	HV 或 HS	HV 或 HS
地下、水下	HL	HL 或 HM	HM	HM
高温热源、明火附近	HFAE 或 HFAS	HFB 或 HFC	HFDR	HFDR

表 2－4　按照工作温度范围和液压泵类型选用液压油(液)品种和黏度等级

液压泵类型		运动黏度(40℃)/(mm²·s⁻¹)		适用品种和黏度等级
		系统工作温度 5～40℃	系统工作温度 40～80℃	
叶片泵	＜7 MPa	30～50	40～75	
	＞7 MPa	50～70	55～90	
齿轮泵		30～70	95～165	HL 油(中、高压用 HM 油),32,46,68,100,150
轴向柱塞泵		40～75	70～150	HL 油(高压用 HM 油),32,46,68,100,150
径向柱塞		30～80	65～240	HL 油(高压用 HM 油),32,46,68,100,150

2.5　液压油的污染原因与检测标准

液压油是否清洁,不仅影响液压系统的工作性能和液压元件的使用寿命,而且直接关系到液压系统是否能正常工作。据统计,液压和润滑系统中,70%以上的故障是由于油液的污染造成的。油液污染给设备造成的危害是十分严重的。液压系统的污染控制越来越受到人们的关注和重视,因此,控制液压油的污染是十分必要的。

2.5.1　液压油被污染的原因

液压油被污染的原因主要有以下几方面:

(1)液压系统的管道及液压元件内的型砂、切屑、磨料、焊渣、锈片、灰尘等污垢在系统使用前冲洗时未被洗干净,在液压系统工作时,这些污垢就进入到液压油里。

(2)外界的灰尘、砂粒等,在液压系统工作过程中通过往复伸缩的活塞杆流回油箱的漏油等进入液压油。另外在检修时,稍不注意也会使灰尘、棉绒等进入液压油里。

(3)液压系统本身也不断地产生污垢而直接进入液压油里,如金属和密封材料的磨损颗粒,过滤材料脱落的颗粒或纤维及油液因油温升高氧化变质而生成的胶状物等。

2.5.2　液压系统污染物的来源与危害

液压系统中的污染物,指在油液中对系统可靠性和元件寿命有害的各种物质。主要有以下几类:固体颗粒、水、空气、化学物质、微生物和能量污染物等。不同的污染物会给系统造成不同程度的危害(见表 2－5)。

表 2－5　液压系统污染物的种类、来源与危害

种类		来源	危害
固体	切屑、焊渣、型砂	制造过程残留	加速磨损、降低性能,缩短寿命,堵塞阀内阻尼孔,卡住运动件引起失效,划伤表面引起漏油甚至使系统压力大幅下降,或形成漆状沉积膜使动作不灵活
	尘埃和机械杂质	从外界侵入	
	磨屑、铁锈、油液氧化和分解产生的沉淀物	工作中生成	

续 表

种　类		来　源	危　害
水		通过凝结从油箱侵入,冷却器漏水	腐蚀金属表面,加速油液氧化变质,与添加剂作用产生胶质,引起阀芯黏滞和过滤器堵塞
空气		经油箱或低压区泄漏部位侵入	降低油液体积弹性模量,使系统响应缓慢和失去刚度,引起气蚀,促使油液氧化变质,降低润滑性
化学污染物	溶剂、表面活性化合物、油液气化和分解产物	制造过程残留,维修时侵入,工作中生成	与水反应形成酸类物质,腐蚀金属表面,并将附着于金属表面的污染物洗涤到油液中
	微生物	易在含水液压油中生存并繁殖	引起油液变质劣化,降低油液润滑性,加速腐蚀
能量污染	热能、静电、磁场、放射性物质	由系统或环境引起	黏度降低,泄漏增加,加速油液分解变质,引起火灾

当液压油污染严重时,会直接影响液压系统的工作性能,使液压系统经常发生故障,并缩短液压元件寿命。造成这些危害的原因主要是污垢中的固体颗粒,固体颗粒污染物引起液压系统故障占总污染故障的 60%～70%。对于液压元件来说,这些固体颗粒进入元件里,会使元件的滑动部分磨损加剧,并可能堵塞液压元件里的节流孔、阻尼孔,或使阀芯卡死,从而造成液压系统的故障。水分和空气的混入使液压油的润滑能力降低并使它加速氧化变质,产生气蚀,使液压元件加速腐蚀,使液压系统出现振动、爬行等。因此,固体颗粒污染物是液压和润滑系统中最普遍、危害最大的污染物,必须引起高度重视。

2.5.3　防止液压油污染的措施

造成液压油污染的原因多而复杂,液压油自身又在不断地产生污染物,因此要彻底解决液压油的污染问题是很困难的。为了延长液压元件的寿命,保证液压系统可靠地工作,将液压油的污染度控制在某一限度以内是较为切实可行的办法。对液压油的污染控制工作主要从两个方面着手:一是防止污染物侵入液压系统;二是把已经侵入的污染物从系统中清除出去。污染控制要贯穿于整个液压装置的设计、制造、安装、使用、维护和修理等各个阶段。

为防止油液污染,在实际工作中应采取以下措施:

(1)使液压油在使用前保持清洁。液压油在运输和保管过程中都会受到外界污染,新购液压油看上去很清洁,其实很"脏",必须将其静放数天后经过滤后加入液压系统中使用。

(2)使液压系统在装配后、运转前保持清洁。液压元件在加工和装配过程中必须清洗干净,液压系统在装配后、运转前应彻底进行清洗,最好用系统工作中使用的油液清洗,清洗时油箱除通气孔(加防尘罩)外必须全部密封,密封件不可有飞边、毛刺。

(3)使液压油在工作中保持清洁。液压油在工作过程中会受到环境污染,因此应尽量防止工作中空气和水分的侵入,为完全消除水、气和污染物的侵入,采用密封油箱,通气孔上加空气滤清器,防止尘土、磨料和冷却液侵入,经常检查并定期更换密封件和蓄能器中的胶囊。

(4)采用合适的滤油器。这是控制液压油污染的重要手段。应根据设备的要求,在液压系统中选用不同过滤方式、不同精度和不同结构的滤油器,并要定期检查和清洗滤油器和油箱。

(5)定期更换液压油。更换新油前,油箱必须先清洗一次,系统较脏时,可用煤油清洗,排尽后注入新油。

(6)控制液压油的工作温度,延长油液寿命。油液在管路中流动所产生的能量的损耗最终都变成热量,使油液发热(1 MPa 压力损失使油温上升 0.57℃):一方面使液压油黏度降低,增加泄漏;另一方面,导致油液的分子链断裂,添加剂化学成分变化,耐磨性降低,加速老化。据研究,80℃以上,油温每升高 10℃,油液的寿命就会缩短一半。因此,正常情况下,油液温度不应超过 65℃。

控制液压系统污染的详细措施见表 2-6。

表 2-6　控制液压系统污染的措施

污染来源	控制措施
残留污染物	1.液压元件制造过程中要加强各工序之间的清洗、去毛刺,装配液压元件前要认真清洗零件。加强出厂试验和包装环节的污染控制,保证元件出厂时的清洁度并防止在运输和储存中被污染。 2.装配液压系统之前要对油箱、管路、接头等彻底清洗,未能及时装配的管子要加护盖密封。 3.在清洁的环境中用清洁的方法装配系统。 4.在试车之前要冲洗系统。暂时拆掉的精密元件及伺服阀用冲洗盖板代之。与系统连接之前要保证管路及执行元件内部清洁
侵入污染物	1.从油桶向油箱注油或从中放油时都要经过过滤装置过滤。 2.保证油桶或油箱的有效密封。 3.从油桶取油之前先清除桶盖周围的污染物。 4.加入油箱的油液要按规定过滤。加油所用器具要先行清洗。 5.系统漏油未经过滤不得返回油箱。 6.与大气相通的油箱必须装有空气过滤器,通气量要与机器的工作环境和系统流量相适应。要保证过滤器安装正确和固定紧密。污染严重的环境可考虑采用加压式油箱或呼吸袋。 7.防止空气进入系统,尤其是经泵吸油管进入系统。在负压区或泵吸油管的接口处应保证气密性。所有管端必须低于油箱最低液面。泵吸油管应该足够低,以防止在低液面时空气经旋涡进入泵。 8.防止冷却器或其他水源的水漏进系统。 9.维修时应严格执行清洁操作规程
生成污染物	1.要在系统的适当部位设置具有一定过滤精度和一定纳污容量的过滤器,并在使用中经常检查与维护,及时清洗或更换滤芯。 2.使液压系统远离或隔绝高温热源。设计时应使油温保持在最佳值,需要时设置冷却器。 3.发现系统污染度超过规定时,要查明原因,及时消除。 4.单靠系统在线过滤器无法净化污染严重的油液时,可使用便携式过滤装置进行系统外循环过滤。 5.定期取油样分析,以确定污染物的种类,针对污染物确定需要对哪些因素加强控制。 6.定期清洗油箱,要彻底清理掉油箱中所有残留的污染物

2.5.4　油液颗粒污染度的检测与标准

如果要对液压油的污染程度进行更可信的判定,一般应借助专门的仪器设备,在专门的场所进行检测与判定。按照需要检测的污染物种类进行单项或综合检测。

1. 固体颗粒物检测

条件允许时,可以用专门的液压油污染度检测仪进行检测,如激光液压油颗粒度检测仪、DCA 数显式污染报警仪、CM20 测试仪、KLOTZ 污染检测仪、PFC200 颗粒计数器、LPA2 激光颗粒分析仪(见图 2-6)等等。

2. 目测法与比色法

如果没有这些仪器设备,也可以采用观察与检测相结合的办法进行简单的判别,常用的有目测法和比色法。

目测法:通过看油的颜色、嗅油的味道、摸油液的光滑度来估测液压油的污染程度。也可用两只洁净透明的

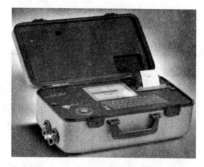

图 2-6　LPA2 激光颗粒分析仪

玻璃瓶,一只装待测的液压油,另一只装新的液压油,将两只瓶子对着太阳看,来估计液压油的污染度。

比色法:将一定体积油样中的污染物用滤纸过滤出来,然后根据滤纸颜色来判断介质污染程度。具体方法:取同号、同数量使用油和纯油各少许,分别滴在滤纸上,过一定时间后,比较两种滤纸的颜色,从而确定油液污染程度和确定是否换油。

3. 液压油污染的污染度等级

工作介质的污染一般用污染度等级来表示,它是指单位体积工作介质中固体颗粒污染物的含量,即工作介质中所含固体颗粒的浓度。为了定量地描述和评定工作介质的污染程度,国际标准化组织的标准 ISO4406 中已经给出了污染度等级标准,见表 2-7。

表 2-7　ISO4406 污染物等级

每毫升颗粒数		等级数码	每毫升颗粒数		等级数码
大于	上限值		大于	上限值	
80 000	160 000	24	10	20	11
40 000	80 000	23	5	10	10
20 000	40 000	22	2.5	5	9
10 000	20 000	21	1.3	2.5	8
5 000	10 000	20	0.64	1.3	7
2 500	5 000	19	0.32	0.64	6
1 300	2 500	18	0.16	0.32	5
640	1 300	17	0.08	0.16	4
320	640	16	0.04	0.08	3
160	320	15	0.02	0.04	2

续 表

每毫升颗粒数		等级数码	每毫升颗粒数		等级数码
大于	上限值		大于	上限值	
80	160	14	0.01	0.02	1
40	80	13	0.005	0.01	0
20	40	12	0.002 5	0.005	0.9

污染度等级用两组数码表示工作介质中固体颗粒的污染度,前面一组数码代表 1 mL 工作介质中尺寸不小于 5 μm 的颗粒数等级,后面一组数码代表 1 mL 工作介质中尺寸不小于 15 μm 的颗粒数等级,两组数码之间用一斜线分隔。例如污染度等级数码为 18/15 的液压油,表示它在每毫升油液内不小于 5 μm 的颗粒数在 1 300～2 500 之间,不小于 15 μm 的颗粒数在 160～320 之间。5 μm 左右的颗粒对堵塞元件缝隙的危害最大,大于 15 μm 的颗粒对元件的磨损最为显著。

表 2-8 为 NAS1638 油液污染度等级,是 100 mL 油液中不同颗粒尺寸的颗粒数。如按照"美国宇航标准分级(NAS1638)",油液中允许的颗粒数,工程机械用液压油宜控制在 10 级以下。

表 2-8 NAS1638 油液污染度等级(100 mL 中的颗粒数)

污染度等级	颗粒尺寸范围/μm				
	5～15	15～25	25～50	50～100	>100
00	125	22	4	1	0
0	250	444	8	2	0
1	500	89	16	3	1
2	1 000	178	32	6	1
3	2 000	356	63	11	2
4	4 000	712	126	22	4
5	8 000	1 425	253	45	8
6	16 000	2 850	506	90	16
7	32 000	5 700	1 012	180	32
8	64 000	11 400	2 025	360	64
9	128 000	22 800	4 050	720	128
10	256 000	45 600	8 100	1 440	256
11	512 000	91 600	16 200	2 880	512
12	1 024 000	182 400	32 400	5 760	1 024

思考与练习

1.什么是液体的黏性？常用的黏度表示方法有哪几种？并分别说明其黏度单位。

2.压力的定义是什么？静压力有哪些特性？压力是如何传递的？

3.压力表校正仪原理如图 2-7 所示。已知活塞直径 $d=10$ mm,螺杆导程 $L=2$ mm,仪器内油液的体积弹性模量 $K=1.2×10^3$ MPa,当压力表读数为零时,仪器内油液的体积为 200 mL。若要使压力表读数为 21 MPa,手轮应转多少转？

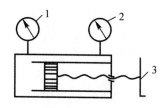

图 2-7　题 3 图

1—被测压力表；2—精密压力表；3—旋转手轮

4.已知某液压油在 20℃时为 $10°E$,在 80℃为 $3.5°E$,试求温度为 60℃时的运动黏度。

5.20℃时水的动力黏度 $\mu=1.008×10^{-3}$ Pa·s,密度 $\rho=1\,000$ kg/m³,求在该温度下水的运动黏度 ν。若 20℃时机械油的运动黏度 $\nu=20$ mm²/s,密度 $\rho=900$ kg/m³,求在该温度下水的运动黏度 μ。

6.液压油选用时主要考虑哪些因素？

7.液压油的污染来源有哪些途径？如何减少污染的影响？

8.液压油的常用检测标准有哪些？如何来判定？

第3章 液压流体力学基础

液压传动是以液体作为工作介质来进行能量传递的。研究液体平衡和运动的力学规律，将有助于对液压传动基本原理的正确理解。所谓流体一般指液体和气体，是由大量做不规则运动的分子组成的。流体是一种受到任何微小剪切力的作用，都将产生连续变形的物体。液体分子间距离小，受压后体积变化小，工程上称为不可压缩流体；而气体，工程上常称为可压缩流体。

从工程技术的观点来看，分子的间隙是极其微小的，完全可以把流体看成连续介质，连续介质模型的定义是：流体是由无限多个连续分布的流体质点组成，质点间相对间隙足够小，可以看成质点间没有间隙，质点本身尺寸相对流动空间尺寸足够小，可以忽略不计；质点相对于分子距来说足够大，即质点中包含了大量分子。质点的运动参数为大量分子作用、行为的统计平均值。$1\,\mathrm{mm}^3$ 的液体中约有 3×10^{21} 个分子。在研究连续介质时，反映流体质点的各种物理量都是空间坐标的连续函数，可用数学解析方法来分析研究流体力学问题。本书中的有关描述，均是在连续介质假设下进行的。

3.1 液体静力学基础

液体静力学是研究液体处于相对平衡状态下的力学规律和这些规律的实际应用。这里所说的相对平衡是指液体内部质点与质点之间没有相对位移。对于液体整体，可以处于静止状态，也可以随同容器如刚体一样做各种运动。

3.1.1 液体的静压力及其性质

1. 液体静压力

作用于液体上的力，有两种类型：一种是质量力，一种是表面力。质量力是作用于液体的所有质点上，如重力和惯性力等；表面力是作用于液体的表面上，如法向力和切向力等。表面力可以是其他物体(如容器等)作用在液体上的力，也可以是一部分液体作用于另一部分液体上的力。液体在相对平衡状态下不呈现黏性，因此，静止液体内不存在切向剪应力，而只有法向的压应力，即静压力。

当液体相对静止时，液体内某点处单位面积上所受的法向力称为该点的静压力，它在物理学中称为压强，在液压技术中常称为压力，用 p 表示，则有

$$p = \lim_{\Delta A \to 0} \frac{\Delta F}{\Delta A} \qquad (3-1)$$

式中，ΔA 为液体内某点处的微小面积；F 为液体内某点处的微小面积上所受的法向力。

国家标准中，压力的法定计量单位为 Pa（帕斯卡）或 N/m^2。对液压技术而言，Pa"太小"，除个别场合用 kPa（千帕）外，一般都使用 MPa（兆帕），$1\ MPa=10^3\ kPa=10^6\ Pa$。在欧美普遍使用 bar（巴）作为压力单位，$1\ bar=1\times10^5\ N/m^2$。还有一些场合使用 psi（磅/平方英尺）作为压力单位，$1\ psi\approx6.895\ kPa=0.068\ 95\ bar=0.006\ 895\ MPa$（$1\ bar\approx14.5\ psi$）。在我国，早期还使用了 kgf/cm^2（千克力/厘米^2），即 $1\ kgf$（$1kgf\approx9.81\ V$）作用在 $1\ cm^2$ 的面积上产生的压力。常用压力非法定单位换算见表 3-1。

表 3-1　常用压力非法定单位换算表

帕/Pa	巴/bar	千克力/厘米^2 kgf/cm^2	工程大气压 at	标准大气压 atm	毫米水柱 mmH$_2$O	毫米汞柱 mmHg
1×10^5	1	1.019 72	1.019 72	$9.869\ 23\times10^{-1}$	$1.019\ 72\times10^4$	$7.500\ 62\times10^2$

2. 液体静压力的特性

(1)液体的静压力沿着内法线方向作用于承压面。如果压力不垂直于承受压力的平面，由于液体质点间内聚力很小，则液体将沿着这个力的切向分力方向做相对运动，这就破坏了液体的静止条件。因此静止液体只能承受法向压力，不能承受剪切力和拉力。

(2)静止液体内任意点处的静压力在各个方向上都相等。如果在液体中某质点受到的各个方向的压力不等，那么该质点就会产生运动，这也就破坏了液体静止的条件。

3.1.2　液体静力学的基本方程

如图 3-1(a)(b)所示，密度为 ρ 的液体在容器内处于静止状态，作用在液面上的压力为 p_0，若计算离液面深度为 h 处某点的压力 p，可以假想从液面向下取出高度为 h，底面积为 ΔA 的一个微小垂直液柱为研究对象。这个液柱在重力及周围液体的压力作用下处于平衡状态，所以有 $p\Delta A=p_0\Delta A+\rho gh\Delta A$，因此可得液体静力学基本方程为

$$p=p_0+\rho gh \tag{3-2}$$

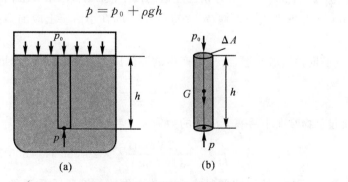

图 3-1　静止液体内压力分布规律

由式(3-2)可知：

(1)静止液体中任一点处的静压力是作用在液面上的压力 p_0 和液体重力所产生的压力 ρgh 之和。当液面与大气接触时，p_0 为大气压力 p_a，故 $p=p_a+\rho gh$。

(2)液体静压力随液深呈线性规律分布。

(3)离液面深度相同的各点组成的面称为等压面,等压面为水平面。

3.1.3 压力的传递

由静压力基本方程知,静止液体中任意一点的压力都包含了液面压力 p_0,也就是说,在密闭容器中由外力作用在液面上的压力可以等值地传递到液体内部的所有各点,这就是帕斯卡原理,或称为静压力传递原理。帕斯卡原理是法国人帕斯卡于 1648 年提出的,是液体静力学的基础。如图 3-2 所示两个相互连通的液压缸,封闭容器连通后,其内部压力应处处相等。工程中,只要用到计算公式 $F=pA$,也就用到了帕斯卡原理,但帕斯卡原理的使用前提是静止液体;然而,液体静止只能传递压力,不能传递功率。要想传递功率,液体必须流动。因此,在学习中要很好的理解静压和动压的关系。

在液压传动系统中,一般液压装置的安装位置都不高,通常由外力产生的压力要比由液体重力产生的压力 $\rho g h$ 大得多,因此一般将 $\rho g h$ 忽略,认为系统中相对静止液体内各点压力均是相等的。

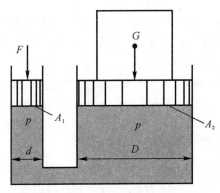

图 3-2 帕斯卡原理示意图

【例 3-1】 图 3-2 所示为相互连通的两个液压缸,已知大缸内径 $D=100$ mm,小缸内径 $d=20$ mm,大活塞上放一重物 $G=20\,000$ N。问在小活塞上应加多大的力 F 才能使大活塞顶起重物?

解 根据帕斯卡原理,由外力产生的液体压力在两缸中相等,即

$$p=\frac{4F}{\pi d^2}=\frac{4G}{\pi D^2}$$

故顶起重物时在小活塞上应加的力为

$$F=\frac{d^2}{D^2}G=\frac{(20\ \text{mm})^2}{(100\ \text{mm})^2}\times 20\,000\ \text{N}=800\ \text{N}$$

由例 3-1 可知,液压装置具有力的放大作用。液压千斤顶就是利用这个原理进行工作的。若 $G=0$,$p=0$;重力 G 越大,液压缸中液体的压力也越大,推力也越大,这就说明了液压系统的工作压力决定于外负载的大小。

3.1.4 绝对压力、相对压力、真空度

液体压力的表示方法有两种:一种是以绝对真空作为基准表示的压力,称为绝对压力。另

一种是以大气压力作为基准表示的压力,称为相对压力。由于大多数液压设备都工作在有大气压力的场所,所以,以大气压力作为基准,测压仪表所测得的压力都是相对压力,所以相对压力也称为表压力。绝对压力和相对压力的关系为

$$相对压力＝绝对压力－大气压力$$

当绝对压力小于大气压力时,比大气压力小的那部分数值称为真空度,即

$$真空度＝大气压力－绝对压力$$

可得,绝对真空就为负压力,约－0.1 MPa,或真空度约 100 kPa。

绝对压力、相对压力和真空度的相对关系如图 3-3 所示。

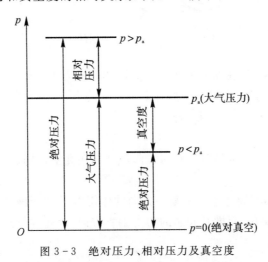

图 3-3　绝对压力、相对压力及真空度

3.1.5　液体作用在固体壁面上的力

液体与固体相接触时,固体壁面将受到液体压力的作用。在液压传动中,通常不考虑由液体自重产生的那部分压力,这样液体中各点的静压力可看作是均匀分布的。

1. 平面

当壁面为平面时,在平面上各点所受到的液体静压力大小相等,方向垂直于平面。静止液体作用在平面上的力 F 等于液体的压力 p 与承压面积 A 的乘积,即

$$F = pA \tag{3-3}$$

2. 曲面

当承受压力的表面为曲面时,由于压力总是垂直于承受压力的表面,所以作用在曲面上各点的力不平行但相等。要计算曲面上的总作用力,必须明确要计算哪个方向上的力。

如图 3-4 所示,设缸筒半径为 r,长度为 l,缸筒内充满液压油,求液压油对缸筒右半壁内表面上的水平作用力。

要求出液压油对缸筒右半壁内表面上的水平作用力 F_x,可在缸筒上取一条微小窄条,宽为 $\mathrm{d}s$,长为 l,其面积 $\mathrm{d}A = l\,\mathrm{d}s = lr\,\mathrm{d}\theta$,则液压油作用于这块面积上力 $\mathrm{d}F = p\,\mathrm{d}A$ 在水平方向的分力 $\mathrm{d}F_x$ 为

$$F_x = \int_{-\frac{\pi}{2}}^{\frac{\pi}{2}} \mathrm{d}F_x = \int_{-\frac{\pi}{2}}^{\frac{\pi}{2}} plr\cos\theta\,\mathrm{d}\theta = 2plr = pA_x \tag{3-4}$$

式中，$2lr$ 为曲面在 x 轴方向的投影面积，即 $A_x = 2lr$。

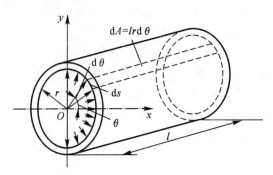

图 3-4　液体对固体壁面的作用力

因此，当壁面为曲面时，在曲面上所受到的液体静压力大小相等，但其方向不平行。计算液体压力作用在曲面上的力，必须明确是哪个方向上的力，设该力为 F_x，其值等于液体压力 p 与曲面在该方向投影面积 A_x 的乘积，即

$$F_x = pA_x \tag{3-5}$$

【例 3-2】　如图 3-5 所示的球阀和圆锥阀压在阀座孔上，设阀前管路中压力为 p，试计算推开阀芯所需要的力。

解　根据液体作用在固体壁面上某一方向的作用力 F 等于液体的静压力 p 和曲面在该方向的投影面积 A_n 的乘积，而推开阀芯的力为垂直方向，因此，可得

$$F = pA_n = p\frac{\pi}{4}d^2$$

式中，d 为承压部分曲面投影圆的直径。

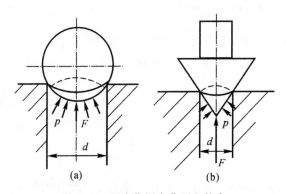

图 3-5　压力作用在曲面上的力

3.2　液体动力学基础

液体动力学的主要内容是研究液体运动和引起运动的原因，即研究液体流动时流速和压力的变化规律。现在着重阐明流动液体的连续性方程、能量方程和动量方程三个基本方程。这三个方程是液压传动中分析问题的基础。

3.2.1　基本概念

1. 理想液体和稳定流动

由于实际液体具有黏性和可压缩性,液体在外力作用下流动时有内摩擦力,压力变化又会使液体体积发生变化,这样就增加了分析的难度。为分析问题方便起见,推导基本方程时先假设液体没有黏性且不可压缩,然后根据实验结果,对这种液体的基本方程加以修正和补充,使之比较符合实际情况。这种既无黏性又不可压缩的假想液体称为理想液体,而事实上既有黏性又可压缩的液体称为实际液体。

液体流动时,如果液体中任一点处的压力、速度和密度都不随时间而变化,则液体的这种流动称为稳定流动;反之,若液体中任一点处的压力、速度和密度中有一个随时间变化而变化,就称为非稳定流动。稳定流动与时间无关,研究比较方便。

2. 一维流动

当液体整体做线性流动时(一个方向流动),称为一维流动。当液体在平面或空间流动时(有二个或三个方向),称为二维或三维流动。一般常把封闭容腔内液体的流动按一维流动处理,再通过实验数据修正其结果,在液压传动中对油液的流动的分析就是按照此方式进行的。

3. 流线、流束和过流截面

(1)流线。指某一瞬时,液流中一条条标志其各处质点运动状态的曲线。流线的特征是:①在流线上各点处的液流方向与该点的切线方向相重合;②在恒定流动时,流线形状不变;③流线既不相交,也不转折,是一条条光滑的曲线,如图 3-6 所示。

图 3-6　流线

(2)流束。是指通过某一截面所有流线的集合。由于流线不能相交,所以流束内外的流线不能穿越流束的表面。截面无限小的流束称之为微小流束。

(3)过流断面。流束中与所有流线正交的截面积,也称通流截面,如图 3-7 所示 A,B 面。

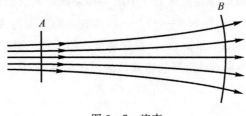

图 3-7　流束

4. 流量和平均流速

单位时间内流过某一通流断面的液体体积称为体积流量,用 q 表示,单位为 m³/s 或 L/min,两种单位的换算关系为:1 m³/s＝6×10⁴ L/min。流量有体积流量和质量流量之分,在本教材中，没有特殊说明时，文中流量均指体积流量。

当液流通过微小过流断面 dA 时，液体在该断面上各点的速度 u 可以认为是相等的，故流过微小过流断面的流量为 $dq = udA$，则流过整个过流断面的流量为 $dq = udA$，由于实际液体具有黏性，液体在管中流动时，在同一过流断面上各点的流速是不相同的，分布规律为抛物线，计算时很不方便，因而引入平均流速的概念，如图 3-8 所示，即假设过流断面上各点的流速均匀分布。液体以平均流速 v 流过某个过流断面的流量等于以实际流速 u 流过该断面的流量，即

$$q = \int_A u\,dA = vA \tag{3-6}$$

故，过流断面上的平均流速为

$$v = \frac{\int_A u\,dA}{A} = \frac{q}{A} \tag{3-7}$$

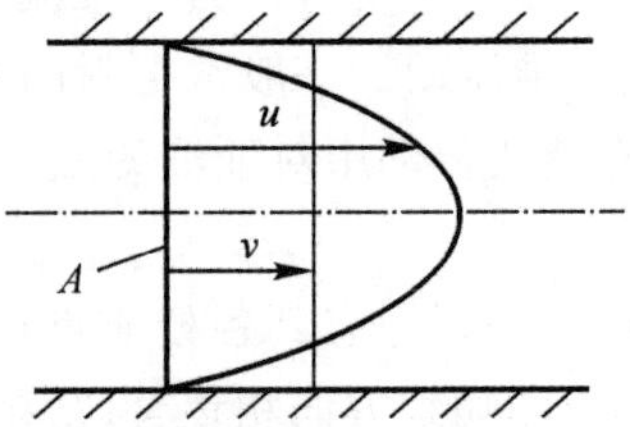

图 3-8　实际速度和平均流速

在实际工程中，平均流速才具有应用价值。液压系统中当液压缸工作时，活塞运动的速度就等于缸内液体的平均流速。可以根据式(3-7)建立起活塞运动速度与液压缸有效面积和流量之间的关系。活塞运动速度的大小由输入液压缸的流量来决定。

5　流动液体的压力

静止液体内任意点处的压力在各个方向上都是相等的。但是在流动液体内，由于存在流动液体的惯性力和黏性力的影响，任意点处在各个方向上的压力并不相等。但由于在数值上相差很小，所以在工程应用中，流动液体内任意点处的压力在各个方向上的数值近似看作是相等的。

3.2.2　连续性方程

连续性方程是质量守恒定律在流体力学中的一种表达形式。设液体在图 3-9 所示的管道中做稳定流动，若任取两个过流断面 1—1，2—2，其截面积分别为 A_1 和 A_2，此两断面上的液体密度和平均流速分别为 ρ_1,v_1 和 ρ_2,v_2。根据质量守恒定律，在同一时间内流过两个断面的液体质量相等，即 $\rho_1 v_1 A_1 = \rho_2 v_2 A_2$；当忽略液体的可压缩性时，认为 $\rho_1 = \rho_2$，得

$$v_1 A_1 = v_2 A_2 \tag{3-8}$$

或写成

$$q = Av = 常数 \tag{3-9}$$

式(3-9)为液流的连续性方程。它表明不可压缩液体在管中流动时，流过各个过流断面的流量是相等的(即流量是连续的)，因而流速和过流断面的面积成反比。管径粗流速低，管径细流速快。

现在根据液体连续性条件,应用质量守恒定律建立的液体运动的连续性方程,是液体动力学的基本方程之一,是一个运动学方程。

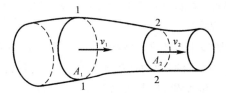

图 3 - 9　液流的连续性方程

3.2.3　伯努利方程

伯努利方程是以液体流动过程中的流动参数来表示能量守恒的一种数学表达式,是能量守恒定律在流体力学中的一种表达形式。下面从动力学的角度,即根据液体在运动中所受的力与流动参数之间的关系,来推导伯努利方程。

自然界的一切物质总是不停地运动着,其所具有的能量保持不变,既不能消灭,也不能创造,只能从一种形式转换成另一种形式,这就是能量守恒与转换定律。液体的运动也完全遵循这一规律,其所具有的势能和动能这两机械能之间,以及机械能与其他形式能量之间,在运动中可以互相转换,但总能量保持不变。伯努利方程就是这一规律的具体表现形式。伯努利方程是瑞士人伯努利 1738 年首先提出的。

1. 理想液体伯努利方程

伯努利方程是在一定的假定条件下推导出来的,假定条件是:液体为理想液体,其流动为稳定流动,作用在液体上的质量力只有重力。

设理想液体在管道中作稳定流动,取一微小流束,在该流束上任意取两个过流断面 1 — 1 和 2 — 2。设 1 — 1 和 2 — 2 的过流面积分别为 dA_1 和 dA_2,流速分别为 u_1 和 u_2,压力分别为 p_1 和 p_2,位置高(即形心距水平基准面 0 — 0 的距离)分别为 h_1 和 h_2,液体密度为 ρ,如图 3 - 10 所示。现在讨论液体流过过流断面 1 — 1 和 2 — 2 之间的液体段的流动情况。

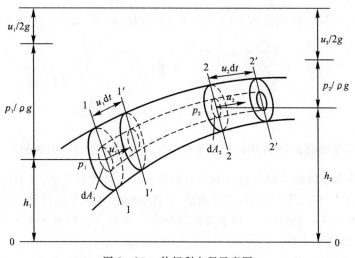

图 3 - 10　伯努利方程示意图

经过时间 dt 后,断面 1-1 上液体位移为 $dl_1=u_1dt$,断面 2-2 上液体位移为 $dl_2=u_2dt$,即断面 1—1 和 2—2 之间的液体段移动到新的断面 $1'-1'$ 和 $2'-2'$ 位置。在流动过程中,外力对此段液体做了功,此液体段的动能也随之发生了相应的变化。下面来分析这种变化,并根据能量守恒定律推导出能量方程式。

(1)作用在微小流束液体段上所有外力做的功。作用于微小流束液体段上的外力有重力和压力。微小流束液体段上的重力所做的功等于液体段位置势能的变化。由于 $1'-2$ 液体段的位置、形状在 dt 时间内不发生变化,故其位置势能不变,即 $1'-2$ 段重力做功为零。于是整个液体段上的重力做功就等于液体段 $1-1'$ 的位置势能与 $2-2'$ 段的位置势能之差,即

$$dW_G=dm_1gh_1-dm_2gh_2=\rho dq_1 dt gh_1-\rho dq_2 dt gh_2 \qquad (3-10)$$

由连续性方程可知 $dq_1=dq_2=dq$,式(3-10)可写成

$$dW_G=\rho g(h_1-h_2)dq dt \qquad (3-11)$$

由于作用在微小流束液体段侧表面上的压力垂直于液体段的流动方向,故不做功,作用于 1—1 断面上的总压力 p_1dA_1,方向与流向一致,做功为正,大小为 $p_1dA_1u_1dt$;作用于 2—2 断面上的总压力为 p_2dA_2,方向与流向相反,做功为负,大小为 $p_2dA_2u_2dt$。因此,作用于整个液体段上的总压力所做的功为

$$dW_p=p_1dA_1u_1dt-p_2dA_2u_2dt=p_1dq_1dt-p_2dq_2dt=(p_1-p_2)dq dt \qquad (3-12)$$

(2)动能的变化。微小流束液体段经过 dt 时间从位置1-2移到位置 $1'-2'$ 后,其动能的变化量应为 $1'-2'$ 段的动能减去 1—2 段的动能。由于 $1'-2$ 段位置和形状不随时间变化,流速也不改变,所以 $1'-2$ 段上的动能在 dt 时间内未发生改变。这样,微小流束液体段经过 dt 时间动能的改变量 dE_k 就应等于 $2-2'$ 段的动能与 $1-1'$ 段的动能之差,即

$$dE_k=\frac{1}{2}dm_2u_2^2-\frac{1}{2}dm_1u_1^2=\frac{1}{2}\rho dq_2 dt u_2^2-\frac{1}{2}\rho dq_1 dt u_1^2=\frac{1}{2}\rho dq dt(u_2^2-u_1^2)$$

$$(3-13)$$

根据动能定理,外力所做的功等于液体动能的增量,有

$$dW_G+dW_p=dE_k \qquad (3-14)$$

$$\rho g(h_1-h_2)dq dt+(p_1-p_2)dq dt=\frac{1}{2}\rho dq dt(u_2^2-u_1^2) \qquad (3-15)$$

式(3-15)等号两边同除以微小流束流体段的质量 $dm=\rho dq dt$,整理后得

$$\frac{p_1}{\rho}+gh_1+\frac{u_1^2}{2}=\frac{p_2}{\rho}+gh_2+\frac{u_2^2}{2} \qquad (3-16)$$

或写成

$$\frac{p_1}{\rho g}+h_1+\frac{u_1^2}{2g}=\frac{p_2}{\rho g}+h_2+\frac{u_2^2}{2g} \qquad (3-17)$$

式中,$\frac{p}{\rho}$ 为单位质量液体的压力能;gh 为单位质量液体的位能;$\frac{u^2}{2}$ 为单位质量液体的动能。

式(3-17)称为单位质量理想液体的伯努利方程。其物理意义是:在密闭管道内做稳定流动的理想液体具有三种形式的能量,即压力能、位能、动能,在沿管道流动过程中三种能量之间可以互相转化,但在任一截面处,三种能量的总和为一常数。它反映了运动液体的位置高度、压力与流速之间的相互关系。

如果管道水平放置,即 $h_1=h_2$,由伯努利方程可知,液体的流速越高,压力会越低。即截

面越细的管道,流速越高,压力会较低;截面粗的管道,流速较低,压力会较高。但在液压传动中,主要的能量形式为压力能。

2. 实际液体伯努利方程

实际液体在管道中流动时,由于液体有黏性,会产生内摩擦力,因而造成能量损失。另外由于实际流速在管道过流断面上分布是不均匀的,若用平均流速 v 来代替实际流速 u 计算动能时,必然会产生偏差,必须引入动能修正系数 α。因此,实际液体的伯努利方程为

$$\frac{p_1}{\rho} + gh_1 + \frac{\alpha_1 v_1^2}{2} = \frac{p_2}{\rho} + gh_2 + \frac{\alpha_2 v_2^2}{2} + gh_w \qquad (3-18)$$

或写成

$$\frac{p_1}{\rho g} + h_1 + \frac{\alpha_1 v_1^2}{2g} = \frac{p_2}{\rho g} + h_2 + \frac{\alpha_2 v_2^2}{2g} + h_w \qquad (3-19)$$

式中,gh_w 为单位质量液体的能量损失;α_1, α_2 为动能修正系数,一般在紊流时取 1,层流时取 2。

伯努利方程在形式上很简洁,为得到公式中的一项,必须知道其余所有项。利用这个方程可以推导出许多适用于各种不同情况下的液体流动的计算公式,并可解决一些实际工程问题。

3.2.4　动量方程

动量方程是动量定理在流体力学中的具体应用,也是流体力学的基本方程之一。它是用来分析计算液流作用在固体壁面上作用力的大小的。

动量定理是指作用在物体上的外力等于物体在单位时间内的动量变化量,即

$$\sum F = \frac{mu_2}{\Delta t} - \frac{mu_1}{\Delta t} \qquad (3-20)$$

将 $m = \rho V$ 和 $q = V/\Delta t$ 代入式(3-20)得

$$\sum F = \rho q u_2 - \rho q u_1 = \rho q \beta_2 v_2 - \rho q \beta_1 v_1 \qquad (3-21)$$

式(3-21)即为流动液体的动量方程,式中 β_1, β_2 为以平均流速 v 替代实际流速 u 的动量修正系数,紊流时取 1,层流时取 1.33。

式(3-21)为矢量方程,使用时应根据具体情况将式中的各个矢量分解为所需研究方向的投影值,再列出该方向上的动量方程,例如在 x 方向的动量方程可写成

$$\sum F_x = \rho q (\beta_2 v_{2x} - \beta_1 v_{1x}) \qquad (3-22)$$

工程上往往求液流对通道固体壁面的作用力,即动量方程中 $\sum F$ 的反作用力 F',通常称为稳态液动力,在 x 方向的稳态液动力为

$$F'_x = -\sum F_x = -\rho q (\beta_2 v_{2x} - \beta_1 v_{1x}) \qquad (3-23)$$

【例 3-3】　如图 3-11 所示,计算图中滑阀阀芯所受的轴向稳态液动力。

解　取进、出口之间的液体体积为控制液体,在图 3-11(a)所示状态下,按式(3-22)列出滑阀轴线方向的动量方程,求得作用在控制液体上的力 F 为

$$F = \rho q (\beta_2 v_2 \cos\theta - \beta_1 v_1 \cos 90°) = \rho q \beta_2 v_2 \cos\theta \quad (方向向右)$$

滑阀阀芯上所受的稳态液动力为

$$F' = -F = -\rho q \beta_2 v_2 \cos\theta \quad (方向向左,与 v_2\cos\theta 的方向相反)$$

在图 3-11(b) 所示状态下,滑阀在轴线方向的动量方程为

$$F = \rho q (\beta_2 v_2 \cos 90° - \beta_1 v_1 \cos\theta) \quad (方向向右)$$

滑阀阀芯上所受的稳态液动力为

$$F' = -F = \rho q \beta_1 v_1 \cos\theta \quad (方向向左,与 v_1 \cos\theta 的方向相反)$$

由以上分析可知,在上述圆柱滑阀的两种情况下,阀芯上所受稳态液动力都有使滑阀阀口关闭的趋势,流量越大,流速越高,则稳态液动力越大,操纵滑阀开启所需的力也将增大。因此对大流量的换向阀要求采用液动控制或电-液动控制。

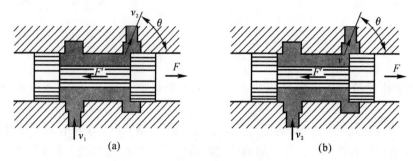

图 3-11 滑阀阀芯上的稳态液动力

【例 3-4】 图 3-12 所示为一锥阀,锥阀的锥角为 2ϕ,当液体在压力 p 作用下以流量 q 流经锥阀时,如通过阀口处的流速为 v_2,求作用在锥阀上的力。

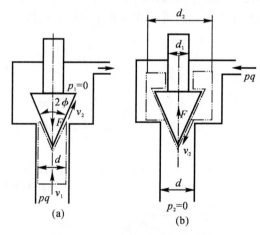

图 3-12 锥阀上液动力的计算

解 运用动量定理的关键在于正确选取控制体。在图 3-12 所示情况下,液流出口压力 $p_2 = 0$,所以应该取点划线内影部分的液体为控制体积。设锥阀作用于控制体上的力为 F,沿液流方向对控制体列出动量方程,在图 3-12(a) 的情况下为

$$p \frac{\pi}{4} d^2 - F = \rho q (\beta_2 v_2 \cos\theta_2 - \beta_1 v_1 \cos\theta_1)$$

取 $\beta_1 = \beta_2 \approx 1$,因 $\theta_2 = \phi$,$\theta_1 = 0°$,且 v_1 比 v_2 小得多,可以忽略,可得

$$F = p \frac{\pi}{4} d^2 - \rho q v_2 \cos\phi$$

在图 3 - 12(b) 情况下,有

$$p\,\frac{\pi}{4}(d_2^2 - d_1^2) - p\,\frac{\pi}{4}(d_2^2 - d^2) - F = \rho q(\beta_2 v_2 \cos\theta_2 - \beta_1 v_1 \cos\theta_1)$$

同样取 $\beta_1 = \beta_2 \approx 1$,因 $\theta_2 = \phi$,而 $\theta_1 = 90°$,可得

$$F = p\,\frac{\pi}{4}(d^2 - d_1^2) - \rho q v_2 \cos\phi$$

在上述两种情况下,液流对锥阀作用力大小等于 F,作用方向与图示方向相反。

由上述计算可知,在锥阀上液动力为 $\rho q v_2 \cos\phi$,在图 3 - 12(a)情况下,此力使锥阀关闭,可是在图 3 - 12(b)情况下,却使它打开。因此,不能笼统地认为,在阀上液动力的作用方向是固定不变的,必须对具体情况具体分析。

学习中应注意:液压传动就其规律来看,是依靠液体的流动来传递能量的。而帕斯卡原理的使用前提是液体是静止的。然而,如果液体是静止的,就只能传递压力,不能传递功率。为了传递功率,液体必须流动。所以,在液压技术中使用帕斯卡原理是有违其前提条件的。但是,在液压系统中,液压缸的运行速度不是很高,即液体的运动速度不高,应用帕斯卡原理时误差不会很大;而在液压阀中,由于某些部位(如阀口处)液体运动速度很高,再简单套用帕斯卡原理,会带来较大的误差。因此,引进"液动力"的概念,实际上是用来补偿这一误差的。

3.3　液体流动中的压力损失

实际液体具有黏性,加上流体在流动时的相互撞击和旋涡等,必然会有阻力产生,要克服这些阻力将会造成能量损失。这种能量损失可由液体的压力损失来表示。压力损失可以分为两类:一类是液体在直径不变的直管道中流过一定距离后,因摩擦力而产生的沿程压力损失;另一类是由管道截面形状突然变化、液流方向改变及其他形式的液流阻力所引起的局部压力损失。

液体在管路中流动时的压力损失和液体的运动状态有关。

3.3.1　液体的流动状态及判定

1883 年英国物理学家雷诺通过大量实验证明了黏性液体在管道中流动时存在两种流动状态,即层流和紊流。两种流动状态的物理现象可以通过雷诺实验来观察。

实验装置如图 3 - 13 所示,水箱 4 由进水管不断供水,多余的液体从隔板 1 上端溢走,而保持水位恒定。水箱下部装有玻璃管 6,出口处用开关 7 控制管内液体的流速。水杯 2 内盛有红颜色的水,将开关 3 打开后红色水经细导管 5 流入水平玻璃管 6 中。打开开关 7,开始时液体流速较小,红色水在玻璃管 6 中呈一条明显的直线,与玻璃管 6 中清水流互不混杂。这说明管中水是分层流动的,层和层之间互不干扰,液体的这种流动状态称为层流。当逐步开大开关 7,使管 6 中的流速逐渐增大到一定流速时,可以看到红线开始呈波纹状,此时为过渡阶段。开关 7 再开大时,流速进一步加大,红色水流和清水完全混合,红线便完全消失,这种流动状态称为紊流。在紊流状态下,若将开关 7 逐步关小,当流速减小至一定值时,红线又出现,水流又重新恢复为层流。

液体流动呈现出的流态是层流还是紊流,可利用雷诺数来判别。

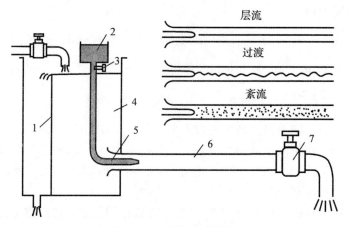

图 3-13　雷诺实验装置
1—隔板；2—小容器；3—开关；4—水箱；5—细导管；6—透明玻璃管；7—开关

实验证明,液体在管中的流动状态不仅与管内液体的平均流速 v 有关,还与管道水力直径 d_H 及液体的运动黏度 v 有关,而上述三个因数所组成的无量纲数就是雷诺数,用 Re 表示,则有

$$Re = \frac{vd_H}{v} \tag{3-24}$$

式中,d_H 为水力直径,可由 $d_H = 4A/x$ 求得,A 为过流断面的面积;x 为湿周长度(在过流断面处与液体相接触的固体壁面的周长)。如圆管的水力直径:$d_H = \dfrac{4 \times \frac{\pi d^2}{4}}{\pi d} = d$。有些书籍中也用水力半径 R 来表示,水力半径 $R = A/x$,A 为过流断面的面积,x 为湿周长度。

水力直径的大小对通流能力的影响很大,水力直径大,意味着液流和管壁的接触周长短,管壁对液流的阻力小,通流能力大。在各种管道的过流断面中,圆管的水力直径最大。因此,在液压系统的管路中多选用圆管作为液压管路。

实验指出:液体从层流变为紊流时的雷诺数大于由紊流变为层流时的雷诺数,前者称上临界雷诺数,后者称下临界雷诺数。工程中是以下临界雷诺数 Re_c 作为液流状态的判断依据,若 $Re < Re_c$ 液流为层流,若 $Re \geq Re_c$ 液流为紊流。通过大量试验得到的常见管道的液流的临界雷诺数见表 3-2。表中光滑的金属圆管的下临界雷诺数建议值为 2 300,但一般取 2 000;同心环状缝隙的下临界雷诺数为 1 100,滑阀阀口的为 260。以上这些数据都不是根据任何理论公式计算出来的,而是通过试验得到的。

表 3-2　常见管道的临界雷诺数

管道的形状	临界雷诺数 Re_c	管道的形状	临界雷诺数 Re_c
光滑的金属圆管	2 000~2 300	带沉割槽的同心环状缝隙	700
橡胶软管	1 600~2 000	带沉割槽的偏心环状缝隙	400
光滑的同心环状缝隙	1 100	圆柱形滑阀阀口	260
光滑的偏心环状缝隙	1 000	锥阀阀口	20~100

3.3.2　沿程压力损失

液体在等径直管中流动时因内外黏性摩擦而产生的压力损失,称为沿程压力损失。它主要取决于液体的流速、黏性和管路的长度以及油管的内径等。对于不同状态的液流,流经直管时的压力损失是不相同的。

1. 液流为层流状态时的压力损失

如图 3-14 所示,液体在直径为 d 的管道中运动,流态为层流。假设在液流中取一微小圆柱体,其内半径为 r,长度为 l,圆柱体左端的液压力为 p_1,右端的液压力为 p_2。由于液体有黏性,在不同半径处液体的速度是不同的,其速度分布如图 3-14 中所示。液层间的摩擦力则可按式(2-5)计算。现对液流的速度分布、通过管道的流量及压力损失分析如下。

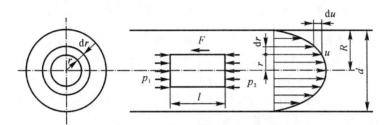

图 3-14　圆管中液流的层流运动

(1) 管道中的流速。

由图 3-14 可知,微小液柱上所受的作用力的平衡方程式为

$$(p_1 - p_2)\pi r^2 = -\mu \frac{\mathrm{d}u}{\mathrm{d}r} 2\pi l r \qquad (3-25)$$

整理,得

$$\frac{\mathrm{d}u}{\mathrm{d}r} = \frac{-(p_1 - p_2)}{2\mu l} r \qquad (3-26)$$

式中,负号表示流速 u 随 r 的增加而减小。

对式(3-26)进行积分,得

$$u = \frac{-(p_1 - p_2)}{4\mu l} r^2 + C \qquad (3-27)$$

由边界条件知:当 $r = R$ 时,$u = 0$,则积分常数:$C = \dfrac{(p_1 - p_2)}{4\mu l} R^2$,并将 C 代入式(3-27),得

$$u = \frac{(p_1 - p_2)}{4\mu l}(R^2 - r^2) \qquad (3-28)$$

式(3-28)表明:当液体在直管中做层流运动时,速度对称于圆管中心线并按抛物线规律分布。

当 $r = 0$ 时,即在图管中心线处,流速为最大,其值为 $u_{\max} = \dfrac{(p_1 - p_2)}{4\mu l} R^2$。

(2) 通过管道的流量。如图 3-14 所示,在管道中取微小圆环过流断面,通过此断面的微小流量为 $\mathrm{d}q = u\mathrm{d}A = 2r\pi u\mathrm{d}r$,通过管道的流量为

$$q = \int u\mathrm{d}A = \int_0^R \frac{(p_1 - p_2)}{4\mu l}(R^2 - r^2)2\pi r\mathrm{d}r = \frac{\pi R^4(p_1 - p_2)}{8\mu l} = \frac{\pi d^4}{128\mu l}\Delta p \qquad (3-29)$$

（3）管道内的平均流速为

$$v = \frac{q}{A} = \frac{1}{\frac{\pi d^2}{4}} \frac{\pi d^4}{128 \mu l} \Delta p = \frac{d^2}{32 \mu l} \Delta p \qquad (3-30)$$

（4）沿程压力损失。由式（3-30）整理后得沿程压力损失为：$\Delta p_\lambda = \frac{32 \mu l v}{d^2}$，可见当直管中液流为层流时，其压力损失与管长、流速和液体黏度成正比，而与管径的平方成反比。式（3-30）经适当变换后，沿程压力损失公式可改写成：

$$\Delta p_\lambda = \frac{64 v}{v d} \frac{l}{d} \frac{\rho v^2}{2} = \frac{64}{Re} \frac{l}{d} \frac{\rho v^2}{2} = \lambda \frac{l}{d} \frac{\rho v^2}{2} \qquad (3-31)$$

式中，v 为液流的平均流速；ρ 为液体的密度；λ 为沿程阻力系数，$\lambda = \frac{64}{Re}$。

式（3-31）为液体在直管中做层流流动时的沿程压力损失。对于圆管层流，理论值 $\lambda = 64/Re$，考虑到实际圆管截面可能有变形以及靠近管壁处的液层可能冷却，阻力略有加大，实际计算时对金属圆管应取 $\lambda = 75/Re$，橡胶管取 $\lambda = 80/Re$。

在液压传动中，因为液体的自重和位置变化对压力的影响很小，可以忽略，所以在水平管道的条件下推导出的公式也适用于非水平管道。

2. 液流为紊流状态时的压力损失

紊流时计算沿程压力损失的公式与层流时的相同，即

$$\Delta p = \lambda \frac{l}{d} \frac{\rho}{2} v^2 \qquad (3-32)$$

式（3-32）中的沿程阻力系数 λ 除与雷诺数有关外，还与管壁的粗糙度有关，即 $\lambda = f(Re, \Delta/d)$，这里的 Δ 为管壁的绝对粗糙度，Δ/d 称为相对粗糙度。

紊流时，当 $2.3 \times 10^3 < Re < 10^5$ 时，可取 $\lambda \approx 0.316\,4 Re^{-0.25}$。对于不同数值的 Re，可通过查阅相关手册来计算沿程阻力系数 λ。图 3-15 为常见的雷诺数-阻力系数图，该图是在尼古拉兹等人的多次试验的基础上拟合出来的。

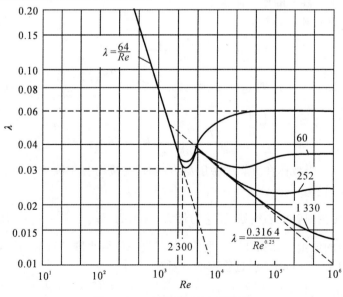

图 3-15　雷诺数-阻力系数图

故计算沿程压力损失时,应先判断流态,取得正确的沿程阻力系数 λ 值,然后再按式(3-31)进行计算。

3.3.3　局部压力损失

液体流经管道的弯头、接头、突变截面以及阀口,致使流速的方向和大小发生剧烈变化,形成漩涡、脱流,因而使液体质点相互撞击,造成能量损失,这种能量损失称为局部压力损失。图3-16 所示为一种突然扩大管路处的局部损失。

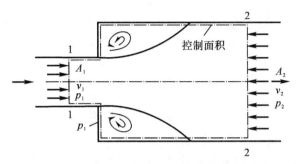

图 3-16　突然扩大处的局部损失

由于流动状况极为复杂,影响因素较多,局部压力损失的阻力系数,一般要依靠实验来确定,局部压力损失计算公式为

$$\Delta p_\xi = \xi \frac{\rho v^2}{2} \tag{3-33}$$

式中,ξ 为局部阻力系数,一般由实验求得,具体数值可查有关手册。

3.3.4　液体通过阀口的局部压力损失

液体流过各种液压阀的局部压力损失常用以下经验公式计算,有

$$\Delta p_v = \Delta p_n \left(\frac{q}{q_n} \right)^2 \tag{3-34}$$

式中,q_n 为阀的额定流量;Δp_n 为阀在额定流量下的压力损失(具体数值可从液压阀的样本手册查寻);q 为通过阀的实际流量。

3.3.5　管道系统中的总压力损失

管路系统中总的压力损失等于所有沿程压力损失和所有局部压力损失之和,即

$$\sum \Delta p = \sum \Delta p_\lambda + \sum \Delta p_\xi + \sum \Delta p_v \tag{3-35}$$

液压传动中的压力损失,绝大部分转变为热能造成油温升高、泄漏增多,使液压传动效率降低,甚至影响系统工作性能,所以应尽量减少压力损失。布置管路时尽量缩短管道长度,减少管路弯曲和截面的突然变化,管内壁力求光滑,选用合理管径,采用较低流速,以提高系统效率。

【例 3-5】　如图 3-17 所示,泵从油箱吸油,泵的流量为 25 L/min,吸油管直径 $d = 30$ mm,设滤网及管道内总的压降为 0.032 MPa,油液的密度 $\rho = 880$ kg/m³。要保证泵的进口

真空度不大于 $0.033\ 6$ MPa，试求泵的安装高度 h。

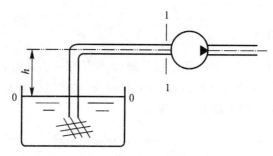

图 3-17　液压泵吸油工作示意图

解　由油箱液面 0 — 0 至泵进口 1 — 1 建立伯努利方程，有

$$\frac{p_a}{\rho} + \frac{a_0 v_0^2}{2} = \frac{p_1}{\rho} + \frac{a_1 v_1^2}{2} + gh + \frac{\Delta p}{\rho}$$

式中，p_a 为大气压力；p_1 为泵进口处绝对压力。

因为油箱截面远大于管道过流断面，所以 $v_0 \approx 0$。取 $\alpha_0 \approx 1$，$\alpha_1 \approx 1$。

液压泵吸油管流速为

$$v_1 = \frac{4q}{\pi d^2} = \frac{4 \times 25 \times 10^{-3}}{\pi \times (30 \times 10^{-3})^2 \times 60}\ \text{m/s} = 0.589\ \text{m/s}$$

液压泵的安装高度为

$$h = \frac{p_a - p_1}{\rho g} - \frac{v_1^2}{2g} - \frac{\Delta p}{\rho g} =$$

$$\left(\frac{0.033\ 6 \times 10^6}{880 \times 9.8} - \frac{0.589^2}{2 \times 9.8} - \frac{0.03 \times 10^6}{880 \times 9.8} \right)\ \text{m} = 0.4\ \text{m}$$

【例 3-6】　30 号机械油在内径 $d=20$ mm 的光滑钢管内流动，$v=3$ m/s，判断其流态。若流经管长 $L=10$ m，求沿程压力损失是多少？当 $v=4$ m/s 时，判断其流态，并求沿程压力损失是多少？

解　（1）当 $v=3$ m/s 时，1 cSt $= 10^{-2}$ cm²/s

$$Re = \frac{vd}{v} = \frac{3 \times 20 \times 10^{-3}}{30 \times 10^{-6}} = 2\ 000 < 2\ 320$$

可得液流为层流，有

$$\Delta p = \lambda \frac{l}{d} \frac{\rho}{2} v^2 = (75/Re) \times (10/0.02) \times (900 \times 3^2/2) = 0.76 \times 10^5\ \text{Pa}$$

（2）当 $v=4$ m/s 时，有

$$Re = \frac{vd}{v} = \frac{4 \times 20 \times 10^{-3}}{30 \times 10^{-6}} = 2\ 666.7 > 2\ 320$$

可得液流为紊流，有

$$\Delta p = \lambda \frac{l}{d} \frac{\rho}{2} v^2 = (0.316\ 4/Re^{0.25}) \times (10/0.02) \times (900 \times 4^2/2) = 1.58 \times 10^5\ \text{Pa}$$

3.4　液体流经小孔及间隙的流量

液压系统中,经常遇到液体流经小孔或配合间隙的情况,例如,通过各种控制阀的阀口和阻尼孔,高压油由高压腔经过相对运动零件表面间的缝隙向低压腔泄漏等。液体流经这些部位时,其压力、流量、流速及压力损失之间都有一定的规律。因此,合理利用这些规律,可以提高液压元件与系统的效率,从而改善工作性能。本节主要介绍液体流经小孔及间隙的流量公式。

3.4.1　液体流经小孔的流量

液压元件中的小孔,根据小孔的长度与直径的比例不同,可以分成三种类型:当小孔的通流长度 l 和孔径 d 之比 $l/d \leqslant 0.5$ 时,称为薄壁小孔;当 $l/d > 4$ 时,称为细长孔;当 $0.5 < l/d \leqslant 4$ 时,则称为短孔。

1. 流经薄壁小孔的流量

图 3-18 所示为液流通过薄壁小孔的情况。当液流流经薄壁小孔时,左边过流断面 1—1 处的液体均向小孔汇集,因 $D \gg d$,过流断面 1—1 的流速较低,流经小孔时液体质点突然加速,在惯性力作用下,使通过小孔后的液流形成一个收缩截面 c—c,然后扩散。这一收缩和扩散过程,会造成很大的能量损失,即压力损失。

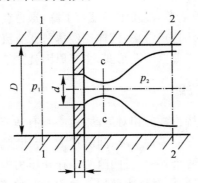

图 3-18　液体在薄壁小孔中的流动

现取小孔前断面 1—1 和收缩的断面 c—c,然后列出伯努利方程。由于高度 h 相等,断面 1—1 比断面 c—c 大很多,则 $v_1 \ll v_c$,于是 v_1 很小可忽略不计,并设动能修正系数 $\alpha = 1$,则有

$$p_1 = p_c + \frac{\rho v_c^2}{2} + \xi \frac{\rho v_c^2}{2} \quad (3-36)$$

将式(3-36)整理后,得

$$v_c = \frac{1}{\sqrt{1+\xi}}\sqrt{\frac{2}{\rho}(p_1-p_c)} = C_v\sqrt{\frac{2}{\rho}\Delta p} \quad (3-37)$$

式中,C_v 为速度系数,$C_v = \dfrac{1}{\sqrt{1+\xi}}$,$\xi$ 为收缩断面处的局部阻力系数;Δp 为小孔前后压力差,$\Delta p = (p_1-p_c)$。

由此可得通过薄壁小孔的流量公式为

$$q = v_c A_c = C_v C_c A \sqrt{\frac{2}{\rho} \Delta p} = C_q A \sqrt{\frac{2}{\rho} \Delta p} \qquad (3-38)$$

式中,C_q 为流量系数,$C_q = v_v C_c$,当液流为完全收缩($D/d > 7$)时,C_q 为 $0.60 \sim 0.62$,当为不完全收缩时,C_q 为 $0.7 \sim 0.8$;C_c 为收缩系数,$C_c = A_c/A$,A_c 为收缩完成处的断面积;A 为小孔过流断面积。

由式(3-38)可知,流经薄壁小孔的流量与压力差 Δp 的平方根成正比,因孔短其摩擦阻力的作用小,流量受温度和黏度变化的影响小,流量比较稳定,故薄壁小孔常作节流孔用。

2. 液体流经短孔和细长孔的流量

液体流经短孔的流量可用薄壁小孔的流量公式计算,但流量系数 C_q 不同,一般取 $C_q = 0.82$。短孔比薄壁小孔容易制造,适合作固定节流元件用。

当液体流经细长孔时,一般都是层流,用式(3-29)和式(3-30)可求得通过细长孔的流量为

$$q = \frac{d^2}{32\mu l} A \Delta p = \frac{\pi d^4}{128\mu l} \Delta p \qquad (3-39)$$

由式(3-38)和式(3-39)可以看出,当小孔的尺寸和液压油品种(黏度)确定以后,小孔两端压力差 Δp 对流量 q 有影响,但两种小孔两端 Δp 对 q 的影响程度不同。薄壁小孔流量公式中,$\sqrt{\Delta p}$ 与 q 成正比,且与黏度无关,细长孔流量公式中 Δp 与 q 成正比。说明,若两种小孔两端的 Δp 发生同样的变化,细长孔的流量将随之变化更大些,也就是薄壁孔流量相对要稳定一些。如果系统工作时间长,油温上升,液压油黏度会下降,这也会对细长孔的流量产生影响,但对薄壁孔的流量却没有影响。从这点考虑,液体流经薄壁孔时流量相对要稳定;控制阀中一些阀口,比如流量阀的阀口,常做成薄壁小孔形式,主要原因就在于此。

3.4.2 液体流经间隙的流量

液压元件内各零件间要保持正常的相对运动,就必须有适当的间隙。间隙大小对液压元件的性能影响极大,间隙太小,会使零件卡死;间隙过大,会使泄漏增大,系统效率降低等。油液通过间隙产生泄漏的原因有两个:一个是间隙两端存在压力差,此时称为压差流动;二是组成间隙的两配合表面有相对运动,此时称为剪切流动。这两种流动同时存在的情况也较为常见。图 3-19 所示为液压缸的间隙泄漏分布示意图,油液在缸体内部泄漏称之为内泄漏,油液由缸的腔体内部泄漏到大气中称之为外泄漏。

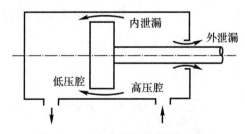

图 3-19　内泄漏与外泄漏示意图

1. 流经平行平板间隙的流量

图 3-20 所示为液体通过两平行平板间的流动,其间隙为 h,宽度为 b,长度为 l,两端的压

力是 p_1 和 p_2；下平板固定，上平板以速度 u_0 向右运动。从间隙中取出一个微小的平行六面体，平行于三个坐标方向的长度分别为 $dx,dy,dz(dz=b)$。这个微小六面体在 x 方向所受的作用力有 p 和 $p-dp$，以及作用在六面体上、下表面上的摩擦力 τ 和 $\tau-d\tau$，其受力平衡方程式为

$$p\,dyb-(p-dp)\,dyb-\tau\,dxb+(\tau-d\tau)dxb=0 \qquad (3-40)$$

整理后得

$$\frac{d\tau}{dy}=\frac{dp}{dx} \qquad (3-41)$$

由于 $\tau=\mu\dfrac{du}{dy}$，则式（3-41）变为

$$\frac{d^2u}{dy^2}=\frac{1}{\mu}\times\frac{dp}{dx} \qquad (3-42)$$

将（3-42）对 y 两次积分，得

$$u=\frac{1}{2\mu}\frac{dp}{dx}y^2+C_1y+C_2 \qquad (3-43)$$

式中，C_1,C_2 为由边界条件所确定的积分常数。

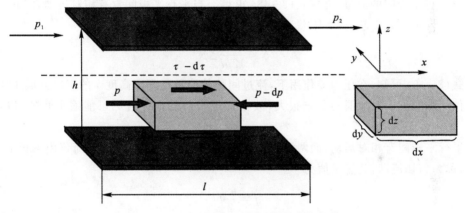

图 3-20　相对运动平行平板间隙的流动

由边界条件：当 $y=0$ 时，$u=0$；当 $y=h$ 时，$u=u_0$，并分别代入式（3-43），得 $C_1=-\dfrac{h}{2\mu}\dfrac{dp}{dx}+\dfrac{u_0}{h}$，$C_2=0$，则

$$\mu=-\frac{h}{2\mu}\frac{dp}{dx}(h-y)y+\frac{u_0}{h}y \qquad (3-44)$$

由式（3-44）可知速度沿间隙断面的分布规律。

式（3-44）中，$\dfrac{dp}{dx}$ 为一常数，即在间隙中沿 x 方向的压力梯度是一常数。如果间隙长度 l 的压力油 p_1 降至 p_2，则

$$-\frac{dp}{dx}=-\frac{p_2-p_1}{l}=\frac{p_1-p_2}{l}=\frac{\Delta p}{l} \qquad (3-45)$$

将式(3-44)和式(3-45)代入(3-43)得

$$u = \frac{\Delta p}{2\mu l}(h-y)y + \frac{u_0}{h}y \tag{3-46}$$

式(3-46)中,$\frac{\Delta p}{2\mu l}(h-y)y$ 是由压力差造成的流动;$\frac{u_0}{h}y$ 是由上平板运动造成的流动。由于上平板的运动方向有可能向左,也可能向右,当平板运动方向与压差流动方向一致时,$\frac{u_0}{h}y$ 前后符号用"+";当平板运动方向与压差流动方向相反时,$\frac{u_0}{h}y$ 前后符号用"一"。则流速公式的通式可写为

$$u = \frac{\Delta p}{2\mu l}(h-y)y \pm \frac{u_0}{h}y \tag{3-47}$$

取沿 z 方向的宽度为 b,沿 y 方向的高度为 dy 的过流断面,通过此断面的微小流量为 $dq = ub\,dy$,积分得

$$q = b\int_0^h u\,dy = b\int_0^h \left[\frac{\Delta p}{2\mu l}(h-y)y \pm \frac{u_0}{h}y\right]dy = \frac{bh^3}{12\mu l}\Delta p \pm \frac{u_0}{2}bh \tag{3-48}$$

通过平行平板间的流量,可按式(3-48)求得。当平行平板间没有相对运动,即 $u_0 = 0$ 时,通过的液流仅由压差引起,称为压差流动,其流量值为

$$q = \frac{bh^3}{12\mu l}\Delta p \tag{3-49}$$

从式(3-49)可知,在压力差作用下,流过间隙的流量与间隙高度 h 的三次方成正比,因此液压元件间隙的大小对泄漏的影响很大,故在要求密封的地方应尽可能缩小间隙,以便减少泄漏。

当平行平板间有相对运动,而两端无压力差,即 $\Delta p = 0$ 时,通过的液流仅由平板的相对运动引起,称为剪切流动,其流量值为

$$q = \frac{u_0}{2}bh \tag{3-50}$$

剪切流动与压差流动同向时 u_0 取正,剪切流动与压差流动反向时 u_0 取负。

图 3-21(a)(b)所示为液体在平行平板间隙中既有压差流动又有剪切流动的状态。图 3-21(a)所示为剪切流动和压差流动方向相同,图 3-21(b)所示则为剪切流动和压差流动方向相反。在间隙中流速的分布规律和流量是上述两种情况的叠加。

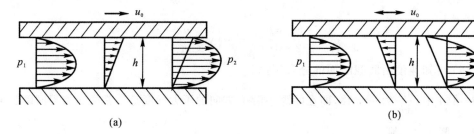

(a) (b)

图 3-21 经相对运动平行平板间隙的流动

2. 流经环状间隙的流量

在液压元件中,如液压缸与活塞的间隙、换向阀的阀芯和阀孔之间的间隙,均属环状间隙。实际上由于阀芯自重和制造上的原因等往往使孔和圆柱体的配合不易保证同心,而存在一定的偏心度,这对液体的流动(泄漏)是有影响的。

(1) 流经同心环状间隙的流量。图 3-22 所示为液流通过同心环状间隙的流动情况,其柱塞直径为 d,间隙为 h,柱塞长度为 l。

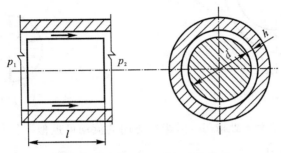

图 3-22　经同心环状间隙的流动

图 3-22 中,如果将圆环间隙沿圆周方向展开,就相当于一个平行平板间隙,因此,只要用 πd 替代式(3-48)中的 b,就可得到通过同心环状间隙的流量公式为

$$q = \frac{\pi d h^3}{12\mu l}\Delta p \pm \frac{\pi d h}{2}u_0 \tag{3-51}$$

(2) 流经偏心环状间隙的流量。图 3-23 所示为偏心环状间隙,设内外圆的偏心量为 e,在任意角度 θ 处的间隙为 h,因间隙很小,$r_1 \approx r_2 = r$,可把微小圆弧 db 所对应的环形缝隙间的流动近似地看成是平行平板间隙的流动。将 $b = rd\theta$ 代入式(3-51),得

$$dq = \frac{rd\theta h^3}{12\mu l}\Delta p \pm \frac{rd\theta h}{2}u_0 \tag{3-52}$$

由图中几何关系可知

$$h \approx h_0 - e\cos\theta \approx h_0(1 - \varepsilon\cos\theta) \tag{3-53}$$

式中,h_0 为内外圆同心时半径方向的间隙值;ε 为相对偏心率,$\varepsilon = e/h_0$。

将式(3-53)代入式(3-52)并积分,可得流量公式为

$$q = \frac{\pi d h_0^3}{12\mu l}\Delta p(1 + 1.5\varepsilon) \pm \frac{\pi d h_0}{2}u_0 \tag{3-54}$$

从式(3-54)可以看出,当 $\varepsilon = 0$ 时,即为同心环状间隙的流量。随着偏心量 ε 的增大,通过的流量也随之增加。当 $\varepsilon = 1$,即 $e = h_0$ 时,为最大偏心,其压差流量为同心环状间隙压差流量的 2.5 倍。由此可见保持阀芯与阀体配合同轴度的重要性,为此常在阀芯上开有环形压力平衡槽,通过压力作用使其能自动对中,减少偏心,从而减少泄漏。

(3) 流经圆环平面间隙的流量。如图 3-24 所示,上圆盘与下圆盘形成间隙,液流自上圆盘中心孔流入,在压差作用下沿径向呈放射状流出。

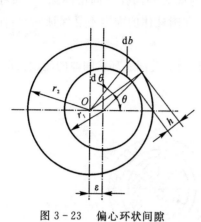

图 3-23　偏心环状间隙

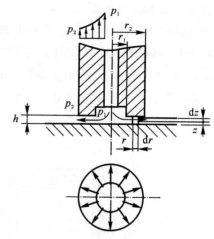

图 3-24　圆环平面间隙

采用柱坐标,在半径为 r 处取 $\mathrm{d}r$,沿半径方向的流动可近似看作是固定平行平板间隙流动,依照速度分布公式,有

$$u_r = -\frac{(h-z)z}{2\mu}\frac{\mathrm{d}p}{\mathrm{d}r} \qquad (3-55)$$

则

$$q = \int_0^h u_r 2\pi r\,\mathrm{d}z = -\frac{\pi r h^3}{6\mu}\frac{\mathrm{d}p}{\mathrm{d}r} \qquad (3-56)$$

其中

$$\frac{\mathrm{d}p}{\mathrm{d}r} = -\frac{6\mu q}{\pi r h^3} \qquad (3-57)$$

对式(3-57)积分,有

$$p = \int -\frac{6\mu q}{\pi r h^3}\mathrm{d}r = -\frac{6\mu q}{\pi r h^3}\ln r + C \qquad (3-58)$$

当 $r = r_2$ 时,$p = p_2$,$C = \frac{6\mu q}{\pi h^3}\ln r_2 + p_2$。

代入式(3-58),得

$$p = \frac{6\mu q}{\pi h^3}(\ln r_2 - \ln r) + p_2 = \frac{6\mu q}{\pi h^3}\ln\frac{r_2}{r} + p_2 \qquad (3-59)$$

又当 $r = r_1$ 时,$p = p_1$,有

$$\Delta p = p_1 - p_2 = \frac{6\mu q}{\pi h^3}\ln\frac{r_2}{r_1} \qquad (3-60)$$

则流经圆环平面间隙的流量为

$$q = \frac{\pi h^3}{6\mu\ln\frac{r_2}{r_1}}\Delta p \qquad (3-61)$$

式(3-61)即为液体流经圆环平面间隙的流量的计算公式。

综上所述,从流体力学静力学、动力学、压力损失、小孔流量以及间隙流量的计算等方面来

看,可以得出:液压技术的基本规律、常用的计算公式,有些是从一些理想化的状态下推导出来的,有些是从试验中归纳出来的,作为分析是很有用的,但用于计算,其计算结果会由于忽略了很多因素而不准确,如超过了适用范围,就会产生谬误。随着计算机仿真和仿真软件的应用,很多计算都可以通过软件来实现,但仿真计算一定要结合测试进行,要重视测试,否则仿真计算的结果将会与实际情况差距很大。

3.5 液压冲击和气穴现象

3.5.1 液压冲击现象

1. 液压冲击

在液压系统中,当极快地换向或关闭液压回路,致使液流速度急速地改变(变向或停止)时,由于流动液体的惯性或运动部件的惯性,系统内的压力发生突然升高或降低,这种现象称为液压冲击(水力学中称为水锤现象)。在研究液压冲击时,必须把液体当作弹性物体,同时还须考虑管壁的弹性。

图 3-25 所示为某液压传动油路的一部分。管路 A 的入口端装有蓄能器,出口端装有快速电磁换向阀。当换向阀打开时,管中的流速为 v_0,压力为 p_0,现在来研究当阀门突然关闭时,阀门前及管中压力变化的规律。

当阀门突然关闭时,如果认为液体是不可压缩的,则管中整个液体将如同刚体一样同时静止下来。但实验证明并非如此,事实上只有紧邻着阀门的一层厚度为 Δl 的液体于 Δt 时间内首先停止流动。之后,液体被压缩,压力增高 Δp,同时管壁亦发生膨胀,如图 3-26 所示。在下一个无限小时间 Δt 段后,紧邻着的第二层液体层又停止下来,其厚度亦为 Δl,也受压缩,同时这段管子也会膨胀。依此类推,第三层、第四层液体逐层停止下来,并产生增压。这样就形成了一个高压区和低压区分界面(称为增压波面),它以速度 c 从阀门处开始向蓄能器方向传播。称 c 为水锤波的传播速度,它实际上等于液体中的声速。

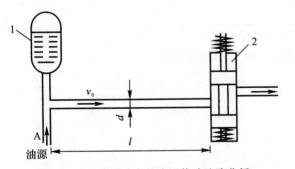

图 3-25 液压冲击的液压传动油路分析
1—气体蓄能器;2—电磁换向阀

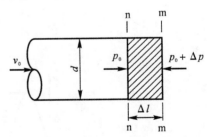

图 3-26 阀门突然关闭时的受力分析

在阀门关闭 $t_1 = l/c$ 时刻后,如图 3-26 所示,水锤压力波面到达管路入口处。这时,在管长 l 中全部液体都已依次停止了流动,而且液体处在压缩状态下。这时来自管内方面的压力较高,而在蓄能器内的压力较低。显然这种状态是不能平衡的,可见管中紧邻入口处第一层的液体将会以速度 v_0 冲向蓄能器中。与此同时,第一层液体层结束了受压状态,水锤压力 Δp 消失,恢复到正常情况下的压力,管壁也恢复了原状。这样,管中的液体高压区和低压区的分界面即减压波面,将以速度 c 自蓄能器向阀门方向传播。

在阀门关闭 $t_2 = 2l/c$ 时刻后,全管长 l 内的液体压力和体积都已恢复了原状。

这时要特别注意,当在 $t_2 = 2l/c$ 的时刻末,紧邻阀门的液体由于惯性作用,仍然企图以速度 v_0 向蓄能器方向继续流动。就好像受压的弹簧,当外力取消后,弹簧会伸长得比原来还要长,因而处于受拉状态。这样就使得紧邻阀门的第一层液体开始受到"拉松",因而使压力突然降低 Δp。同样第二层第三层依次放松,这就形成了减压波面,仍以速度 c 向蓄能器方向传去。当阀门关闭 $t_3 = 3l/c$ 时刻后,减压波面到达水管入口处,全管长的液体处于低压而且是静止状态。这时蓄能器中的压力高于管中压力,当然不能保持平衡。在这一压力差的作用下,液体必然由蓄能器流向管路中去,使紧邻管路入口的第一层液体层首先恢复到原来正常情况下的速度和压力。这种情况依次一层一层地以速度 c 由蓄能器向阀门方向传播,直到经过 $t_4 = 4l/c$ 时传到阀门处。这时管路内的液体完全恢复到原来的正常情况,液流仍以速度 v_0 由蓄能器流向阀门。这种情况和阀门未关闭之前完全相同。因为现在阀门仍在关闭状态,故此后将重复上述四个过程。如此周而复始地传播下去,如果不是由于液压阻力和管壁变形消耗了一部分能量,这种情况将会永远继续下去。

图 3-27 表示在紧邻阀门前的压力随时间变化的图形。由图看出,该处的压力每经过 $2l/c$ 时间段,互相变换一次,这是理想情况。实际上由于液压阻力及管壁变形需要消耗一定的能量,因此它是一个逐渐衰减的复杂曲线,如图 3-28 所示。

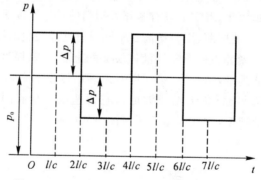

图 3-27　在理想情况下冲击压力的变化规律

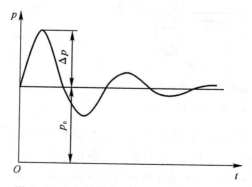

图 3-28　实际情况下冲击压力的变化规律

2. 液压冲击压力

现在定量分析阀门突然关闭时所产生的冲击压力的计算（见图 3-26）。设当阀门突然关闭时，在某一瞬间 Δt 时间内，与阀紧邻的一段液体 mn 先停止下来，其厚度为 Δl，体积为 $A\Delta l$，质量为 $\rho A\Delta l$，此小段液体 Δt 时间内受上面液层的影响而压缩，尚在流动中的液体以速度 v_0 流入该层压缩后所空出的空间。

若以 p_0 代表阀前初始压力，而以 $(p_0+\Delta p)$ 代表骤然关闭后的压力。若 m—m 段面上的压力为 $(p_0+\Delta p)$，而 n—n 段面上为 p_0，则在 Δt 时间内，轴线方向作用于液体外力的冲量为 $(-\Delta p A\Delta t)$。同时在液体层 mn 的动量的增量值为 $(-\rho A\Delta l v_0)$。对此段液体运用动量定理，得

$$-\Delta p A\Delta t = \rho A\Delta l v_0 \tag{3-62}$$

则有

$$\Delta p = \rho\frac{\Delta l}{\Delta t}v_0 = \rho c v_0 \tag{3-63}$$

如阀门不是一下全闭，而是突然使流速从 v_0 下降为 v，则 Δp 为

$$\Delta p = \rho c\Delta v = \rho c(v_0-v) \tag{3-64}$$

式中，c 为冲击波传播速度（又称水锤波速度），$c=\Delta l/\Delta t$。

3. 液流通道关闭迅速程度与液压冲击

设通道关闭的时间为 t_s，冲击波从起始点开始再反射到起始点的时间为 T，则 T 可用下式表示：

$$T=2l/c \tag{3-65}$$

式中，l 为冲击波传播的距离，它相当于从冲击的起始点（即通道关闭的地方）到蓄能器或油箱等液体容量比较大的区域之间的导管长度。

如果通道关闭的时间 $t<T$，这种情况称为瞬时关闭，这时液流由于速度改变所引起的能量化全部转变为液压能，这种液压冲击称为完全冲击（即直接液压冲击）。

如果通道关闭的时间 $t>T$，这种情况称为逐渐关闭。实际上，一般阀门关闭时间还是较大的，此时冲击波折回到阀门时，阀门尚未完全关闭。因此液流由速度改变所引起的能量变化仅有一部分（相当于 T/t 的部分）转变为液压能，这种液压冲击称为非完全冲击（即间接液压冲击）。这时液压冲击的冲击压力可按下述公式计算：

$$\Delta p = \frac{T}{t}\rho c v_0 \tag{3-66}$$

由式（3-66）可知，当 t 越大，Δp 越小。

从以上各式可以看出，要减小液压冲击，可以增大关闭通道的时间 t，或者减少冲击波从起始点开始再反射到起始点的时间 T，也就是减小冲击波传播的距离 l。

【例 3-7】　如图 3-26 所示为液压系统的一部分，从气体蓄能器 1 到电磁换向阀 2 之间的管路长 $l=4$ m，管子直径 $d=12$ mm，管壁厚度 $\delta=1$ mm，钢管材料的弹性系数 $E=2.2\times10^7$ N/cm^2，使用的油液为 10 号航空液压油，其容积弹性模量 $K=133\,000$ N/cm^2，密度 $\rho=900$ kg/m^3。管路中以流速 $v_0=5$ m/s 流向电磁换向阀。当电磁换向阀以 $t=0.02$ s 的时间快速将阀门完全关闭时，试求在管路中所产生的冲击压力。

解　$c=\dfrac{\sqrt{K/\rho}}{\sqrt{1+dK/\delta E}}=\dfrac{\sqrt{\dfrac{133\,000\times10^4}{900}}}{\sqrt{1+\dfrac{0.012\times133\,000\times10^4}{2.2\times10^{11}\times0.001}}}=1\,183.5$ (m/s)

再求出 $2l/c$ 值来确定是直接液压冲击还是间接液压冲击,即

$$2l/c = 2 \times 4/1\ 183.5 = 0.006\ 8\ (s)$$

由于电磁阀关闭时间 $t = 0.02\ s$ 大于 $2l/c = 0.006\ 8\ s$,所以此处的液压冲击为不完全液压冲击,因此它的冲击压力值为

$$\Delta p = T/t \rho c v_0 = 0.006\ 8/0.02 \times 900 \times 1\ 183.5 \times 5 = 18.1 \times 10^5 (N/m^2)$$

4. 液体和运动件惯性联合作用而引起的液压冲击

设有一用换向阀控制的油缸如图 3-29 所示。活塞拖动负载以 v_0 的起始速度向右移动,活塞及负载的总重量为 G,如换向阀突然关闭,活塞及负载在换向阀关闭后 t 时间内停止运动,由于液体及运动件的惯性作用而引起的液压冲击可按下述方法计算。

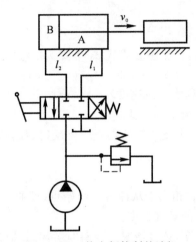

图 3-29　换向阀控制的油缸

活塞及负载停止运动时,从换向阀到油缸及从油缸回油到换向阀的整个液压回路中的油液均停止流动。因为活塞及负载原有动量作用于 A 腔油液上,所以 A 腔及 l_1 管路中的压力高于 B 腔及 l_2 管路中的压力。但是在计算液压冲击最大压力升高值时,应计算管路中由油液惯性而产生的最大压力升高值。计算由油液惯性在导管中产生的液压冲击压而引起的液压冲击压力为

$$\Delta p' = \sum \frac{\gamma}{g} \frac{A v_0 l_i}{A_i t} \qquad (3-67)$$

式中,A 为油缸活塞面积;l_i 为第 i 段管道的长度;A_i 为油液第 i 段管道的有效面积;v_0 为产生液流变化前的活塞速度;t 为活塞由速度 v_0 到停止的变化时间;g 为重力加速度。

式(3-67)中对于油缸中油液的惯性因油缸长度和活塞速度与管道长度及管中流速相比较是很小的,故可忽略不计。

活塞及负载惯性所引起 A 腔油液压力升高值,根据动量定理应为

$$\Delta p'' A t = \frac{G}{g} v_0 \qquad (3-68)$$

则有

$$\Delta p'' = \frac{G v_0}{g t A} \qquad (3-69)$$

因此 A 腔及管路 l_1 中最大压力升高值为

$$\Delta p = \Delta p' + \Delta p'' = \left(\sum \frac{\gamma}{g} \frac{Al_i}{A_i} + \frac{G}{gA} \right) \frac{v_0}{t} \tag{3-70}$$

式(3-70)中如在 t 时间内活塞的速度不是从 v_0 降到零,而且以 v_0 降到 v_1,只要用 $v_0 - v_1$ 代替式中 v_0 即可。

液压冲击的危害是很大的。发生液压冲击时管路中的冲击压力往往急增很多倍,而使按工作压力设计的管道破裂。此外,所产生的液压冲击波会引起液压系统的振动和冲击噪声。因此在液压系统设计时要考虑这些因素,应当尽量减少液压冲击的影响。为此,一般可采用如下措施:

1)缓慢关闭阀门,削减冲击波的强度;

2)在阀门前设置蓄能器,以减小冲击波传播的距离;

3)应将管中流速限制在适当范围内,或采用橡胶软管,也可以减小液压冲击;

4)在系统中装置安全阀,可起卸载作用。

3.5.2　气穴现象

一般液体中都溶解有空气,水中溶解有约 2％体积的空气,液压油中溶解有 6％～12％体积的空气。成溶解状态的气体对油液体积弹性模量没有影响,成游离状态的小气泡则对油液体积弹性模量产生显著的影响。空气的溶解度与压力成正比。当压力降低时,原先压力较高时溶解于油液中的气体成为过饱和状态,于是就要分解出游离状态微小气泡,其速率是较低的,但当压力低于空气分离压 p_g 时,溶解的气体就要以很高速度分解出来,成为游离微小气泡,并聚合长大,使原来充满油液的管道变为混有许多气泡的不连续状态,这种现象称为空穴现象。油液的空气分离压随油温及空气溶解度而变化,当油温 $t = 50℃$ 时,$p_g < 0.4$ bar(绝对压力)。

在液压系统中,由于流速突然变大,供油不足等因素,压力迅速下降至低于空气分离压时,原来溶解于油液中的空气游离出来形成气泡,这些气泡夹杂在油液中形成气穴,这种现象称为气穴现象。

当液压系统中出现气穴现象时,大量的气泡破坏了油流的连续性,造成流量和压力脉动,当气泡随油流进入高压区时又急剧破灭,引起局部液压冲击,使系统产生强烈的噪声和振动。当附着在金属表面上的气泡破灭时,它所产生的局部高温和高压作用,以及油液中逸出的气体的氧化作用,会使金属表面剥蚀或出现海绵状的小洞穴。这种因气穴造成的腐蚀作用称为气蚀,导致元件使用寿命的下降。

管道中发生气穴现象时,气泡随着液流进入高压区时,体积急剧缩小,气泡又凝结成液体,形成局部真空,周围液体质点以极大速度来填补这一空间,使气泡凝结处瞬间局部压力可高达数百巴,温度可达近千摄氏度。在气泡凝结附近壁面,因反复受到液压冲击与高温作用,以及油液中逸出气体具有较强的酸化作用,金属表面产生腐蚀。因气穴产生的腐蚀,一般称为气蚀。泵吸入管路连接、密封不严使空气进入管道,回油管高出油面使空气冲入油中而被泵吸油管吸入油路以及泵吸油管道阻力过大,流速过高均是造成气穴的原因。

此外,当油液流经节流部位,流速增高,压力降低,当节流部位前后压差 $p_1/p_2 \geqslant 3.5$ 时,将发生节流气穴。

气穴多发生在阀口和液压泵的进口处。由于阀口的通道狭窄,流速增大,压力大幅度下降,以致产生气穴。当泵的安装高度过大或油面不足,吸油管直径太小,吸油阻力大,滤油器阻塞,造成泵的进口处真空度过大,亦会产生气穴。气穴现象引起系统的振动,产生冲击、噪声、气蚀使工作状态恶化。为减少气穴和气蚀的危害,一般采取下列措施:

1) 减少液流在阀口处的压力降,一般希望阀口前后的压力比为 $p_1/p_2 < 3.5$。

2) 降低吸油高度(一般 $H < 0.5$ m),适当加大吸油管内径,限制吸油管的流速(一般 $v < 1$ m/s);及时清洗过滤器;对高压泵可采用辅助泵供油。

3) 管路要有良好密封,防止空气进入。

思考与练习

1.伯努利方程的物理意义是什么? 该方程的理论式与实际式有什么区别?

2.简述层流与紊流的物理现象及两者的判别方式。

3.管路中的压力损失有哪几种? 分别受哪些因素影响?

4.如图 3-30 所示,直径为 d,重量为 G 的柱塞浸没在液体中,并在 F 力作用下处于静止状态,若液体的密度为 ρ,柱塞浸入深度为 h,试确定液体在测压管内上升的高度 x。

5.如图 3-31 所示,油管水平放置,截面 1—1,2—2 处的直径分别为 d_1,d_2,液体在管路内做连续流动,若不考虑管路内能量损失,试问:

(1) 截面 1-1,2-2 处哪一点压力高? 为什么?

(2) 若管路内通过的流量为 q,试求截面 1-1 和 2-2 两处的压力差 Δp。

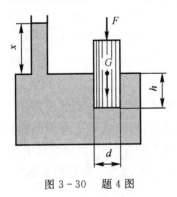
图 3-30 题 4 图

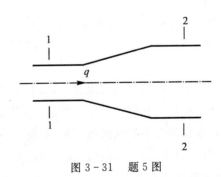
图 3-31 题 5 图

6.如图 3-32 所示,液压泵流量 $q = 25$ L/min,吸油管直径 $d = 25$ mm,泵吸油口比油箱液面高 $h = 0.4$ m。如只考虑吸油管中的沿程压力损失,泵吸油口处的真空度为多少?(液压油的密度 $\rho = 900$ kg/m³,运动黏度 $v = 20$ mm²/s)

7.如图 3-33 所示,液压泵输出流量可变,当 $q_1 = 0.417 \times 10^{-3}$ m³/s 时,测得阻尼孔前的压力为 $p_1 = 5 \times 10^5$ Pa,如泵的流量增加到 $q_2 = 0.834 \times 10^{-3}$ m³/s,试求阻尼孔前的压力 p_2(阻尼孔分别以细长孔和薄壁孔进行计算)。

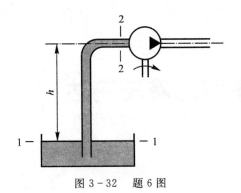

图 3-32　题 6 图

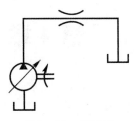

图 3-33　题 7 图

8.如图 3-34 所示,柱塞上受固定力 $F = 100$ N的作用而下落,缸中油液经间隙 $\delta = 0.05$ mm泄出,设柱塞和缸处于同心状态,缝隙长度 $l = 70$ mm,柱塞直径 $d = 20$ mm,油液的黏度 $\mu = 50 \times 10^{-3}$ Pa·s,试计算柱塞下落 0.1 m所需的时间。

9.图 3-35 所示液压泵的流量 $q = 25$ L/min,吸油管直径 $d = 25$ mm,油液密度 $\rho = 900$ kg/m³,液压泵吸油口距液面高 $H = 1$ m,滤油网的压力损失 $p_r = 0.1 \times 10^5$ Pa,油液的运动黏度 $\upsilon = 1.42 \times 10^{-5}$ m²/s,油液的空气分离压为 0.4×10^5 Pa,求泵入口处最大真空度。试问在入口处是否会出现空穴现象(即析出空气)?

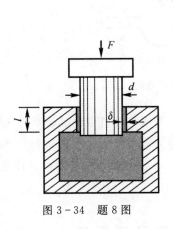

图 3-34　题 8 图

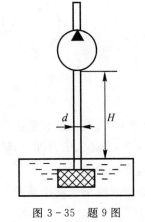

图 3-35　题 9 图

第 4 章　液压泵与液压马达

液压泵与液压马达都属于能量转换装置,如图 4-1 所示,液压泵将电动机输出的机械能(电动机轴上的转矩 T_p 和角速度 ω_p 的乘积)转变为液压能(液压泵的输出压力 p_p 和输出流量 q_p 的乘积),为系统提供一定流量和压力的油液,是液压系统中的动力源。液压马达通常指输出连续转速和扭矩的执行元件(不包括摆动液压马达)。液压马达是将系统的液压能(液压马达的输入压力 p_M 和输入流量 q_M 的乘积)转变为机械能(液压马达输出轴上的转矩 T_M 和角速度 ω_M 的乘积),使系统输出一定的转速和转矩,驱动工作部件运动。

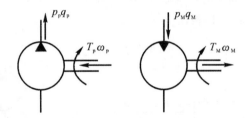

图 4-1　能量转换示意图

因此从原理上讲,液压泵和液压马达是可逆的。当用电动机带动其转动时,输出压力能的即为液压泵,反之,当通入压力油时,输出机械能的即为液压马达。在结构上二者也很类似,但由于功用不同,它们的实际结构还是有一定的差别。本章主要介绍常用的液压泵和液压马达的结构、工作原理及使用中应注意的问题。

4.1　液压泵和液压马达概述

4.1.1　液压泵和液压马达的工作原理

图 4-2 所示是一个简单的单柱塞液压泵的工作原理图。柱塞 2 安装在泵体 3 内,柱塞在弹簧 4 的作用下与偏心轮 1 接触。当偏心轮不停地转动时,柱塞做左右往复运动。柱塞向右运动时,柱塞和泵体所形成的密封容积 V 增大,形成局部真空,油箱中的油液在大气压力作用下,通过单向阀 6 进入泵体 V 腔,即液压泵吸油。柱塞向左运动时密封容积 V 减小,由于单向阀 6 封住了吸油口,避免 V 腔油液流回油箱,于是 V 腔的油液经单向阀 5 压向系统,即液压泵压油。偏心轮不停地转动,液压泵便不断地吸油和压油。

从上述泵的工作过程可以看出:液压泵是靠密封油腔容积的变化来进行工作的,因此也称之为容积式液压泵。泵的输油量取决于工作油腔的数目以及容积变化的大小和频率。阀 5,6 是保证泵正常工作所必需的,称配流装置。不同的泵有不同的配流装置。

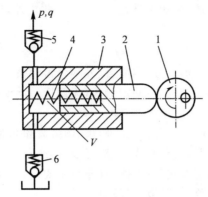

图 4-2　液压泵工作原理
1—偏心轮;2—柱塞;3—泵体;4—弹簧;5,6—单向阀

构成容积式液压泵必须具备以下三个必要条件:

(1)要有两个或两个以上的封闭容腔,以构成液压泵的吸油腔(区)和压油腔(区)。

(2)所有封闭容腔的容积可逐渐变大或变小:能逐渐变大者,腔内可形成一定的真空度,大气压通过插入油箱油面以下的密封管路,将油箱内的油液压入该有一定真空度的腔内,称为"吸油";容积变小的密封腔,利用其油液的不可压缩特性,将油液从压油口压出,输往液压系统,则称为"压油"。

(3)吸油腔与压油腔要能彼此隔开:液压泵在吸、压油区之间多采用一段密封区将二者隔开,如采用端面的盘配油(配流)方式,或者采用阀式配油或轴配油的方式将吸、压油区隔开。未被隔开或隔开得不好而出现吸、压油区相通,则吸油腔形成不了一定程度的真空度而吸不上油,或者不能吸足油液(油中带气泡);压油腔则不能输出压力油或输出的油液压力流量不够。叶片泵和轴向柱塞泵为端面配油盘配流,径向柱塞泵为配油轴配油或阀式配油。

上述液压泵的三个必要条件在泵的设计中都应设法进行满足。

液压系统中使用的液压马达也都是容积式马达,液压马达是实现连续旋转运动的执行元件,从原理上讲,向容积式泵中输入压力油,使其轴转动,就成为液压马达,即容积式泵都可作液压马达使用,但在实际中,由于液压马达和液压泵的工作条件不同,对它们的性能要求也不一样,所以同类型的液压马达和液压泵之间,仍存在许多差别。首先,液压马达应能够正、反转,因而要求其内部结构对称;液压马达的转速范围需要足够大,特别是应对它的最低稳定转速有一定的要求。因此,它通常都采用滚动轴承或静压滑动轴承。其次,液压马达由于在输入压力油条件下工作,所以不必具备自吸能力,但需要一定的初始密封性,才能提供必要的启动转矩。由于存在着这些差别,许多同类型的液压马达和液压泵虽然在结构上相似,但不能可逆工作。

4.1.2　液压泵和液压马达的分类

液压泵和液压马达的类型很多,按其排量 V 能否调节可分成定量泵和定量马达、变量泵和变量马达两类,前者排量 V 不可调节,后者排量 V 是可以调节的。按结构形式分,常见的有齿轮式、叶片式和柱塞式三大类,每类中还有很多种形式。例如:齿轮泵有外啮合式和内啮合式,叶片泵有单作用式和双作用式,柱塞泵有径向式和轴向式,柱塞马达有轴向柱塞式(高速、小转矩马达)和径向柱塞式(低速、大转矩马达)等等。除此之外,还有其它一些形式的液压泵和液压马达。

液压泵和液压马达的具体分类如下:

液压泵
- 齿轮泵
  - 按啮合形式分:内啮合、外啮合齿轮泵
  - 按侧板结构分:固定侧板(无侧板)、浮动侧板(或浮动轴套)
  - 按级数分:单级、多级
  - 按齿面形式分:直齿、斜齿、圆弧齿和非对称齿形、人字齿
  - 按齿形分:渐开线、非渐开线(摆线)
- 叶片泵
  - 按作用方式分:单作用(非平衡式)、双作用(平衡式)
  - 按级数分:单级、双级
  - 按连接方式分:单泵、双联泵
  - 按变量反馈形式分:内反馈、外反馈
- 柱塞泵
  - 按柱塞排列方式分:轴向、径向与直列式柱塞泵
  - 按配油方式分:轴配油、盘配油与阀配油
  - 按柱塞传动方式分:斜盘式、斜轴式、凸轮盘式
  - 按缸体的形式分:转动缸式、固定缸式
  - 按轴的结构形式分:通轴式、非通轴式
- 螺杆泵
- 凸轮转子泵

液压马达
- 高速小转矩
  - 定量
    - 齿轮式(内啮合、外啮合)
    - 叶片式(单作用、双作用)
    - 柱塞式
      - 轴向(斜盘、斜轴)式
      - 径向式
  - 变量
    - 叶片式
    - 柱塞式
      - 轴向(斜盘、斜轴)式
      - 径向式
- 低速大转矩
  - 单作用
    - 径向柱塞式
      - 连杆式、无连杆式、滚柱式
      - 摆缸式
    - 轴向柱塞式
      - 摆缸式
      - 双斜盘式
      - 一齿差偏摆式
  - 双作用
    - 叶片式
    - 摆线式
    - 轴向柱塞式
    - 内曲线径向柱塞式
      - 柱塞传动式
      - 横梁传动式
      - 滚柱传动式
      - 径向球塞式

液压泵和液压马达的图形符号如图 4-3 所示。

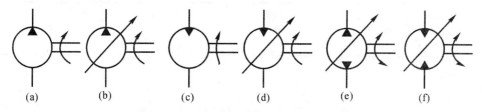

图 4-3　液压泵和液压马达图形符号

(a)单向定量泵；(b)单向变量泵；(c)单向定量马达；(d)单向变量马达；(e)双向变量泵；(f)双向变量马达

4.1.3　液压泵和液压马达的主要性能参数

液压泵和液压马达的主要性能参数包括：排量(V)、流量(q)、压力(p)、转速(n)、功率(P)、转矩(T)、容积效率(η_v)、机械效率(η_m)和总效率(η)。这些性能参数反映了泵和马达的工作能力和适应的工作条件，是使用和检验元件的依据。在液压泵和液压马达的铭牌上，一般都有型号、额定压力、转速、旋向等参数，如图 4-4 所示。

```
×××液压泵有限公司
型号:CBT-E532
压力:25 MPa
转速:500-3 000 r/min
旋向:左
生产日期:×年×月
```

图 4-4　液压泵的铭牌

1. 压力

液压泵或马达的压力有工作压力、额定压力和最大压力之分。

(1)工作压力。液压泵或马达的工作压力指泵或马达实际工作时的压力，由负载决定。

(2)额定压力。指泵或马达在正常工作条件下，按试验标准规定能连续运转的最高压力，其大小受液压泵或马达寿命限制。若泵或马达长期超过额定压力工作，其寿命将会比设计寿命短。

(3)最大压力。指泵或马达按试验标准规定，允许短暂运转的最高压力，由液压系统中的安全阀限定。安全阀的调定值不允许超过液压泵和液压马达的最大压力。例如某泵额定压力为 21 MPa，最大压力为 28 MPa，在最大压力下可短暂运转的时间为 6 s。

由于液压传动的用途不同，系统所需压力也不相同。为了便于液压元件的设计、生产和使用，将压力分成几个等级，见表 4-1。

表 4-1　压力分级

压力等级	低　压	中　压	中高压	高　压	超高压
压力/MPa	≤2.5	>2.5~8	>8~16	>16~31.5	>31.5

液压系统的用途不同，系统所需压力也不同。为便于液压元(辅)件的设计、生产，我国规定了液压系统及元件公称压力系列值(GB/T 2346—2003)，见表 4-2。

表 4-2　液压系统及元件公称压力系列值　　　　　　单位:kPa

1.0	1.6	2.5	4.0	6.3	10.0	12.5	16.0
20.0	25.0	31.5	40.0	50.0	63.0	80.0	100

2. 转速

液压泵的转速有额定转速和最高转速之分。额定转速指在额定工况下,液压泵能长时间持续正常运转的最高转速。最高转速指在额定工况下,液压泵能超过额定转速允许短暂运转的最高转速。若泵的转速超过最高转速,将会使泵吸油不足,产生振动和大的噪声,零件遭受气蚀损伤,寿命降低。

液压马达的技术规格中规定有最高转速和最低稳定转速。最高转速指液压马达受零件强度、惯性和液体最大流量等限制的转速最大值。最低稳定转速指液压马达在额定负荷下不出现"爬行现象"的最低转速。"爬行现象"是指当给马达供油量很小,以便得到很低的转速时,由于马达内部泄漏量的变化,导致马达不能连续转动,出现时转时停的现象。

转速用字母 n 表示,单位是 r/min。

3. 排量、流量和容积效率

(1)排量。液压泵或液压马达的排量是指泵或马达每转一圈,按其几何尺寸计算所应排出或需输入的工作液体体积,也叫几何排量,用字母 V 表示,单位是 mL/r。

(2)理论流量。指在单位时间内,由其密封容积的几何尺寸变化计算而得的泵输出或马达输入的工作液体体积的平均值。用字母"q_{V0}"表示,单位是 L/min。其理论值为

$$q_{V0} = Vn \times 10^{-3} \tag{4-1}$$

由此可知,理论流量等于排量与其转速的乘积,与工作压力无关。

(3)实际流量。实际上,由于泵和马达内部都有泄漏量 Δq_V,则液压泵和液压马达的实际流量 q_V 分别为

液压泵:
$$q_V = q_{V0} - \Delta q_V \tag{4-2}$$

液压马达:
$$q_V = q_{V0} + \Delta q_V \tag{4-3}$$

对液压泵来说,实际流量为其输出流量;对马达来说,实际流量为其输入流量。

(4)容积效率。泵与马达内部泄漏的程度,用容积效率表示。容积效率为有效流量与总流量的比值,即

$$\eta_V = \frac{q_{V有效}}{q_{V总}} \tag{4-4}$$

液压泵:
$$\eta_V = \frac{q_V}{q_{V0}} = \frac{q_{V0} - \Delta q_V}{q_{V0}} = 1 - \frac{\Delta q_V}{q_{V0}} \tag{4-5}$$

液压马达:
$$\eta_V = \frac{q_{V0}}{q_V} = \frac{q_{V0}}{q_{V0} + \Delta q_V} = \frac{1}{1 + \dfrac{\Delta q_V}{q_{V0}}} \tag{4-6}$$

因此,液压泵的实际输出流量为

$$q_V = q_{V0} \eta_V = Vn \eta_V \tag{4-7}$$

液压马达的实际输入流量为

$$q_{\mathrm{V}} = \frac{q_{\mathrm{V0}}}{\eta_{\mathrm{V}}} = \frac{Vn}{\eta_{\mathrm{V}}} \qquad (4-8)$$

容积效率 η_{V} 的高低,是评价液压泵和液压马达能否继续使用的主要依据,当泵或马达的容积效率低于某一规定值时,系统就会出现故障,此时就应对泵或马达进行维修了。

由式(4-5)和式(4-6)可知,泵或马达容积效率 η_{V} 的高低取决于泄漏量 Δq_{V} 和理论流量 q_{V0}。由前面章节的泄漏量公式 $\Delta q_{\mathrm{V}} = \frac{bh^3}{12\eta l}\Delta p$ 及 $q_{\mathrm{V0}} = Vn$ 可以知道,液压泵或液压马达的结构型号选定后,元件内部间隙的 l,b,h,及 V 都已确定,而液压油黏度 η、转速 n 和工作油压 p 会随着工作条件的变化而变化。因此黏度、转速、压力对容积效率 η_{V} 有很大的影响。在实际工作中,合理控制使用因素,可以提高泵或马达的容积效率 η_{V}。根据以上公式分析可知,转速升高则容积效率 η_{V} 提高,反之,则降低;黏度增大则容积效率 η_{V} 提高,反之,则降低;压力变大则容积效率 η_{V} 降低,反之,则增加。

4. 力矩与机械效率

(1)力矩。设动力机带动液压泵旋转的角速度和液压马达带动工作机构旋转的角速度为 ω。若不计泵或马达本身的功率损失,输入给液压泵的机械功率 $M_0\omega$ 全部转化为液压泵输出的液压功率 pq_{V0};而输入给马达的液压功率 pq_{V0} 全部转化为马达所输出的机械功率 $M_0\omega$。根据能量守恒定律得

$$M_0\omega = pq_{\mathrm{V0}} \qquad (4-9)$$

式中

$$\left.\begin{array}{l} \omega = 2\pi n \\ q_{\mathrm{V0}} = Vn \end{array}\right\} \qquad (4-10)$$

可得

$$2\pi n M_0 = pVn \qquad (4-11)$$

故

$$M_0 = \frac{pq}{2\pi} \times 10^{-6} \qquad (4-12)$$

式中,p 为压力,单位 Pa;V 为排量,单位 mL/r;M_0 为理论力矩,单位 N·m。

(2)机械效率。实际上液压油是有黏度的,在液压泵或液压马达内部各相对运动零件表面的液层之间存在着摩擦力 F。摩擦力形成摩擦阻力矩 ΔM,使泵的输入力矩增大,使马达的输出力矩减小。把泵的输入力矩和马达的输出力矩作为实际力矩 M,则

液压泵: $\qquad M = M_0 + \Delta M \qquad (4-13)$

液压马达: $\qquad M = M_0 - \Delta M \qquad (4-14)$

有效力矩与总力矩之比称为机械效率,用 η_{M} 表示。

液压泵: $\qquad \eta_{\mathrm{M}} = \frac{M_0}{M} = \frac{M_0}{M_0 + \Delta M} = \frac{1}{1 + \frac{\Delta M}{M_0}} \qquad (4-15)$

液压马达: $\qquad \eta_{\mathrm{M}} = \frac{M}{M_0} = \frac{M_0 - \Delta M}{M_0} = 1 - \frac{\Delta M}{M_0} \qquad (4-16)$

泵和马达使用以后,各相对运动零件表面间的间隙增大,摩擦力减小,ΔM 也就变小。但间隙增大,使泄漏量 Δq_{V} 增加,容积效率下降。因此,泵和马达的使用寿命主要取决于容积

效率。

（3）总效率。液压泵和液压马达的总效率：

$$\eta_{总} = \eta_V \eta_M \tag{4-17}$$

事实上，液压泵、液压马达的容积效率和机械效率在总体上与油液的泄漏和摩擦副的摩擦损失有关，而泄漏及摩擦损失则与泵、马达的工作压力、油液黏度、泵或马达的转速有关。图 4-5 给出了液压泵、液压马达的能量流程图。

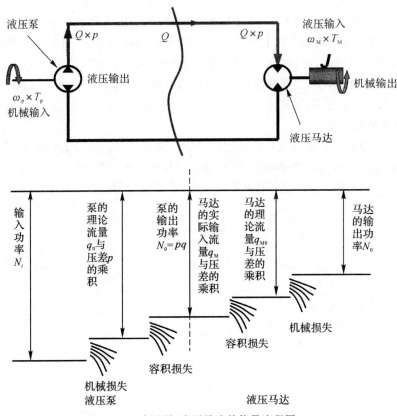

图 4-5　液压泵、液压马达的能量流程图

【例 4-1】　定量泵转速 $n = 1\,500$ r/min，在输出压力为 63×10^5 Pa 时，输出流量为 53 L/min，这时实测泵轴消耗功率为 7 kW；当泵空载卸荷运转时，输出流量为 56 L/min，试求该泵的容积效率 η_V 及总效率 η。

解　取空载流量作为理论流量 q_t，可得

$$\eta_V = \frac{q}{q_t} = \frac{53}{56} = 0.946$$

泵的输出功率可由下式求得：

$$P_{sc} = pq = 63 \times 10^5 \times 53 \times \frac{10^{-3}}{60} = 5\,565 \text{ W} = 5.56 \text{ kW}$$

总效率 η 为输出功率 P_{sc} 和输入功率 P_{sr} 之比，有

$$\eta = \frac{P_{sc}}{P_{sr}} = \frac{5.565}{7} = 0.795$$

4.2　齿轮泵与齿轮马达

齿轮啮合的形式有外啮合和内啮合两种。因此,齿轮泵与齿轮马达也有外啮合和内啮合两种形式。其中外啮合式齿轮泵与齿轮马达在工程机械、车辆和机床上应用较为广泛,下面主要介绍在装备中应用较多的几种外啮合式齿轮泵。

4.2.1　齿轮泵的工作原理和结构

1. 齿轮基本概念

齿轮是指轮缘上有齿能连续啮合传递运动和动力的机械元件。它在机械传动及整个机械领域中的应用极其广泛。现代齿轮技术已达到:齿轮模数 $0.004 \sim 100$ mm,齿轮直径 1 mm～150 m,传递功率可达 10 万千瓦;转速可达数十万转/分,最高的圆周速度达 300 m/s,

(1)相关术语。齿轮的结构、模数和齿数,以及参数计算如图 4-6～图 4-8 所示。

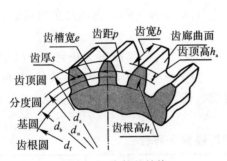

图 4-6　齿轮的结构

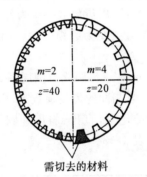

图 4-7　齿轮的模数和齿数

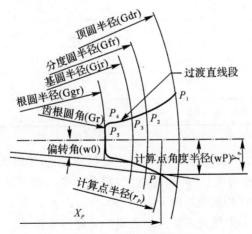

图 4-8　齿轮的参数计算

相关术语:

轮齿——齿轮上的每一个用于啮合的凸起部分。一般来说,这些凸起部分呈辐射状排列,配对齿轮上轮齿互相接触,导致齿轮的持续啮合运转。

齿槽——齿轮上两相邻轮齿之间的空间。

端面——在圆柱齿轮或圆柱蜗杆上垂直于齿轮或蜗杆轴线的平面。

法面——在齿轮上,法面指的是垂直于轮齿齿线的平面。

齿顶圆——齿顶端所在的圆。

齿根圆——槽底所在的圆。

基圆——形成渐开线的发生线在其上作纯滚动的圆。

分度圆——在端面内计算齿轮几何尺寸的基准圆,对于直齿轮,在分度圆上模数和压力角均为标准值。

齿面——轮齿上位于齿顶圆柱面和齿根圆柱面之间的侧表面。

齿廓——齿面被一指定曲面(对圆柱齿轮是平面)所截的截线。

齿线——齿面与分度圆柱面的交线。

端面齿距 p_t —— 相邻两齿同侧端面齿廓之间的分度圆弧长。

齿数 z —— 一个齿轮的轮齿总数。闭式齿轮传动一般转速较高,为了提高传动的平稳性,减小冲击振动,以齿数多一些为好,小齿轮的齿数可取为 $z_1=20\sim40$。开式(半开式)齿轮传动,由于轮齿主要为磨损失效,为使齿轮不致过小,故小齿轮不宜选用过多的齿数,一般可取 $z_1=17\sim20$。

模数 m —— 齿距除以圆周率 π 所得到的商,以毫米计。模数 m 是决定齿轮尺寸的一个基本参数,齿数相同的齿轮模数大,则其尺寸也大。为了便于制造,检验和互换使用,齿轮的模数值已经标准化了,直齿、斜齿和圆锥齿齿轮的模数皆可参考标准模数系列表(GB/T 1357—1987),见表 4-3。

表 4-3　齿轮模数系列表　　　　单位:mm

优选模数	0.1	0.12	0.15	0.2	0.25	0.3	0.4	0.5	0.6	0.8
	1	1.25	1.5	2	2.5	3	4	5	6	8
	10	12	14	16	20	25	32	40	50	
可选模数	1.75	2.25	2.75	3.5	4.5	5.5	7	9	14	18
	22	28	36	45						
很少用模数	3.25	3.75	6.5	11	30					

模数和齿数是齿轮最主要的参数。在齿数不变的情况下,模数越大则轮齿越大,抗折断的能力越强,当然齿轮轮坯也越大,空间尺寸越大;模数不变的情况下,齿数越大则渐开线越平缓,齿顶圆齿厚、齿根圆齿厚相应地越厚。

齿厚 s —— 在端面上一个轮齿两侧齿廓之间的分度圆弧长。

槽宽 e —— 在端面上一个齿槽的两侧齿廓之间的分度圆弧长。

齿顶高 h_a —— 齿顶圆与分度圆之间的径向距离。

齿根高 h_f —— 分度圆与齿根圆之间的径向距离。

全齿高 h —— 齿顶圆与齿根圆之间的径向距离。

齿宽 b —— 轮齿沿轴向的尺寸。

压力角 α —— 在两齿轮节圆相切点 P 处，两齿廓曲线的公法线（即齿廓的受力方向）与两节圆的公切线（即 P 点处的瞬时运动方向）所夹的锐角称为压力角，也称啮合角。对单个齿轮即为齿形角，标准齿轮的压力角一般为 20°。小压力角齿轮的承载能力较小；而大压力角齿轮，虽然承载能力较高，但在传递转矩相同的情况下轴承的负荷增大，因此仅用于特殊情况。

传动比 —— 相啮合两齿轮的转速之比，齿轮的转速与齿数成反比，一般以 n_1 和 n_2 表示两啮合齿数的转速。

(2)型号和分类。按规格或尺寸大小分类，齿轮型号分为标准和非标准两种；按国内外计量单位不同，齿轮型号分为公制和英制两种。

国内一般采用公制齿轮型号，即用模数表示齿轮型号，公制/模数（M/m）。公制齿轮主要型号，见表 4 - 4。

表 4 - 4　公制齿轮主要型号

M0.4	M0.5	M0.6	M0.7	M0.75	M0.8	M0.9	M1	M1.25	M1.5
M1.75	M2	M2.25	M2.5	M2.75	M3	M3.5	M4	M4.5	M5
M5.5	M6	M7	M8	M9	M10	M12	M14	M15	M16
M18	M20	M22	M24	M25	M26	M28	M30		

欧美等国一般采用英制齿轮型号。DP 齿轮是欧美等国采用的英制齿轮（径节齿轮），是指每一英寸分度圆直径上的齿数（1 in＝2.54 cm），该值越大齿越小。它与公制的换算关系为 $m＝25.4/DP$，也就是说它和我们常用的模数是一样的。英制齿轮主要型号见表 4 - 5。

表 4 - 5　英制齿轮主要型号

DP1	DP1.25	DP1.5	DP1.75	DP2	DP2.25	DP2.5	DP2.75	DP3	DP4
DP4.5	DP5	DP6	DP7	DP8	DP9	DP10	DP12	DP14	DP16

齿轮可按齿形、齿轮外形、齿线形状、轮齿所在的表面和制造方法等分类。

齿轮的齿形包括齿廓曲线、压力角、齿高和变位。渐开线齿轮比较容易制造，因此现代使用的齿轮中，渐开线齿轮占绝大多数，而摆线齿轮和圆弧齿轮应用较少。

在压力角方面，小压力角齿轮的承载能力较小；而大压力角齿轮，虽然承载能力较高，但在传递转矩相同的情况下轴承的负荷增大，因此仅用于特殊情况。而齿轮的齿高已标准化，一般均采用标准齿高。变位齿轮的优点较多，已遍及各类机械设备中。

另外，齿轮还可按其外形分为圆柱齿轮、锥齿轮、非圆齿轮、齿条、蜗杆蜗轮；按齿线形状分为直齿轮、斜齿轮、人字齿轮、曲线齿轮；按轮齿所在的表面分为外齿轮、内齿轮；按制造方法可分为铸造齿轮、切制齿轮、轧制齿轮、烧结齿轮等。

齿轮的制造材料和热处理过程对齿轮的承载能力和尺寸重量有很大的影响。20 世纪 50 年代前，齿轮多用碳钢，60 年代改用合金钢，而 70 年代多用表面硬化钢。按硬度，齿面可分为软齿面和硬齿面两种。

软齿面的齿轮承载能力较低，但制造比较容易，跑合性好，多用于传动尺寸和质量无严格限制，以及小量生产的一般机械中。因为配对的齿轮中，小轮负担较重，因此为使大小齿轮工作寿命大致相等,小轮齿面硬度一般要比大轮的高。

硬齿面齿轮的承载能力高,它是在齿轮精切之后,再进行淬火、表面淬火或渗碳淬火处理,以提高硬度。但在热处理中,齿轮不可避免地会产生变形,因此在热处理之后须进行磨削、研磨或精切,以消除因变形产生的误差,提高齿轮的精度。

2. 外啮合齿轮泵

图 4-9 所示为外啮合齿轮泵的外形图,图 4-10 所示为齿轮泵工作原理图。两个相互啮合的齿轮、泵体和端盖(两个),是组成齿轮泵的主要工作零件。

图 4-9 外啮合齿轮泵外形图

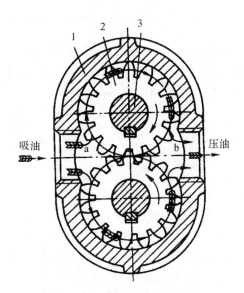

图 4-10 齿轮泵工作原理图

1—泵体;2—齿轮;3—主动轴

密封的工作容积由泵体、端盖和两个齿轮形成。该密封的工作容积以相互啮合的齿轮从两齿轮的轮齿开始接触的啮合线为界,分隔成左右两个密封的空腔,即 a 腔和 b 腔,分别与吸油口和压油口相通。当主动轴带动齿轮按图 4-10 所示方向旋转时,在 a 腔中,啮合的两轮齿逐渐脱开,工作容积逐渐增大,形成局部真空,使油箱中的油液在大气压力作用下经吸油口进入 a 腔,故 a 腔为吸油腔;然后,被吸到齿间的油液随齿轮转动沿带尾箭头所示的流向带到右侧 b 腔。在 b 腔中,两齿轮的轮齿逐渐啮合,使工作容积逐渐减小,b 腔的油液被挤压经压油口输出,故 b 腔为压油腔。这样,齿轮不停地转动,吸油腔不断地从油箱中吸油,压油腔不断地向系统排油,这就是齿轮泵的工作原理。

3.外啮合齿轮泵的结构性能分析

外啮合齿轮泵广泛地应用在各种液压机械上,具有结构简单、紧凑,体积小,质量轻,转速高,自吸性能好,对油液污染不敏感,工作可靠,寿命长,便于维修以及成本低等优点。但它在工作过程中存在着一些不利现象,对齿轮泵的工作带来一些不利影响。

(1)困油现象。为了保证齿轮泵的齿轮平稳地啮合运转,吸、压油腔严格地隔开,必须使齿轮啮合的重叠系数 $\varepsilon > 1$。也就是说,要求在前一对轮齿尚未脱开啮合前,后一对轮齿已进入啮合,所以在这段时间内,同时啮合的就有两对轮齿,这时在两对轮齿之间形成了一个和吸、压油腔均不相通的单独的闭死容积 V[见图 4-11(a)]。在齿轮连续转动时,这一闭死容积便逐渐减小,到两啮合点 A、B 处于中心线两侧的对称位置时[见图 4-11(b)],闭死容积为最小。齿轮再继续转动,闭死容积又逐渐增大,直到图 4-11(c)所示位置时,容积又变为最大。在闭死容积减小时,被困油液受到挤压,压力急剧上升,使轴承上受到很大的冲击载荷,泵剧烈振动,这时高压油从一切可能泄漏的缝隙中挤出,造成功率损失,使油液发热等。当闭死容积增大时,由于没有油液补充,因此形成局部真空,使原来溶解于油液中的气体分离出来形成气泡,引起噪声、气蚀等,以上情况就是齿轮泵的困油现象。这种困油现象会极为严重地影响齿轮泵的工作平稳性和使用寿命。

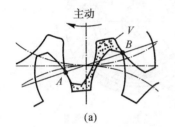
(a)

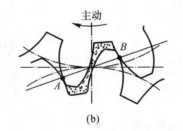
(b)

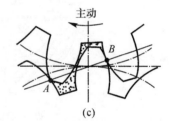
(c)

图 4-11　齿轮泵困油现象示意图

为了减轻困油现象的影响,一般采用在齿轮泵的端盖上开卸荷槽的方法。虽然卸荷槽的结构形式多种多样,但其卸荷原理是相同的,即在保证吸、压油腔互不沟通的前提下,设法使闭死容积与吸油腔或压油腔相通。

常用的卸荷槽有两种,均以中心线为基准:①对称双矩形卸荷槽,如图 4-12(a)所示;②不对称双矩形卸荷槽,如图 4-12(b)所示。

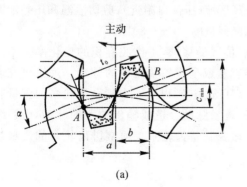
(a)

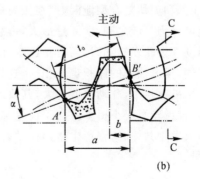
(b)

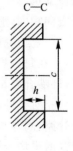

图 4-12　齿轮泵的困油卸荷槽

（2）径向力不平衡。齿轮泵工作时,齿轮和轴承要承受径向液压力的作用。如图 4-13 所示,泵的左侧为吸油腔,油液压力小,一般稍低于大气压力;右侧为压油腔,油液压力大,通常为泵的工作压力。由于泵体内表面与齿顶外圆面间有径向间隙,故在此间隙中由压油腔到吸油腔的油压力是逐步分级降低的,这些力的合力,就是齿轮和轴承受到的不平衡的径向力。泵的工作压力越高,这个不平衡力就越大,其结果不仅加速了轴承的磨损,降低了轴承的寿命,甚至使轴变形,造成齿顶和泵体内表面摩损等。

解决径向力不平衡的方法有:①缩小压油口,以减少高压区接触的齿数来减小不平衡的径向力;②开径向力平衡槽(见图 4-14),该结构可使作用在轴承上的径向力大大减小,但会使内泄漏增加,容积效率下降;③加大齿轮轴和轴承的承载能力;等等。

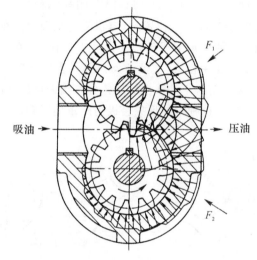

图 4-13　齿轮泵的径向力分布图

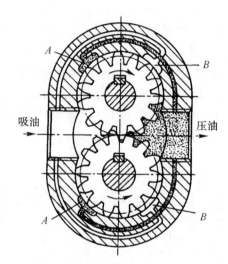

图 4-14　齿轮泵径向力平衡槽

（3）泄漏。外啮合齿轮泵工作时,从吸油口吸进来的液压油,并不是全部从排油口排出,一部分沿着泵内各零件间的间隙,从压油腔又泄漏到吸油腔,即泵内存在泄漏油的途径。齿轮泵内高压油的泄漏途径有三条:一是沿着轮齿啮合线(即啮合点)的啮合间隙泄漏;二是沿着齿轮的齿顶与泵体内圆间的径向间隙泄漏;三是沿着齿轮端面与侧板(或泵盖)之间的端面间隙泄漏。啮合间隙泄漏很少,一般不予考虑;通过径向间隙的泄漏为压差和剪切复合型泄漏,由于剪切泄漏的方向与压差泄漏的方向相反,所以泄漏量不大,占总泄漏量的 15%~20%;端面间隙泄漏也属于压差和剪切复合型泄漏,但在压力最高区域(压油口附近),剪切泄漏和压差泄漏的方向相同,泄漏量为二者之和,泄漏量最大,占总泄漏量的 75%~80%。

（4）流量脉动。齿轮在转动时,随着轮齿啮合点位置的移动,工作腔容积的变化率是不同的,故在每一瞬间,压出油液的体积也不相同,这样就造成了齿轮泵流量的脉动。理论研究表明,外啮合齿轮泵齿数越小,脉动率就越大,其值最高可达 20%以上。内啮合齿轮泵的流量脉动率相对于外啮合齿轮泵要小得多。由于齿轮泵的流量脉动会造成输出油压的脉动,当系统的管路、阀等与泵发生共振时,将产生激烈振动,而振源就是齿轮泵。通常讲齿轮泵的流量是指泵的平均流量。

4.2.2　齿轮泵的排量和流量

齿轮泵的排量 V 相当于一对齿轮所有齿谷工作容积之和。假设齿谷工作容积(齿谷容积减去径向齿隙容积)等于轮齿的体积,则齿轮泵的排量就等于一个齿轮的齿谷工作容积和轮齿体积的总和。这样,齿轮每转一圈排出的液体体积可近似等于外径为 $D+2m$,内径为 $D-2m$,厚度为 B 的圆环的体积 V,如图 4-15 所示。

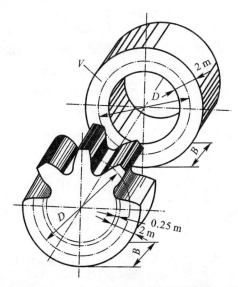

图 4-15　齿轮泵流量计算示意图

于是齿轮泵的排量 $V(\mathrm{m^3/r})$ 为

$$V=\frac{\pi}{4}\left[(D+2m)^2-(D-2m)^2\right]B=2\pi m^2 zB \tag{4-18}$$

式中,D 为齿轮分度圆直径,$D=mz(\mathrm{m})$;m 为齿轮模数(m);z 为齿数;B 为齿宽(m)。

实际上,齿谷的容积比轮齿的体积稍大,故式(4-18)可写成

$$V=6.66\ m^2 zB \tag{4-19}$$

齿轮泵的理论流量 $q_t(\mathrm{m^3/s})$ 为

$$q_\mathrm{t}=Vn=6.66\ m^2 zBn \tag{4-20}$$

式中,n 为齿轮泵转速$(\mathrm{r/s})$。

齿轮泵的实际输出流量 $q(\mathrm{m^3/s})$ 为

$$q=q_\mathrm{t}\eta_\mathrm{V}=6.66\ m^2 zBn\eta_\mathrm{V} \tag{4-21}$$

式中,η_V 为齿轮泵的容积效率。

【例 4-2】　某齿轮泵其额定流量 $q_\mathrm{s}=100\ \mathrm{L/min}$,额定压力 $p_\mathrm{s}=25\times10^5\ \mathrm{Pa}$,泵的转速 $n=1\ 450\ \mathrm{r/min}$,泵的机械效率 $\eta_\mathrm{m}=0.9$,由试验测得,当泵的出口压力 $p=0$ 时,其流量 $q_1=107\ \mathrm{L/min}$,试求:

(1) 该泵的容积效率 η_V。

(2) 当泵的转速 $n'=500\ \mathrm{r/min}$ 时,计算泵在额定压力下工作时的流量 q' 及该转速下泵的容积效率 η_V;

（3）两种不同转速下，泵所需的驱动功率。

解 （1）通常将零压下泵的输出流量视为理论流量。故该泵的容积效率为

$$\eta_V = \frac{q_s}{q_1} = \frac{100}{107} = 0.93$$

（2）泵的排量是不随转速变化的，可得 $V = \frac{q_1}{n} = \frac{107}{1\ 450}(L/r) = 0.074\ L/r$。故 $n' = 500$ r/min 时，其理论流量为

$$q'_t = Vn' = 0.074 \times 500(L/min) = 37\ L/min。$$

齿轮泵的泄漏渠道主要是端面泄漏，这种泄漏属于两平行圆盘间隙的差压流动（忽略齿轮端面与端盖间圆周运动所引起的端面间隙中的液体剪切流动），由于转速变化时，其压差 Δp、轴向间隙 δ 等参数均未变，故其泄漏量与 $n = 1\ 450$ r/min 时相同，其值 $\Delta q = q_1 - q_s = 107 - 100 = 7\ L/min$。所以，当 $n' = 500$ r/min 时，泵在额定压力下工作时的流量 q' 为

$$q' = q'_t - \Delta q = 37 - 7 = 30\ L/min$$

其容积效率为

$$\eta'_V = \frac{q'}{q'_t} = \frac{30}{37} = 0.81$$

（3）泵所需的驱动功率。

$n = 1\ 450$ r/min 时，有

$$P = \frac{pq_s}{\eta_m \eta_V} = \frac{25 \times 10^5 \times 100 \times 10^{-3}}{60 \times 0.9 \times 0.93}(W) = 4\ 987\ W = 4.98\ kW$$

$n = 500$ r/min 时，假设机械效率不变，$\eta_m = 0.9$，则

$$P' = \frac{pq'}{\eta_m \eta'_V} = \frac{25 \times 10^5 \times 30 \times 10^{-3}}{60 \times 0.9 \times 0.81}(W) = 1\ 715\ W = 1.72\ kW$$

4.2.3　常用的齿轮泵

前面提到齿轮泵的端面间隙泄漏是影响齿轮泵容积效率的关键。解决齿轮泵端面间隙泄漏的方法不同，成为各系列齿轮泵的主要特征。一般低压齿轮泵采用控制端面间隙；高压齿轮泵则倾向于采用端面间隙自动补偿。

1. CB 系列齿轮泵

CB 系列齿轮泵如图 4-16 所示，额定压力 9.8 MPa，最大压力 13.5 MPa，使用转速范围是 1 300～1 625 r/min，按其排量大小（排量有 10 mL/r，32 mL/r，46 mL/r，98 mL/r）共有四个规格，各规格泵零件的尺寸大小都不一样。目前，该系列泵多用在各种工程机械的转向、变速液压系统中。

CB 泵由泵盖 1、泵体 5、主动齿轮 3、被动齿轮 6、前轴套 2 和后轴套 4 等组成。前、后轴套用耐磨青铜或铝合金制成。它既是主、被动齿轮的滑动轴承，又是泵的侧板。每个轴套都由两半组成，两个半轴套尺寸形状完全相同，都是在圆柱体上切一平面。每个半轴套上都开有两个卸荷槽，并钻有两个穿钢丝弹簧的孔。当将两个半轴套穿好钢丝 7，平面相对压进泵体内时，在弹簧钢丝作用下，两个半轴套将沿同一方向（被动齿轮轴的旋向）转动一个角度，从而使其平面互相压紧，将泵的吸、排油腔隔开并保证有良好的密封。

该泵的轴套是浮动的，齿轮泵工作时，高压油通过泵体与前轴套之间的空隙 b 被引导至泵

盖与前轴套端面之间的 a 腔(见图 4-16)。在泵盖和前轴套之间还装有密封圈 10 和支撑该密封圈的卸压片 9,卸压片上开有圆孔将吸油腔的油引入密封圈 10 所围成的空间,这里是低压油,而此圈外是高压油。高压油对轴套的轴向作用力与轴套和齿轮接触面上所受油压作用力共线并稍大一些,轴套被轻轻压向齿轮,因而能使轴套磨损均匀,磨损后的间隙也可得到补偿。即该泵采用全浮动轴套来减小轴向间隙泄漏。当轴套磨损太多,前轴套 2 的前端面与泵盖之间的间隙过大时,密封圈 10 就起不到密封作用了,为此,在装配时须测量此间隙,保证间隙为 2.4～2.5 mm,若太大可在后轴套与泵体之间加铜皮。

此泵重新装配后可改变泵的转动方向。因为主动齿轮顺时针转和反时针转时,所以封闭容积的形状是不同的。两个半轴套压进泵体其转动方向不同时,所形成的卸荷槽的形状也不相同,故齿轮转向与轴套转向必须配合得当。其经验是:半轴套的转动方向必须与被动齿轮旋向一致。如果搞错,将会使泵的进、排油腔连通,使其容积效率大大降低,甚至不能工作,这一点在拆装时须特别注意。

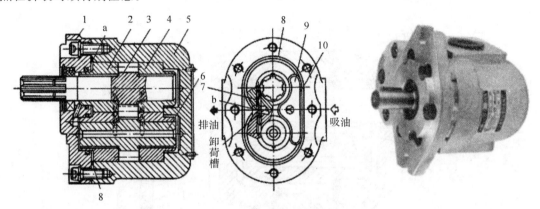

图 4-16　CB 系列齿轮泵

1—泵盖;2—前轴套;3—主动齿轮;4—后轴套;

5—泵体;6—被动齿轮;7—钢丝;8,10—O 形密封圈;9—卸压片

2. CB-G2 系列齿轮泵

如图 4-17 所示为 CB-G2 系列齿轮泵的结构图。该泵主要由前泵盖 3、泵体 7、后泵盖 14、主动齿轮 15、被动齿轮 16 及前、后侧板 6 和 10 等组成。主、被动齿轮均与传动轴制成一体。

CB-G2 系列齿轮泵,按其齿轮和泵体的宽窄不同有五个规格,排量分别为 40 mL/r,50 mL/r,63 mL/r,80 mL/r,100 mL/r,牌号分别为 CB-G2040,CB-G2050 等,额定压力除 CB-G2100 为 12.25 MPa 外,其余均为 15.7 MPa,额定转速为 2 000 r/min。

该泵的特点之一是采用固定侧板。前、后侧板 6 和 10 被前后泵盖压紧在泵体上,轴向不能活动。侧板的材料为 8 号钢,钢背上压有一层铜合金或 20 号高锡铝合金,耐磨性好。通过控制泵体厚度与齿轮宽度的加工精度,保证齿轮与侧板间的轴向间隙为 0.05～0.11 mm。在实际使用了一段时间后,此间隙增大不多,证明齿轮端面及侧板磨损很少。采用固定侧板虽然容积效率低些,但使用中磨损少,工作可靠。与之相比,采用浮动侧板虽可自动补偿轴向间隙,但侧板在油压作用下始终贴紧在齿轮端面上,磨损较快。另外,虽然从理论上讲,侧板两面所受压力基本相等,但实际上很难控制,油压力合力的作用线也不可能始终重合,这些都是造成侧板磨损快而且经常发生磨偏的原因。

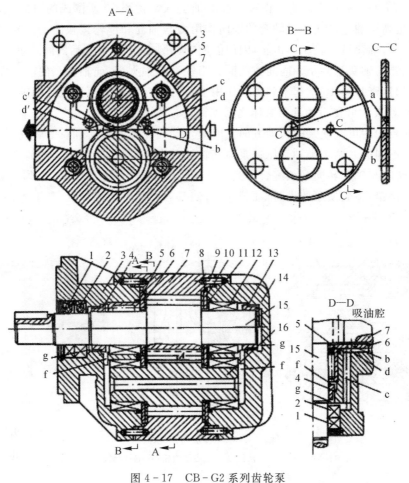

图 4-17　CB-G2 系列齿轮泵

1,2—旋转轴密封;3—前泵盖;4,13—密封环;5,8,11—形密封圈;

6,10—侧板;7—泵体;9—定位销;12—轴承;14—后泵盖;15—主动齿轮;16—被动齿轮

　　该泵的第二个特点是采用二次密封。在主动齿轮轴的两端装有密封环 4 和 13,在泵盖、侧板和轴承之间装有橡胶密封圈 5 和 11。高压油经齿轮端面和侧板之间的间隙漏到各轴承腔 f(图中 D—D),各轴承腔的油是连通的。液压油从轴承腔 f 再向泵的吸油腔泄漏有两条可能的途径:一是直接穿过泵盖、侧板和轴承之间的橡胶密封圈 5 和 11 进入槽 d(图中 A—A),再经侧板的小孔 6(图中 D—D)进入吸油腔,因为橡胶圈周围各零件都是固定的,只要设计时保证橡胶圈有足够的压缩量,这种密封是很可靠的,因而可以说,这条路基本不通;这样,泄漏油须走第二条路,即沿主动齿轮轴向两端经轴与密封环 4,13 间的径向间隙和密封环与前、后泵盖间的轴向间隙进入旋转轴密封 2 处(g 腔),然后经前、后泵盖上的孔 c 到槽 d,再经侧板上的孔 b 进入吸油腔。只要能保证密封环内孔和与之相配合的轴的外圆以及密封环的大端突缘平面和与之相配合的前、后泵盖台肩处有较高的精度和较低的表面粗糙度,就可使这里的径向间隙和轴向间隙都很小,从而就可以使通过这里的泄漏量很小。相应的轴承腔(f 腔)的油压就提高了,排油腔与轴承腔之间的压差也就减小,因而经过齿轮端面与侧板之间轴向间隙的泄

漏也就减少了。

所谓二次密封,是指齿轮端面与侧板之间的密封(即 0.05~0.11 mm 间隙)为第一次密封;泄漏到轴承腔的油经密封环 4 和 13 的密封为第二次密封。在实际试验中,当排油腔压力为 15.7 MPa 时,测得轴承腔(f 腔)的压力约为 11.8 MPa,即齿轮端面与侧板间轴向间隙的两端压力差只有约 3.92 MPa,这比一次密封结构的压力差小得多。所以,尽管这里因采用固定侧板而使轴向间隙大了一些,但泄漏量并不太大。同时,正是因为采用了二次密封,才能提高泵的工作压力。

若将 CB-G2 泵的泵体及两侧板转过 180°安装,即可使泵反向运转。由图 4-17 可以看到前、后泵盖内端面的形状是左、右对称的,与孔 c 和槽 d 相对应的有孔 c′和槽 d′,反装后可起到与孔 c 和槽 d 相同的作用。

侧板上的卸荷槽只有一个(盲孔 a),这是属于前述的卸荷槽偏置的情况。侧板上孔 b 的作用是将经过两次密封后进入槽 d 的泄漏油引入吸油腔。装配齿轮泵时一定要注意:侧板上的通孔 b 一定要放在吸油腔,卸荷槽 d 放在排油腔,如果装反,将立即冲坏密封圈 1 和 2。

在传动轴和前泵盖之间装有两个旋转轴密封圈 1 和 2,里边的密封圈 2 唇口向内,防止轴承腔内的油向外泄漏;外边的密封圈 1 唇口向外,防止外部的空气、尘土和水等污物进入泵内。拆装时注意不要把方向搞错。

3. 多联齿轮泵

多联齿轮泵主要用于需要双泵或多泵同时供油的液压系统中,多联齿轮泵可以用一台原动机直接驱动多泵运行,无需通过齿轮箱等分动装置,更不需要使用多台原动机,可简化液压动力源的结构,减少空间。尤其在行走式车辆液压系统上使用更显示出其优越性。多联齿轮泵有双联和三联等多种结构形式。

双联齿轮泵就是两个齿轮泵合成一个泵。双联齿轮泵由连在一起的两个齿轮泵组成,两个泵共用一根动力输入轴。其结构如图 4-18 所示。两个泵的排量可以一样,也可以不同,其中一个泵的主动齿轮轴由电机或发动机取力器带动,而另一个泵的主动齿轮由前一个泵的主动齿轮轴通过连轴器驱动。两个泵可以分别为不同的回路供油,也可合流供油。如某起重机液压系统主泵为双联齿轮泵,其最大工作转速为 1 800 r/min,两个泵的排量分别为 52 mL/r 转和 66 mL/r。排量为 52 mL/r 的泵可给起重机各个回路供油,而排量为 66 mL/r 的泵只给起重机起升回路供油。

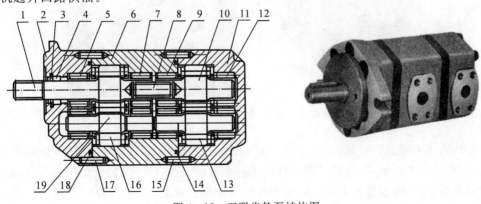

图 4-18 双联齿轮泵结构图

1—输入轴;2,11—端盖;3,14,18—密封圈;4—轴承;5,7,9,12—轴套;
6—泵体;8—联轴器;10,19—主动齿轮;13,16—被动齿轮;15,17—连接螺栓

图 4-19 所示为三联齿轮泵的外形图,也为同轴驱动形式。

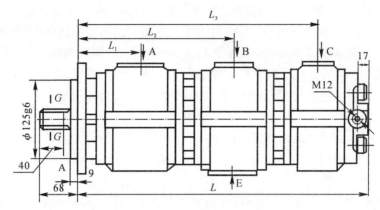

图 4-19　三联齿轮泵外形图

在大多数大吨位汽车起重机中使用的是三联齿轮泵,三个泵可以同时工作,但供油回路不一样。三联齿轮泵中排量为 45 mL/r 的液压泵主要为下车各机构动作提供高压油,同时又可以通过中心回转接头将高压油引至上车,驱动上车回转机构工作。三联齿轮泵中两个排量为 63 mL/r,中间的 63 mL/r 泵专门为起升机构提供高压油(19 MPa),另外一个 63 mL/r 泵为伸缩臂机构以及变幅机构提供高压油,两个 63 mL/r 泵可通过起升换向阀实现双泵合流,以提高起升速度和工作效率。三个齿轮泵各有独立的吸油和压油管路。

4. 内啮合齿轮泵

内啮合齿轮泵有渐开线齿形和摆线齿形两种,如图 4-20 所示。其工作原理和主要特点与外啮合齿轮泵相同,只是两个齿轮的大小不一样,且相互偏置,小齿轮是主动轮,小齿轮带动内齿轮以各自的中心同方向旋转,和压油腔隔开。当小齿轮带动内齿轮转动时,右半部轮齿退出啮合,形成真空,进行吸油。进入齿槽的油液被带到压油腔,左半部轮齿进入啮合将油液挤出,从压油口排油。

图 4-20　内啮合齿轮泵(左:渐开线齿形;右:摆线齿形)

在摆线齿形内啮合齿轮泵(又称摆线转子泵)中,小齿轮(内转子)与内齿轮(外转子)相差一个齿,如图 4-21 所示,当内转子带动外转子转动时,所有内转子的轮齿都进入啮合,形成几个独立的密封腔,不需设置密封块。随着内外转子的啮合旋转,各密封腔的容积发生变化,从而进行吸油和压油。

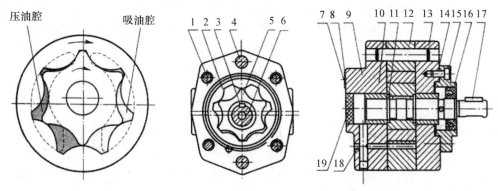

图 4 - 21　摆线齿形齿轮泵工作原理

1—螺钉；2—外转子；3—平键；4—圆柱销；5—内转子；6—转子轴；7—铆钉；8—标牌；9—后盖；
10—轴承；11—挡圈；12—泵体；13—前盖；14—螺钉；15—法兰；16—密封环；17—平键；18—塞子；19—压盖

在渐开线齿形内啮合齿轮泵中，内外齿轮节圆紧靠一边，另一边被泵盖上"月牙板"隔开，如图 4 - 22 所示。主轴上的主动内齿轮带动其中外齿轮同向转动，在进口处齿轮相互分离形成负压而吸入液体，齿轮在出口处不断嵌入啮合而将液体挤压输出。

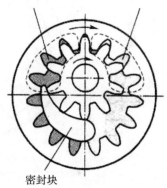

内啮合齿轮泵结构紧凑，体积小，质量轻，啮合的重叠度大，传动平稳，噪声小，流量脉动小，但内齿轮的齿形加工复杂，价格较高。

5. 螺杆泵

螺杆泵具有结构紧凑、体积小、质量轻，流量压力无脉动、噪声低，自吸能力强、允许较高转速，对油液污染不敏感、使用寿命长等优点，故在工业和国防的许多部门得到广泛应用。螺杆泵的缺点是加工工艺复杂、加工精度高，所以其应用受到一定的限制。螺杆泵按其具有的螺杆根数来分，有单螺杆泵、双螺杆泵、三螺杆泵、四螺杆泵和五螺杆泵；按螺杆的横截面齿形来分，有摆线齿形、摆线-渐开线齿形和圆形齿形的螺杆泵。

图 4 - 22　渐开线齿形齿轮泵工作原理

液压系统中的螺杆泵一般都采用摆线三螺杆泵。其工作原理如图 4 - 23 所示。

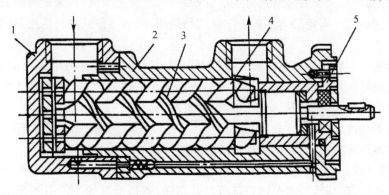

图 4 - 23　LB 型三螺杆泵

1—后盖；2—壳体（或衬套）；3—主动螺杆（凸螺杆）；4—从动螺杆（凹螺杆）；5—前盖

图 4-23 中,在壳体(或衬套)2 中平行地放置三根双头螺杆,中间为凸螺杆 3(即主动螺杆),两边为两根凹螺杆 4(即从动螺杆)。互相啮合的三根螺杆与壳体之间形成密封空间。壳体左端为吸液口,右端为排液口。当凸螺杆按顺时针方向(面对轴端观察)旋转时,螺杆泵便由吸液口吸入液体,经排液口排出液体。

4.2.4 齿轮马达

齿轮式液压马达(齿轮马达)工作原理如图 4-24 所示。当高压油输入进油腔(由轮齿 1,2,3 和 1′,2′,3′的表面以及壳体和端盖的部分内表面组成)时,由于圆心 O 和 O′到啮合点 A 的距离 OA 和 O′A 小于齿顶圆半径,因而在轮齿 3 和 3′的齿面上便产生如箭头所示不能平衡的油压作用力。该油压作用力便对 O 和 O′产生力矩,齿轮在此力矩的作用下旋转,拖动外载而做功。随着齿轮的旋转,轮齿 3 和 3′扫过的容积比轮齿 1 和 1′扫过的容积大,因而进油腔的容积增加,于是高压油便不断供入,齿轮连续旋转,供入的高压油便被带到排油腔而排至马达外。

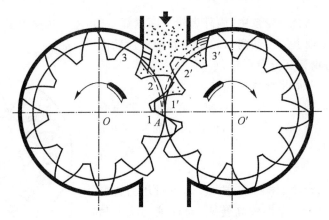

图 4-24　齿轮马达工作原理

马达的转速由供入高压油的流量决定,由于齿轮泵的流量是脉动的,所以,当供入油的流量一定时,齿轮马达的转速也是脉动的,而且其脉动系数与齿轮泵的流量脉动系数相等。齿轮泵的流量脉动系数比其它泵都大,因此齿轮马达转速的均匀性很差。

实践证明,齿轮马达的力矩脉动也是很严重的。当马达转速很高时,由于其转动部分的转动惯量在起作用,可以大大减轻马达力矩的脉动程度;当转速很低时,力矩脉动就很明显,故它的最低稳定转速较高。齿轮马达不适于作低速马达用,而只宜作高速马达用,且多用于转动惯量较大的传动中。

齿轮马达的力矩脉动表明它的瞬时输出力矩时大时小,而瞬时力矩的大小与齿轮转动的角度有关。如果马达启动前,齿轮正处在瞬间力矩较小的位置上,则马达的启动力矩就小,因而齿轮马达的力矩脉动也直接影响着它的启动力矩。

齿轮马达的结构特征是:

(1)进、出油口孔径相同,以使其正反转时性能一样。

(2)有外泄油口,因为齿轮泵只需单方向回转,吸油口总是吸油口,油压低,所以泵的泄漏油可以引到吸油口;而马达的两个油口都可能是高压,所以泄漏油不能引到任何一个口,必须单独引出,以免冲坏密封圈。

（3）去掉左右不对称的轴向间隙补偿结构，以适应正反转的需要并可减小摩擦以增大有效启动力矩。CM－F 齿轮马达就没有 CB－F 齿轮泵的两侧板，前后泵盖的端面上也未开"弓"形槽。

由此可看出，向齿轮泵输入压力油，可使齿轮泵当液压马达用，一般的齿轮泵都具有这种可逆性，也有专作马达用的齿轮式液压马达，但结构原理和涉及的问题基本上与齿轮泵相同。齿轮式马达的输入压力不高，输出扭矩也小，且扭矩和转速都是随轮齿的啮合而脉动。齿轮式马达多用于高转速、小扭矩的场合。

4.2.5　摆线齿轮马达

摆线齿轮马达又称摆线转子马达，摆线内啮合齿轮马达与摆线内啮合齿轮泵的主要区别是外齿圈固定不动，成为定子。如图 4-25 所示，摆线转子 7 在啮合过程中，一方面绕自身轴线自转，另一方面绕定子 6 的轴线反向公转，其速比 $i=-1/Z_1$，Z_1 为摆线转子的齿数。摆线转子公转一周，每个齿间密封容积各完成一次进油和排油，同时摆线转子自转一个齿。所以摆线转子需要绕定子轴线公转 Z_1 圈，才能使自身转动一周。因摆线转子公转一周，每个齿间密封容积完成一次进油和排油过程，其排量为 q，由摆线转子带动输出轴转一周时的排量等于 Z_1q。在同等排量的情况下比较，此种马达体积更小，质量更轻。

由于外齿圈固定而摆线转子既要自转又要公转，所以此马达的配油装置和输出机构也有其自身的特色。如图 4-25 所示，壳体 3 内有 7 个孔 c，经配油盘 5 上相应的 7 个孔接通定子的齿底容腔。而配油轴与输出轴做成一体。在输出轴上有环形槽 a 和 b，分别与壳体上的进、出油口相通口轴上开设 12 条纵向配油槽，其中 6 条与槽 a 相通，6 条与槽 b 相通，它们在圆周上按高、低压相间布置，并和转子的位置保持严格的相位关系，使得半数（三个或四个）齿间容积与进油口相通，其余的与排油口相通。当进油口输入压力油时，转子在压力油的作用下，沿着使高压齿间容积扩大的方向转动。

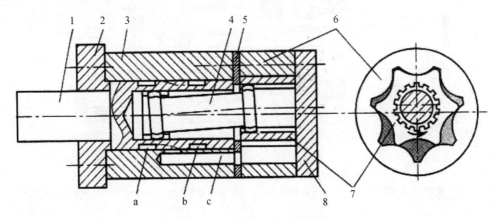

图 4-25　摆线马达工作原理

1—输出轴定子；2—前端盖转子；3—壳体；4—双球面花键联动轴；5—配油盘；6-定子；7-转子；8—后端盖

转子的转动通过双球面花键联动轴 4 带动配油轴（也是输出轴）同步旋转，保证了配油槽与转子间严格的相位关系，使得转子在压力油的作用下能够带动输出轴不断地旋转。

图 4-26 所示为摆线马达的配油原理图。

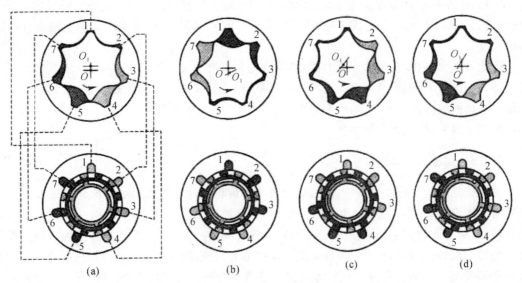

图 4 - 26　摆线马达的配油原理图

(a)起始状态；(b)轴转 1/14 周；(c)轴转 1/7 周；(d)轴转 1/6 周

以上介绍的轴配油式摆线马达的主要缺点是效率低,最高工作压力在 8～12 MPa。而采用端面配油方式的摆线马达,其容积效率有所提高,最高工作压力达 21 MPa。具体结构如图 4 - 27 所示。其中转子转动时通过右双球面花键联动轴 3 带动配油盘 4 同步旋转,实现端面配油。

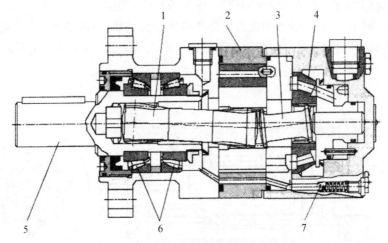

图 4 - 27　端面配油式摆线马达的结构

1—左双球面花键联动轴;2—定子;3—右双球面花键联动轴;4—配油盘;5—输出轴;6—轴承;7—单向阀

4.3　叶片泵与叶片马达

叶片泵是液压系统中的另一种液压泵,结构较齿轮泵复杂,结构紧凑、噪声低、寿命长、排量可以变化,能充分利用发动机的功率。因此,在工程机械的运动精度高的转向系统、加工精度高的专用机床液压系统中,一般采用叶片泵作为动力元件。但其主要缺点是结构复杂、吸油特性差、对油液的污染较敏感,价格也比齿轮泵高。

叶片泵按其排量是否可变分为定量叶片泵和变量叶片泵,按转子每转一周吸排油次数可分为单作用叶片泵和双作用叶片泵。单作用叶片泵可以做成各种变量型液压泵,双作用叶片泵只能做成定量型液压泵。

4.3.1 单作用叶片泵

1.单作用叶片泵工作原理和结构特点

如图 4-28 所示为单作用叶片泵的分解图,图 4-29 所示为单作用叶片泵的工作原理图。单作用叶片泵主要由转子 3、定子 4、叶片 5、配油盘 1、传动轴 2 及泵体等组成。转子和定于偏心安放,偏心距为 e。定子具有圆柱形的内表面。转子上有均布槽,矩形叶片安放在转子槽内,并可在槽内滑动,当转子旋转时,叶片在自身离心力的作用下,紧贴定子内表面起密封作用。这样,在转子、定子、叶片和配油盘之间就形成了若干个密封的工作容腔。当转子按图示方向旋转时,右边的叶片逐渐伸出,相邻两叶片间的工作容积逐渐增大,形成局部真空,从配油盘上的吸油窗口吸油;左边的叶片被定子的内表面逐渐压进槽内,两相邻叶片间的工作容积逐渐减小,将工作油液从配油盘上的压油窗口压出;在吸油窗口和压油窗口之间有一段封油区,把吸油腔和压油腔隔开,这是过渡区。转子转一周两叶片间的工作容腔完成一次吸油和压油,所以称为单作用式叶片泵。它的转子受到来自压油腔的径向单向力,使轴承所受载荷较大,因此也称为单作用非卸荷式叶片泵。

图 4-28 单作用叶片泵分解图

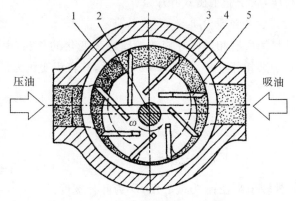

图 4-29 单作用叶片泵工作原理图

1—配油盘;2—传动轴;3—转子;4—定子;5—叶片

单作用叶片泵有以下结构特点:

(1)定子和转子相互偏置。只有定子和转子中心存在偏心,当转子转动时,密封容腔才能发生周期变化,因此,要使单作用叶片泵正常工作,定子和转子必须偏置。改变定子和转子之间的偏心距,可以调节泵的排量。

(2)叶片沿旋转方向向后倾斜。如图4-30所示,单作用叶片泵工作时,要保证相邻叶片间形成密封容腔,必须保证叶片在高速旋转过程中始终紧贴定子内表面。对叶片进行受力分析可知,由于叶片受到离心力还受到哥氏力和摩擦力作用,高速旋转时叶片受力并不是指向转子中心。因此,为了使叶片受力方向和伸出方向一致,需将叶片沿旋转方向向后倾斜。

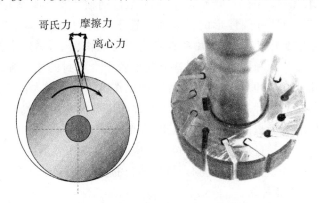

图4-30 叶片沿旋转方向向后倾斜

(3)叶片底部通油孔。叶片在高速旋转的同时沿转子槽伸缩,为了避免叶片底部形成闭死容腔,将叶片底部与吸油窗口或排油窗口相通。

(4)存在困油现象。为子保证叶片泵工作时,吸油腔和排油腔不相互沟通,要求吸、排油窗口形成的密封角略大于相邻叶片的夹角。但是这样设计就会存在某一时刻某个相邻叶片密封容腔位于密封角中间,既不与吸油腔相通,也不与排油腔相通,存在困油现象。为了解决困油现象,在配油盘吸、排油窗边缘开三角槽,起到预升压、预降压的目的。

(5)存在径向力不平衡。由于高压区和低压区非对称分布,使转子轴受到高压区指向低压区的液压力,造成径向力不平衡。由于单作用叶片泵的这一特点,使泵的工作压力受到限制,所以这种泵不适用于高压,属于非平衡式叶片泵。

2. 单作用叶片泵的排量和流量计算

单作用叶片泵的排量为所有相邻叶片旋转一周容积变化的总和,由于相邻叶片旋转一周容积的变化量相等。对于某相邻叶片,如图4-31所示,其容积变化为最大容积V_{I}与最小容积V_{II}之差,即

$$V_{\text{I}} = \frac{\pi}{Z}[(R+e)^2 - r^2]B \qquad (4-22)$$

$$V_{\text{II}} = \frac{\pi}{Z}[(R-e)^2 - r^2]B \qquad (4-23)$$

式中,R为定子半径;r为转子半径;e为偏心距;B为叶片宽度。

因此,单作用叶片泵的排量为

$$V = Z\Delta V = Z(V_{\mathrm{I}} - V_{\mathrm{II}}) = 4\pi eRB \qquad (4-24)$$

单作用叶片泵的实际输出流量

$$q = Vn\eta_{\mathrm{V}} = 4\pi eRBn\eta_{\mathrm{V}} \qquad (4-25)$$

式中，n 为转速；η_{V} 为容积效率。

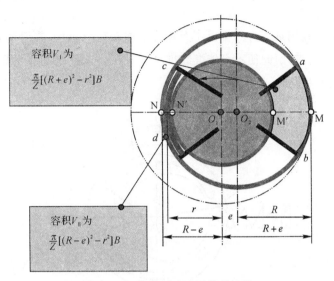

图 4-31　单作用叶片泵排量计算

　　由于定子和转子偏心安置，单作用叶片泵的容积变化是不均匀的，因此存在流量脉动。若在结构上把转子和定子的偏心距 e 做成可调节的，就成为变量泵。在实际应用中，单作用叶片泵往往做成变量叶片泵。

4.3.2　常见变量叶片泵的变量原理及结构

　　就变量叶片泵的变量工作原理来分，有内反馈式和外反馈式两种。单作用叶片泵可以做成变量叶片泵。

　　1. 内反馈限压式变量叶片泵

　　内反馈式变量泵操纵力来自泵本身的排油压力，内反馈式变量叶片泵配油盘的吸、排油窗口的布置如图 4-32 所示。由于存在偏角 θ，排油压力对定子环的作用力可以分解为垂直于轴线 OO_1 的分力 F_1 及与之平行的调节分力 F_2。调节分力 F_2 与调节弹簧的压缩恢复力、定子运动的摩擦力及定子运动的惯性力相平衡。定子相对于转子的偏心距、泵的排量大小可由力的相对平衡来决定，变量特性曲线如图 4-34 所示。

　　当泵的工作压力所形成的调节分力 F_2 小于弹簧预紧力时，泵的定子环对转子的偏心距保持在最大值，不随工作压力的变化而变。由于泄漏，泵的实际输出流量随其压力增加而稍有下降，如图 4-34 中 AB 线；当泵的工作压力超过 p_B 值后，调节分力 F_2 大于弹簧预紧力，随工作压力的增加，力 F_2 增加，使定子环向减小偏心距的方向移动，泵的排量开始下降。当工作压力到达 p_C 时，与定子环的偏心量对应的泵的理论流量等于它的泄漏量，泵的实际排出流量为零，此时泵的输出压力为最大。

改变调节弹簧的预紧力可以改变泵的特性曲线,增加调节弹簧的预紧力使 p_B 点向右移,BC 线则平行右移。更换调节弹簧,改变其弹簧刚度,可改变 BC 段的斜率,调节弹簧刚度增加,BC 线变平坦,调节弹簧刚度减弱,BC 线变陡。调节最大流量调节螺钉,可以调节曲线 A 点在纵坐标上的位置。

内反馈式变量泵利用泵本身的排出压力和流量推动变量机构,在泵的理论排量接近零工况时,泵的输出流量为零,因此便不可能继续推动变量机构来使泵的流量反向,所以内馈式变量泵仅能用于单向变量。

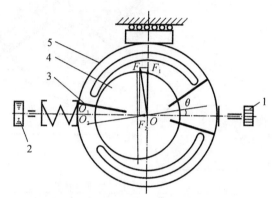

图 4-32　内能量式变量叶片泵原理图

1—最大流量调节螺钉;2—弹簧预压缩量调节螺钉;3—叶片;4—转子;5—定子

2. 外反馈限压式变量叶片泵

如图 4-33 所示为外反馈限压式变量叶片泵的工作原理,它能根据泵出口负载压力的大小自动调节泵的排量。图中转子 1 的中心是固定不动的,定子 3 可沿滑块滚针轴承 4 左右移动。定子右边有反馈柱塞 5,它的油腔与泵的压油腔相通。设反馈柱塞的受压面积为 A_x,则作用在定子上的反馈力 pA_x 小于作用在定子上的弹簧力 F_x 时,弹簧 2 把定子推向最右边,柱塞和流量调节螺钉 6 用以调节泵的原始偏心 e_0,进而调节流量,此时偏心达到预调值 e_0,泵的输出流量最大。当泵的压力升高到 $pA_x > F_x$ 时,反馈力克服弹簧预紧力,推定子左移距离 x,偏心减小,泵输出流量随之减小。压力愈高,偏心愈小,输出流量也愈小。当压力达到使泵的偏心所产生的流量全部用于补偿泄漏时,泵的输出流量为零,不管外负载再怎样加大,泵的输出压力不会再升高,所以这种泵被称为外反馈限压式变量叶片泵。

外反馈限压式变量叶片泵的变量特性:设泵转子和定子间的最大偏心距为 e_{max},此时弹簧的预压缩量为 x_0,弹簧刚度为 k_x,泵的偏心预调值为 e_0,当压力逐渐增大,使定子开始移动时压力为 p_0,则有 $p_0 A_x = k_x(x_0 + e_{max} - e_0)$。

当 $pA_x < F_x$ 时,定子处于最右端位置,弹簧的总压缩量等于其预压缩量,定子偏心量为 e_0,泵输出一定流量。

而当 $pA_x > F_x$ 时,定子左移,泵的流量减小。

外反馈限压式变量叶片泵的静态特性曲线如图 4-34 所示,不变量的 AB 段为泵输出流量不变,压力增加时,实际输出流量因压差泄漏而减少;BC 段是泵的变量段,这一区段内泵的实际流量随着压力增大而迅速下降,叶片泵处于变量泵工况,B 点叫做曲线的拐点,拐点处的压力 $p_B = p_0$,主要由弹簧预紧力确定。

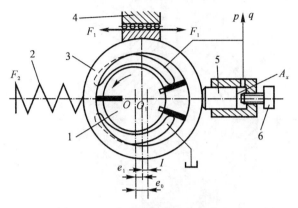

图 4-33　外反馈限压式变量叶片泵
1—转子;2—弹簧;3—定子;
4—滑块滚针支承;5—反馈柱塞;6—流量调节螺钉

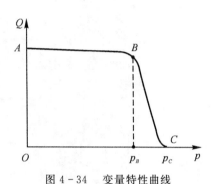

图 4-34　变量特性曲线

限压式变量叶片泵对既要实现快速行程,又要实现保压和工作进给的执行元件来说是一种合适的油源。快速行程需要大的流量,负载压力较低,正好使用其 AB 段曲线部分;保压和工作进给时负载压力升高,需要流量减小,正好使用其 BC 段曲线部分。

3. 变量叶片泵的结构

如图 4-35 所示为外反馈限压式变量叶片泵(YBX-25 型)的结构图,带动转子 7 旋转的轴 2 支承在两个滚针轴承 1 上,作顺时针方向回转(从轴端看)。转子的中心是不变的,定子 6 可作上下移动。滑块 8 用来支持定子 6,并承受压力油对定子的作用力,当定子移动时,滑块随着定子一起移动。为了提高定子对油压变化时反应的灵敏度,滑块支撑在滚针 9 上。在弹簧 4 的作用下,通过弹簧座 5 使定子被推向下面,紧靠在活塞 11 上,使定子中心和转子中心之间有一个偏心距 e,偏心距大小可用螺钉 10 来调节。螺钉 10 调定后,在这一工作条件下,定子的偏心量为最大,即液压泵的排量最大,液压泵出口的压力油经孔 O(图中虚线所示)引至活塞 11 的下端,使其产生一个改变偏心量 e 的反馈力。通过螺钉 3 可调节限压弹簧 4 的压力,即可改变泵的限定工作压力。

YBX 型变量叶片泵的叶片有一个倾角,因为变量叶片泵为了提高定子移动的灵敏度,在吸油腔侧的叶片根部不通压力油,这时叶片的伸缩要靠叶片离心力的作用,为了保证叶片的甩出,叶片向后倾斜了一个角度(倾角 24°)。这样增大了压力角,但由于定子和转子的偏心量很小,仅 2～3 mm,所以叶片伸出量很小,而定子内表面又是易加工的圆弧,所以磨损问题并不突出。

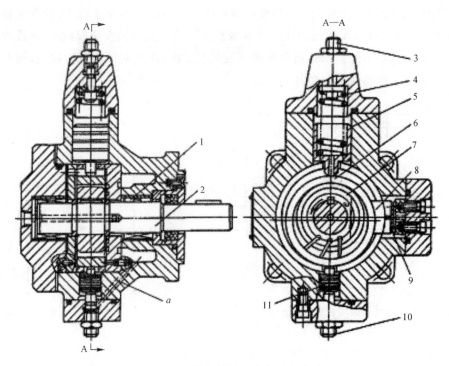

图 4-35　外反馈限压式变量叶片泵

1—轴承；2—轴；3—螺钉；4—弹簧；5—弹簧座；6—定子；7—转子；8—滑块；9—滚针；10—螺钉；11—活塞

4.3.3　双作用叶片泵

1. 双作用叶片泵工作原理

图 4-36 所示为双作用叶片泵的外形图，其工作原理如图 4-37 所示。双作用叶片泵主要由转子 1、定子 2、叶片 3、泵体 4 及配油盘 5 等组成。转子和定子同心安放。定子内表面是一个近似椭圆，由两段长半径圆弧、两段短半径圆弧以及四段过渡曲线所组成。转子上开有均布槽，矩形叶片安装在转子槽内，并可在槽内滑动。

图 4-36　双作用叶片泵剖切及分解图

当转子旋转时，叶片在自身的离心力和根部压力油（当叶片泵建立压力后）的作用下，紧贴定子内表面，起密封作用。这样，在转子、定子、叶片和配油盘之间就形成了若干个密封的工作容腔。当两叶片由短半径 r 处向长半径 R 处转动时，两叶片间的工作容积逐渐增大，形成局部真空而吸油；当两叶片由长半径 R 处向短半径 r 处转动时，两叶片间的工作容积逐渐减小而压油。转子转一周，两叶片间的工作容积完成两次吸油和压油，所以称为双作用叶片泵。这种泵有两个对称的吸油腔和压油腔，作用在转子上的径向液压力互相平衡，因此也称为双作用卸荷式叶片泵。为了使径向力完全平衡，工作油腔数（叶片数）应当是偶数。双作用卸荷式叶片泵一般做成定量叶片泵。

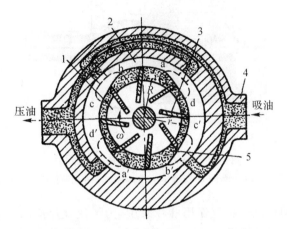

图 4-37　双作用叶片泵工作原理

1—转子；2—定子；3—叶片；4—泵体；5—配油盘

2. 双作用叶片泵的流量排量计算

双作用叶片泵的排量为

$$V = \left[2\pi B (R^2 - r^2) - \frac{2(R-r)}{\cos\theta} \delta Z B \right] \qquad (4-26)$$

式中，B 为叶片的宽度；R 为定子的长半径；r 为定子的短半径；Z 为叶片数；δ 为叶片的厚度；θ 为叶片的倾角。

双作用叶片泵的实际流量为

$$q = nV\eta_V = 2B\left[\pi(R^2 - r^2) - \frac{(R-r)\delta Z}{\cos\theta} \right] n \eta_V \qquad (4-27)$$

式中，n 为转速；η_V 为容积效率，双作用叶片泵的流量均匀，流量脉动较小。

3. 双作用叶片泵的结构特点

（1）定子过渡曲线。定子曲线是由 4 段圆弧和 4 段过渡曲线组成的，定子所采用的过渡曲线要保证叶片在转子槽中滑动时的速度和加速度均匀变化，以减小叶片对定子内表面的冲击和噪声。目前双作用叶片泵定子过渡曲线广泛采用性能良好的等加速-等减速曲线，但还会产生一些柔性冲击。为了更好地改善这种情况，有些叶片泵定子过渡曲线采用了 3 次以上的高次曲线。

（2）径向液压力平衡。由于吸、压油口对称分布，转子和轴承所受到的径向压力是平衡的，所以这种泵又称为平衡式叶片泵。

（3）端面间隙自动补偿。图 4-38 所示为双作用叶片泵的一种典型结构。它由驱动轴、转子、叶片、定子、左右配油盘、左右泵体等零件组成。泵的叶片、转子、定子和左右配油盘可先组装成一个部件后整体装入泵体。为了减小端面泄漏,采取的间隙自动补偿措施是将右配油盘的右侧与压油腔相通,使配油盘在液压推力作用下压向定子。泵的工作压力越高,配油盘就会越加贴紧定子。这样,容积效率可以得到一定的提高。

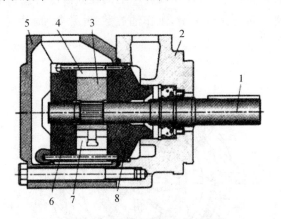

图 4-38 双作用叶片泵的典型结构

1—传动轴;2—右泵体;3—转子;4—定子;5—左泵体;6—左配油盘;7—叶片;8—右配油盘

（4）提高工作压力的措施。在双作用叶片泵中,为了使叶片顶部与定子内表面良好的接触,所有叶片底部均与压油腔相通,这样会造成在吸油区内,叶片底部和顶部受到的液压力不平衡,压力差使叶片以很大的压力压向定子内表面,加速了吸油区内的定子内表面磨损,泵的工作压力越高磨损越严重,这是影响双作用叶片泵工作压力提高的主要因素。因此,要提高泵的工作压力,必须从结构上采取措施改善此种状况。可以采取的措施很多,其目的都是减小吸油区叶片压向定子内表面的作用力。常用的有双叶片结构和子母叶片(又称复合叶片)结构等。

4. 双作用叶片泵的组合形式

双作用叶片泵除单泵形式外,还有双级泵和双联泵等组合形式。

（1）双级泵。双级叶片泵由两个单泵串联组成。在一个泵体内安装两套双作用叶片泵的定子、转子,用一根泵轴驱动。一级泵的排油口作二级泵的吸油口,二级泵将一级泵油液再加压后输出。为使两级转子载荷均等,保证一级泵压力为二级泵压力的 1/2,在泵内配置平衡阀,阀芯两端面积为 2∶1,小端接二级泵出口,大端接一级泵出口。双级泵输出压力达 14 MPa。

（2）双联泵。双联叶片泵由两个单泵并联组成。在一个泵体内安装两套双作用式叶片泵的定子和转子,用一根泵轴驱动。两套泵吸油口共用,排油口则分开;两套转子可按流量相等或不等的形式组合;各泵输出流量可单独使用,也可汇合使用。

4.3.4 叶片马达

叶片马达与叶片泵相似,从原理上讲,叶片马达也可以做成单作用的变量叶片马达和双作用的定量叶片马达。但由于变量叶片马达结构复杂,相对运动部件多,泄漏量大,而且调节也不便,所以叶片马达通常只制成定量马达,即常用的叶片马达都是双作用叶片马达。

双作用叶片马达的工作原理如图 4-39 所示。

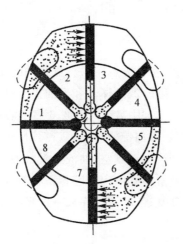

图 4 - 39　叶片马达工作原理

在图 4 - 39 中，通入高压油后，位于高压腔和低压腔之间的叶片 1,3,5,7 两面所受油压不等，而且由于叶片 3,7 比 1,5 伸出的面积大，因而便对转子产生顺时针方向的扭矩，以克服外载而使转子旋转。与其它类型马达相比，叶片马达的特点是转动部分惯量小，因而换向时动作灵敏，允许较高的换向频率（可在千分之几秒内换向）。此外，叶片马达的转矩及转速的脉动均比较小。其最大缺点是漏损大，机械特性软。

与叶片式液压泵相比，叶片式液压马达的结构有以下特点：

(1)为了在启动时保证叶片可靠地压向定子工作表面，叶片根部设置的扭力弹簧（燕形弹簧）作用在叶片根部，使叶片始终贴紧定子，保证液压马达顺利启动。同时，叶片底部还通压力油，以提高其容积效率。

(2)为适应马达的正反转，叶片沿转子径向放置，叶片倾角等于零。

(3)为使叶片式液压马达在正反方向旋转时叶片根部都能受压力油作用，故马达内装有单向阀（梭阀）。

4.4　柱塞泵与柱塞马达

柱塞泵是利用柱塞在缸体的柱塞孔中作往复运动时产生的密封工作容积变化来实现泵的吸油和压油的。而柱塞和柱塞孔的配合是最易保证加工精度的圆柱面配合，因而配合间隙可以控制得很小，柱塞泵与前两种泵相比，在高压下工作仍有较高的效率，且易于实现流量调节及液流方向的改变，常用于高压大流量及流量需要调节的液压机、起重机或挖掘机等大型设备或机械上。

柱塞泵按柱塞排列方向的不同，分为径向柱塞泵和轴向柱塞泵两大类。轴向柱塞泵的柱塞都平行于缸体中心线；径向柱塞泵的柱塞与缸体中心线垂直。按配油方式不同，可分为阀配油（缸体不动）、端面配油和轴配油（缸体转动）。轴向柱塞泵又分为斜盘式和斜轴式两类。

4.4.1 斜盘式轴向柱塞泵

1.结构组成和工作原理

图4-40所示为斜盘式轴向柱塞泵分解图。斜盘式轴向柱塞泵的工作原理如图4-41所示。斜盘式轴向柱塞泵由斜盘1、柱塞2、缸体3和配油盘4等主要零件组成,斜盘与缸体间有一倾斜角γ。斜盘和配油盘固定不动,柱塞连同滑履6靠中心弹簧8、回程盘7在压力油的作用下压在斜盘上。当传动轴按图示方向旋转时,柱塞在其自下而上回转的半周内逐渐外伸,使缸体孔内密封腔容积不断增大,产生局部真空,油液经配油盘中的配油窗口吸入;柱塞在其自上而下回转的半周内逐渐缩回,使缸体孔内密封腔容积不断减小,油液经配油盘中的配油窗口压出。缸体每转一周,每个柱塞往复运动一次,完成一次吸油和压油动作。

图4-40 斜盘式轴向柱塞泵剖切及分解图

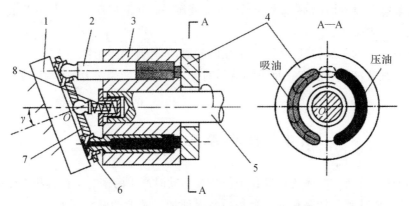

图4-41 斜盘式轴向柱塞泵的工作原理

1—斜盘;2—柱塞;3—缸体;4—配油盘;6—滑履;7—回程盘;8—中心弹簧

为了保证柱塞泵的吸油窗口和压油窗口可靠隔离,应使配油盘吸、压油窗口间隔略大于缸体底窗口宽度,当某个柱塞运动到吸、压油窗口间隔处的封油区时,既不与吸油窗口相通,也不与压油窗口相通,从而形成困油现象。为了解决困油现象,一般在设计柱塞泵时,在配油盘吸、压油窗口边缘开设卸荷槽,达到预卸荷的目的。

如果改变斜盘的倾角γ,可以改变柱塞往复行程的大小,也就改变了泵的排量。如果改变斜盘倾角的变化方向,就能改变吸油、压油的方向,这就成为双向变量泵。

2．摩擦副在高速运动情况下的磨损

柱塞泵在工作过程中,缸体带动柱塞滑履组件作高速运动,会产生三对相对运动摩擦副:滑履与斜盘之间、缸体与配油盘之间和柱塞与缸体孔之间。在高速运动情况下,就需要有效地解决三对摩擦副的密封和磨损问题。

(1)高速运动下滑履与斜盘的密封和磨损问题。

为了减小高速运动下滑履与斜盘的磨损,引入液压油作为润滑油,起到静压支承的作用。如图4-42所示,在柱塞底部和滑履中心开阻尼孔,当柱塞泵工作时,柱塞底部的压力油经阻尼孔流到滑履底部的油室,使滑履和斜盘之间形成一层润滑油膜,从而使金属部件不直接接触产生摩擦,起到减小磨损、带走热量的目的。为了保证润滑油膜设计的可靠性,使油液不因阻尼孔的作用产生过多泄漏,要求油膜的撑开力略小于滑履作用在斜盘上的压紧力,即 $m = F_{压紧}/F_{撑开} = 1.05 \sim 1.15$。

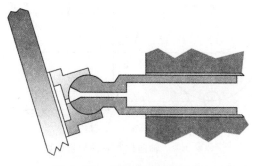

图4-42　柱塞泵的静压支承

(2)高速运动下缸体与配油盘的密封和磨损问题。

为了减小高速运动下缸体与配油盘的磨损,引入液压油作为润滑油,起到热楔支承作用。如图4-43所示,一方面,在配油盘上开环形槽,缸体和配油盘缝隙的泄漏油形成润滑油膜,而且缸体在高速旋转过程中,对润滑油尤其是环形槽中的油液产生剪切力,剪切摩擦产生热量使油液膨胀,从而对缸体底面起到支承的作用。另一方面,在缸体柱塞孔底部使进出油口面积不相等,形成"台阶",从而使油液通过"台阶"对缸体产生一个向配油盘的轴向推力,与机械装置或中心弹簧的预压紧力共同作用,使缸体与配油盘可靠密封,油液产生的轴向液压力比弹簧力大得多,而且随着液压泵的工作压力增大而增大,使缸体端面与配油盘之间的间隙得到了自动补偿。

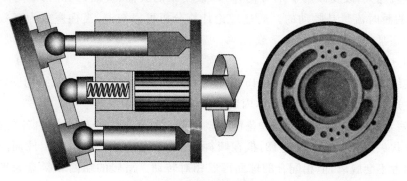

图4-43　柱塞泵的热楔支承

（3）高速运动下柱塞与缸体孔的密封和磨损问题

柱塞泵工作时，柱塞与缸体孔之间存在配合间隙，间隙过大，内泄漏变大，流量变小，压力建立不上去，间隙过小，柱塞与缸体相对运动时会产生较大的摩擦阻力，因此，加工时，配合间隙应控制在 0.01～0.015 mm 之间。为了防止柱塞在运动过程中产生液压卡紧现象，一般在柱塞周向开均压槽来消除偏磨，同时，要合理控制油液的清洁度。

3. 斜盘式轴向柱塞泵的排量和流量

如图 4-44 所示，设柱塞直径为 d，柱塞数为 z，柱塞孔分布圆直径为 D，斜盘工作面倾角为 γ。

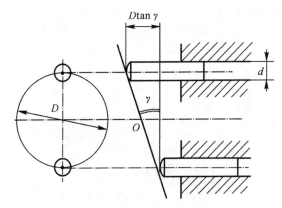

图 4-44　轴向柱塞泵的流量计算

缸体旋转一周，单个柱塞移动的距离为 $S=D\tan\gamma$，改变的容积即为单个柱塞旋转一周的排量，因此，柱塞泵的排量为

$$V_p=\frac{\pi}{4}d^2SZ=\frac{\pi}{4}d^2D(\tan\gamma)Z \qquad (4-28)$$

流量为

$$q_p=\frac{\pi}{4}D(\tan\gamma)Zn_p\eta_{pV} \qquad (4-29)$$

式中，d 为柱塞直径；S 为柱塞行程；D 为缸体上柱塞分布圆直径；γ 为斜盘倾角；Z 为柱塞数。

由式（4-28）可知，改变斜盘倾角 γ，可以改变柱塞泵的排量，成为变量泵；斜盘倾角 γ 越大，泵的排量就越大；改变倾角 γ 的方向，可以改变泵的吸油、排油的方向，成为双向变量泵。轴向柱塞泵的瞬时流量是脉动的。通过理论计算分析可以知道，当柱塞数为奇数时，脉动较小，故轴向柱塞泵的柱塞数一般为 7 或 9。

4. CY14-1B 型轴向柱塞泵

（1）结构组成和工作原理。图 4-45 所示为 CY14-1B 型轴向柱塞泵结构图，泵的右边为主体部分，左边为变量机构。在主泵体内装有缸体 7 和配油盘 8 等。

轴向柱塞泵缸体由传动轴 9 通过花键带动旋转。缸体的 7 个轴向孔中各装有一个柱塞 11，柱塞的球状头部装有一个滑履 12，抵在倾斜盘 1 上。柱塞头部和滑履用球面配合，外面加以铆合，使两者不会脱离，但相配合的球面可以相对转动。滑履的端面和斜盘为平面接触，为了减少它们之间的滑动磨损，在柱塞和滑履的中心都加工有直径为 1 mm 的小孔。缸中的压力油可经过小孔通到柱塞与滑履及滑履与斜盘的相对滑动表面之间,起到静压支承的作用。定心弹簧 6 装在内套 4 和外套 5 中,在弹簧力的作用下,一方面内套通过钢球 3 和压盘 2 将滑履压向倾斜盘,使柱塞处于吸油位置时具有自吸能力;同时弹簧力又使外套压在缸体的左端面上,与缸孔内的压力油作用力一起使缸体与配油盘接触良好、密封可靠,并在缸体和配油盘磨损后得到自动补偿,从而提高了泵的容积效率。当传动轴带动缸体回转时,柱塞就在缸孔中作往复运动,于是密封容积发生变化,这时油液通过缸孔底部月牙形的通油孔、配油盘上的配油窗口以及前泵体的进、出油孔,完成吸、压油工作。

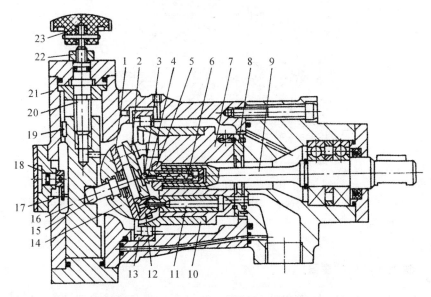

图 4 - 45　CY14 - 1B 型轴向柱塞泵结构图

1—倾斜盘;2—压盘;3—钢球;4—内套;5—外套;6—定心弹簧;7—缸体;8—配油盘;
9—传动轴;10—钢套;11—柱塞;12—滑履;13—滚柱轴承;14—变量头;15—轴销;
16—变量柱塞;17—销子;18—刻度盘;19—导向键;20—螺杆;21—变量壳体;22—锁紧螺母;23—手轮

（2）变量机构。斜盘式轴向柱塞泵的一个很大优点就是容易做成变量泵。只要改变倾斜盘的倾角就能改变液压泵的排量。如图 4 - 45 所示 SCY14 - 1B 轴向柱塞泵的左边部分为手动变量机构。转动手轮 23,使螺杆 20 转动,带动变量柱塞 16 作轴向移动。通过变量头 14 与轴销 15,使支承在变量壳体 21 上的倾斜盘 1 绕钢球 3 的中心摆动,从而改变了倾斜盘的倾角,也就改变了泵的排量。同时,当变量柱塞移动时,通过装在柱塞上的销子 17 和拨叉带动左端的刻度盘 18 旋转,从而知道所调节流量的大小。调节好后,用锁紧螺母 22 锁紧。泵主体与不同的变量机构相互配合使用,可以得到各种控制方式的变量泵。

图 4 - 46 所示为手动伺服变量泵结构图,该变量泵的变量机构采用手动伺服变量机构。该变量泵的变量机构由拉杆、变量活塞、伺服活塞等组成。

该变量泵变量活塞的内腔构成了伺服阀的阀体,并有三个孔道分别沟通变量活塞下腔 b、上腔 a 和油箱。泵上的斜盘通过拨叉机构与变量活塞下端铰接,利用变量活塞的上下移动来改变斜盘倾角 γ。当用拉杆使伺服活塞（阀芯）向下移动时,上面的阀口打开,b 腔中的压力油经孔道通向 a 腔,活塞因上腔有效面积大于下腔的有效面积而移动,变量活塞移动时又使伺服阀上的阀口关闭,最终使变量活塞自身停止运动。同理,当用拉杆使伺服活塞（阀芯）向上移动时,下面的阀口打开,a 接通油箱,变量活塞在 b 腔压力油的作用下向上移动,并在该阀口关闭时自行停止运动。变量控制机构就是这样依照伺服阀的动作来实现其控制的。

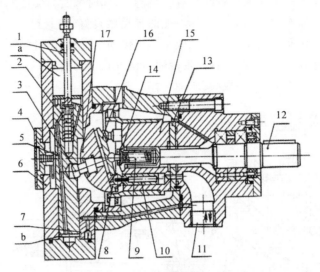

图 4 - 46 手动伺服变量泵

1—拉杆;2—伺服活塞;3—销轴;4—刻度盘;5—变量活塞;6—变量壳体;7—单向阀;8—滑靴;

9—弹簧;10—柱塞;11—进口或出口;12—传动轴;13—配油盘;14—外套;15—缸体;16—回程盘;17—变量头

4.4.2 斜轴式轴向柱塞泵

随着我国工业水平的提高,斜轴式的柱塞泵和柱塞马达在一些大型设备上应用越来越多。斜轴式柱塞泵有定量和变量之分。

斜轴式轴向柱塞泵的工作原理如图 4 - 47 所示。它由传动轴盘 1、连杆 2、柱塞 3、缸体 4、配油盘 5 和中心轴 6 等主要零件组成。传动轴盘中心轴线与缸体的轴线倾斜了一定角度,故称为斜轴式轴向柱塞泵。连杆是传动轴盘和缸体之间传递运动的连接件,依靠连杆的锥体部分与柱塞内壁的接触带动缸体旋转。连杆的两端为球头,一端的球头用压板与传动轴盘连在一起形成球铰,另一端的球头铰接于柱塞上。配油盘固定不动,中心轴起支承缸体的作用。

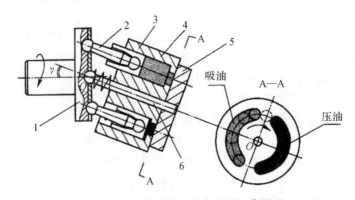

图 4 - 47 斜轴式轴向柱塞泵的工作原理

1—传动轴盘(法兰盘);2—连杆;3—柱塞;4—缸体;5—配油盘;6—中心轴

当传动轴按图示方向旋转时,连杆就带动柱塞连同缸体一起转动,柱塞同时在柱塞孔内做往复运动,使柱塞底部的密封腔容积不断地增大和缩小,通过配油盘上的吸油窗口吸油、压油窗口压油。

改变流量是通过摆动缸体改变 γ 角来实现的。在实际结构中,缸体装在后泵体(也称摇架)内,摇架可以摆动,从而改变 γ 角的大小。摇架可以在一个方向上摆动,也可以在两个方向上摆动,因此既可以做成单向变量泵,也可以做成双向变量泵。

如图 4-48 所示为 A2F6.1 型斜轴式定量柱塞泵的结构。A2F 型泵的型号意义表示如下:

A2F　　63　　W　　　6.1　　　A　　4
① 　　　② 　　　③ 　　　　④ 　　　⑤ 　　　⑥

①名称:斜轴式定量泵(马达)。

②公称排量(mL/r)。Ⅰ系列:12,23,28,56,80,107,160;Ⅱ系列:16,32,45,63,90,125,180。

③旋向(面对轴端):R——右旋;L——左旋;W——双向。

④结构形式编码:1,2,3,4,5,6,6.1。

⑤轴伸结构:P——平键;Z,A——花键(DIN);S——花键(GB)。

⑥后盖形式:1,2——用于液压马达;3,4——用于闭式系统中泵;5,6——用于开式系统中泵。

例如:A2F63W6.1A4 表示,A2F 类型的斜轴式定量泵(马达);公称排量 63 mL/r;传动轴可双向旋转;结构系列为 6.1;轴伸采用花键;后盖形式为 4。

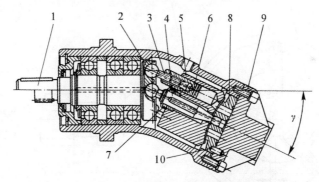

图 4-48　A2F6.1 型斜轴式轴向柱塞泵结构(20°倾角)

1—输入轴;2—传动盘;3—连杆;4—中心连杆;5—缸体;6—柱塞;7—压紧弹簧;8—配油盘;9—泵盖;10—定位销

斜轴式轴向柱塞泵与斜盘式轴向柱塞泵不同的是,传动轴轴线与柱塞缸体轴线间倾斜了一定的角度 γ,因此称为斜轴式柱塞泵。斜轴式轴向柱塞泵的工作原理如下:

原动机的动力由输入轴 1 输入,通过传动盘 2、连杆 3 和柱塞 6 带动缸体 5 旋转。由于输入轴 1 和缸体 5 的中心线存在着夹角 γ,所以,传动盘 2 通过连杆 3,迫使柱塞 6 在带动缸体的同时,自身即在缸体 5 的柱塞孔内作往复直线运动。面对轴端,若动力输入轴顺时针方向运转,当柱塞 6 行至左半周时,柱塞底部密封容积增大,通过配油盘 8 的吸油窗口,从油箱吸油;当柱塞 6 行至右半周时,柱塞底部密封容积减小,通过配油盘 8 的压油窗口,将油液排出。传动轴连续运转,泵可实现连续吸、排油。A2F 泵具有转速高、压力高、体积小、质量轻等特点。

斜轴式轴向柱塞马达在 8 t 和 16 t 起重机上应用也较多。如 QY8E 型起重机上用 A2F55 型定量马达作起重马达,如 QY16E 型起重机上用 A2F55W1Z1 型定量马达作回转马达,用 A2F107W2S2 作起重马达。斜轴式轴向柱塞马达结构与斜轴式轴向柱塞泵差异不是太大。

与斜盘式泵相比较,斜轴式泵由于柱塞和缸体所受的径向作用力较小,允许的倾角较大,所以变量范围较大。一般斜盘式泵的最大倾角为 20°左右,而斜轴式泵的最大倾角可达 40°。由于靠摆动缸体来改变流量,故其体积和变量机构的惯量较大,变量机构动作的响应速度较低。

4.4.3 径向柱塞泵工作原理

图 4-49 所示为径向柱塞泵工作原理图。泵由转子 1、定子 2、柱塞 3、配油轴套 4 和配油轴 5 等主要零件组成。柱塞沿径向均匀分布地安装在转子上。配油轴套和转子紧密配合,并套装在配油轴上,配油轴是固定不动的。转子连同柱塞由电动机带动一起旋转。柱塞靠离心力(有些结构是靠弹簧或低压补油作用)紧压在定子的内壁面上。由于定子和转子间有一偏心距 e,所以当转子按图示方向旋转时,柱塞在上半周内向外伸出,其底部的密封容积逐渐增大,产生局部真空,于是通过固定在配油轴上的窗口 a 吸油。当柱塞处于下半周时,柱塞底部的密封容积逐渐减小,通过配油轴窗口 b 把油液排出。转子转一周,每个柱塞各吸、压油一次。若改变定子和转子的偏心距 e,则泵的输出流量也改变,即为径向柱塞变量泵;若偏心距 e 从正值变为负值,则进油口和排油口互换,即为双向径向柱塞变量泵。

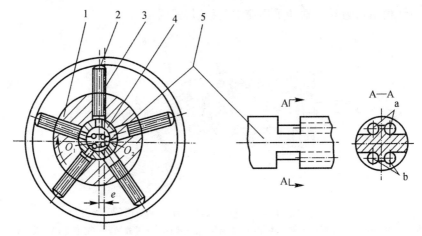

图 4-49 径向柱塞泵工作原理图
1—转子;2—定子;3—柱塞;4—配流轴套;5—配流轴

4.4.4 柱塞式液压马达

柱塞式液压马达根据结构形式的不同,分为径向式柱塞马达和轴向式柱塞马达。轴向柱塞马达又有斜盘式柱塞马达和斜轴式柱塞马达。下面来分析几种常见柱塞马达的工作原理。

1. 轴向柱塞式液压马达

图 4-50 所示为轴向柱塞液压马达工作原理图。斜盘 1 和配油盘 4 固定不动,缸体 3 及

其上的柱塞 2 可绕缸体的水平轴线旋转。当压力油经配油盘通入缸孔进入柱塞底部时,柱塞受油压作用而向外顶出,紧紧压在斜盘面上,这时斜盘对柱塞的反作用力为 F。由于斜盘有一倾斜角 γ,所以 F 可分解为两个分力:一个是轴向分力 F_x,平行于柱塞轴线,并与柱塞油压力平衡;另一个分力是 F_y,垂直于柱塞轴线。它们的计算式分别为

$$F_x = p\,\frac{\pi}{4}d^2 \tag{4-30}$$

$$F_y = F_x \tan\gamma = p\,\frac{\pi}{4}d^2\tan\gamma \tag{4-31}$$

分力 F_y 对缸体轴线产生力矩,带动缸体旋转。缸体再通过主轴(图中未标明)向外输出转矩和转速,成为液压马达。由图可见,处于压油区(半周)内每个柱塞上的 F_y 对缸体产生的瞬时转矩 T' 为

$$T' = F_y h = F_y R\sin\alpha \tag{4-32}$$

式中,h 为 F_y 与缸体轴心线的垂直距离;R 为柱塞在缸体上的分布圆半径;α 为压油区内柱塞对缸体轴心线的瞬时方位角。

液压马达的输出转矩,等于处在压油区(半周)内各柱塞瞬时转矩 T' 的总和。由于柱塞的瞬时方位角是变量,使 T' 也按正弦规律变化,所以液压马达输出的转矩也是脉动的。

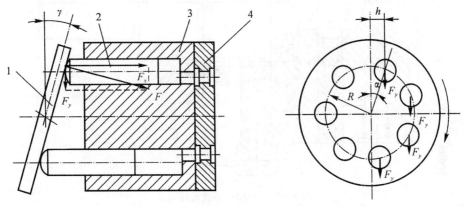

图 4-50　轴向柱塞液压马达工作原理图
1—斜盘;2—柱塞;3—缸体;4—配油盘

2. 径向柱塞式液压马达

径向柱塞式液压马达用于驱动回转部,带动发射装置回转。该液压马达属于中速范围,但在低速(10 r/min 以下)情况下也能低速稳定运转和输出大扭矩。这样就满足了装置所需的转速要求和大扭矩。

径向柱塞液压马达结构如图 4-51 所示。径向柱塞马达壳体是铸造的,在壳体内沿径向双排分布有 14 个油缸。工作液压油进入油缸,通过柱塞作用在正七边轮上,作用力被传递到曲轴上产生扭矩,在柱塞顶部装有压缩弹簧,以保证柱塞始终贴合在下七边轮平面上。曲轴支承在两个圆滚柱轴承上,其输出端可直接或间接同工作机械相连。发射车上马达输出端与一个谐波减速器相连。曲轴另一端带有偏心轮,外面套有配油盘。曲轴通过偏心轮带动配油盘,使之在密封环、壳体和配流盖之间作平面运动,壳体一端平面上有配油口,曲轴每转一周,14

个油缸各进出油一次,完成一个配流过程。

　　该马达设计先进,结构合理,零部件少,互换性好,旋转均匀,噪声低,工作可靠,使用寿命长,其中柱塞和正七边轮(代替连杆)间采用液力平衡结构,保证了优良的启动性能和较高的总效率。该马达除正反转外,还可作液压泵使用。

　　径向柱塞液压马达的关键零件配合精密,因此必须正确作用,否则会造成过早磨损。使用或检修试验时必须注意保证工作液压油的清洁,系统中的滤油器不允许任意替换,工作液压油中不允许有大于粒径 0.01 mm 的固体杂质。不准使用各种不同类型的混合液压油。

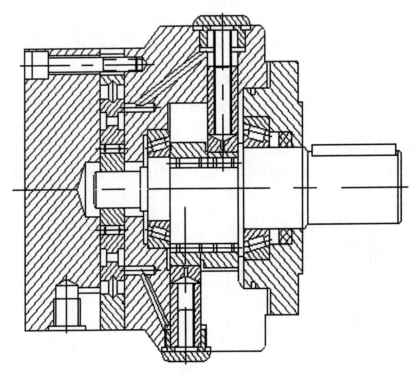

图 4-51　径向柱塞式液压马达

　　3. 多作用内曲线径向柱塞马达

　　在低速大转矩马达中,多作用内曲线径向柱塞马达(以下简称"内曲线马达")是一种比较主要的结构形式。它具有结构紧凑、传动转矩大、低速稳定性好、启动效率高等优点,因而得到广泛的应用。

　　(1)内曲线马达的工作原理。图 4-52 所示为内曲线马达工作原理图。它由定子 1、转子 2、柱塞组 3 和配油轴 4 等主要部件组成。定子(凸轮环)1 的内表面由 x 个(图中 $x=6$)均匀分布的形状完全相同的曲面组成,每一个曲面又可分为对称的两边,其中柱塞组向外伸的一边称为工作段(进油段),与它对称的另一边称为回油段。每个柱塞在马达一转中往复次数就等于定子曲面数 x,故称 x 为该马达的作用次数。

　　转子(缸体)2 沿其径向均匀分布 z 个柱塞缸孔,每个缸孔的底部有一配油孔,并与配油轴 4 的配油窗口相通。

配油轴 4 上有 $2x$ 个均布的配油窗口,其中 x 个窗口与压力油相通,另外 x 个窗孔与回油孔道相通,这 $2x$ 个配油窗口分别与 x 个定子曲面的工作段和回油段的位置相对应。

柱塞组 3 由柱塞、横梁和滚轮组成,作用在柱塞底部上的液压力经横梁和滚轮传递到定子的曲面上。

当压力油进入配油轴,经配油窗口进入处于工作段的各柱塞缸孔中,使相应的柱塞组顶在定子曲面上,在接触处定子曲面给予柱塞组一反力 F,此反力 F 作用在定子曲面与滚轮接触处的公法面上,此法向反力 F 可分解为径向力 F_r 和切向力 F_t,径向力 F_r 与柱塞底面的液压力相平衡,而切向力 F_t 则通过横梁的侧面传递给转子,驱使转子旋转。在这种工作状况下,定子和配油轴是不转的。此时,对应于定子曲面回油区段的柱塞做反方向运动,通过配油轴将油液排出。当柱塞组 3 经定子曲面工作段过渡到回油段的瞬间,供油和回油通道被封闭。为了使转子能连续运转,内曲线马达在任何瞬间都必须保证有柱塞组处在进油段工作,因此,作用次数 x 和柱塞数 z 不能相等。

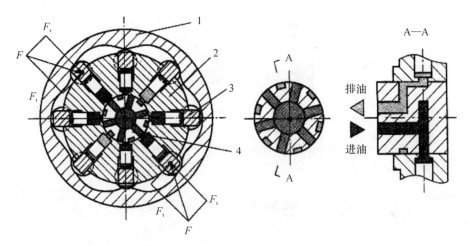

图 4 - 52　内曲线马达工作原理图
1—定子(凸轮环);2—转子(缸体);3—柱塞组;4—配油轴

柱塞组 3 每经过定子的一个曲面,往复运动一次,进油和回油交换一次。当马达进出油方向对调时,马达将反转。若将转子固定,则定子和配油轴将旋转,成为壳转形式,其转向与前者(轴转)相反。

(2)内曲线马达的排量为

$$V_m = \frac{\pi}{4}d^2 sxyz \qquad (4-33)$$

式中,d 为柱塞直径;s 为柱塞行程;x 为作用次数;y 为柱塞的排数;z 为单排柱塞数。

通过理论分析可知,只要合理选择定子曲面的曲线形式及与其相适应的作用次数和柱塞数,理论上可以做到瞬时转矩无脉动。因此,内曲线马达的低速稳定性好.最低稳定转速可达 1 r/min。

如图 4 - 53 所示为一种双排柱塞的内曲线马达的结构。

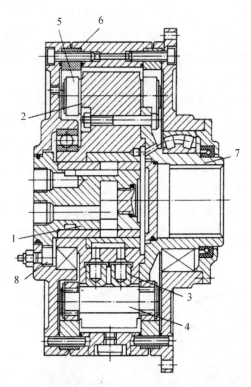

图 4 - 53　内曲线马达的结构

1—配油轴;2—转子;3—柱塞;4—横梁;5—滚轮;6—定子;7—输出轴;8—微调螺钉

4.5　液压泵的选择及使用

4.5.1　液压泵的工作特点

(1)液压泵的工作压力取决于负载情况。若负载为零,则泵的工作压力为零。随着负载的增加,泵的工作压力自动增加。泵的最高工作压力受泵结构强度和使用寿命的限制。为了防止压力过高而使泵损坏,要采取限压措施。

(2)液压泵的吸油腔压力过低会产生吸油不足,当吸油腔压力低于油液的空气分离压时,将出现气穴现象,造成泵内部分零件的气蚀,同时产生噪声。因此,除了在设计泵的结构时尽可能减小吸油流道的液阻外,为了保证泵的正常运行,应使泵的安装高度不超过允许值,并且避免吸油滤油器及吸油管路形成过大的压降。

(3)变量泵可以通过调节排量来改变流量,定量泵只有用改变转速的办法来调节流量。但转速的增高受到泵的吸油能力、使用寿命的限制;转速降低虽然对寿命有利,但会使泵的容积效率降低。所以,应使泵的转速限定在合适的范围内。

(4)液压泵的输出流量具有一定的脉动。其脉动的程度取决于泵的形式及结构设计参数。为了减少脉动对泵工作的影响,除了从选型上考虑外,必要时可在系统中设置蓄能器以吸收脉动。

4.5.2　液压泵的优缺点及应用

1. 齿轮泵的主要优缺点及应用

(1)优点:结构简单,工艺性较好,成本较低;与同样流量的其他各类泵相比,结构紧凑,体积小;自吸性能好,无论在高、低转速甚至在手动情况下都能可靠地实现自动吸油;转速范围大,因泵的传动部分以及齿轮基本上都是平衡的,在高转速下不会产生较大的惯性力;对油液污染不敏感,油液中污物对其工作影响不严重,不易咬死,维护方便,工作可靠。

(2)缺点:困油现象严重,工作压力较低;容积效率较低;径向不平衡力大,流量脉动大,泄漏大,噪声较高。

(3)应用:低压齿轮泵广泛地应用在各种补油、润滑和冷却装置等低压的液压系统中。中压齿轮泵主要应用于机床轧钢设备的液压系统中。中高压和高压齿轮泵主要用于农业机械、工程机械、船舶机械和航空航天技术中。

2. 叶片泵的主要优缺点及应用

(1)优点:流量均匀,运转平稳,噪声小;转子所受径向液压力彼此平衡,使用寿命长,耐久性好;容积效率较高,可达 95% 以上;工作压力较高,目前双作用叶片泵的工作压力为 6.86~10.3 MPa,有时可达 20.6 MPa;结构紧凑,外形尺寸小且排量大。

(2)缺点:叶片易咬死,自吸能力差,工作可靠性差,对油液污染较敏感,故要求工作环境清洁,油液要求严格过滤;结构较齿轮泵复杂,零件制造精度要求较高;要求吸油的可靠转速在 8.3~25 r/s 范围内,如果转速低于 8.3 r/s,因离心力不够,叶片不能紧贴在定子内表面,不能形成密封良好的封闭容积,从而吸不上油。如果转速太高,由于吸油速度太快,会产生气穴现象,也会造成吸不上油或吸油不连续的现象。

(3)应用:叶片泵在中低压液压系统尤其是机床行业中应用最多。其中单作用式叶片泵常做变量泵使用,其额定压力较低(6.3 MPa),常用于组合机床,压力机械等;双作用式叶片泵只能做定量泵使用,其额定压力可达 14~21 MPa,在各类机床设备中,如注塑机、运输装卸机械及工程机械等中压系统中得到广泛应用。

3. 柱塞泵的主要优缺点及应用

(1)优点:参数高,额定压力高,转速高,泵的驱动功率大;效率高,容积效率为 95% 左右,总效率为 90% 左右;寿命长;变量方便,形式多;单位功率的质量轻;柱塞泵主要零件均受压应力,材料强度性能可得以充分利用。

(2)缺点:结构较复杂,零件数较多;自吸性差;制造工艺要求较高,成本较高;油液对污染较敏感,要求较高的过滤精度,对使用和维护要求较高。

(3)应用:柱塞泵在高压、大流量、大功率的液压系统中和流量需要调节的场合,如在液压机、工程机械、矿山机械、船舶机械等场合得到广泛应用,在农业机械中偶尔也有使用的情况。

综上所述,从使用角度看,上述三大类泵的优劣次序是柱塞泵、叶片泵、齿轮泵。从结构的复杂程度、价格,及抗污染能力等方面来看,齿轮泵最好,而柱塞泵结构最复杂、价格最高、对油液的清洁度要求也最苛刻。因此,每种泵都有自己的特点和使用范围,使用时应根据具体工况,结合各类泵的性能、特点及适用场合,合理选择。

4.5.3 液压泵的主要性能和选用

各类液压泵的主要性能见表4-6。使用时应根据所要求的实际工作情况和液压泵的性能合理地进行选择。

表4-6 各类液压泵的主要性能和选用

项 目	齿轮泵	双作用叶片泵	单作用叶片泵	轴向柱塞泵	径向柱塞泵
工作压力 /MPa	≤20	6.3~20	≤7	20~35	10~20
流量调节	不能	能	能	能	能
容积效率	0.70~0.95	0.80~0.95	0.80~0.95	0.90~0.98	0.85~0.95
总效率	0.60~0.85	0.75~0.85	070~0.85	0.85~0.95	0.75~0.92
流量脉动率	大	小	中等	中等	中等
对油的污染敏感性	不敏感	敏感	敏感	敏感	敏感
自吸特性	好	较差	较差	较差	差
噪声	大	小	较大	大	较大
应用范围	机床、工程机械、农机、航空、船舶、一般机械	机床、工程机械、航空、注塑机、起重运输机械	注塑机、机床	工程机械、起重运输机械、矿山机械、冶金机械、航空、船舶	机床、船舶机械、液压机械

4.5.4 液压泵常见故障的分析和排除方法

液压泵是液压系统的心脏,它一旦发生故障就会立即影响系统的正常工作。液压泵常见故障的分析和排除方法见表4-7。

表4-7 液压泵常见故障的分析和排除方法

序号	故障现象	故障原因	排除方法
1	轴不转动	1.电气或电动机故障 2.溢流阀或单向阀故障 3.泵轴上的连接键漏装或折断 4.内部滑动副因配合间隙过小而卡死 5.油太脏,泵的吸油腔进入脏物而卡死 6.油温过高使零件热变形	1.检查电气或电动机故障原因并排除 2.检溢流阀和单向阀,合理调节溢流阀的压力值 3.补装新键或更换键 4.拆开检修按求选配间隙,使配合间隙达到要求 5.过滤或更换油液,拆开清洗并在吸油口安装吸油过滤器 6.检查冷却器的冷却效果和油箱油量

续 表

序 号	故障现象	故障原因	排除方法
2	噪声大	1.吸油位置太高或油箱液位过低 2.过滤器或吸油管部分被堵塞或通过面积小 3.泵或吸油管密封不严 4.泵吸入腔通道不畅 5.油的黏度过高 6.油箱空气滤清气空被堵 7.泵的轴承或能不零件磨损严重 8.泵的结构设计不佳 9.吸入气泡 10.泵安装不良,泵与电动机同轴度差	1.降低泵的安装高度或加油至液位线 2.清洗滤芯或吸油管,更换合适的过滤器或吸油管 3.检查连接处和结合面的密封性,并紧固 4.拆泵清洗检查 5.检查油质,按要求选用油的黏度 6.清洗通气孔 7.拆开修复或更换 8.改进设计,消除困油现象 9.进行空载运转,排除空气;吸油管和回油管隔开一定距离,使回油管口插入油面下一定深度 10.重新安装,达到安装要求
3	不吸油	1.泵轴反转 2.见本表序号 2 中 1～5 3.泵的转速太低 4.变量泵的变量机构失灵 5.叶片泵叶片未伸出,卡死在转子槽内	1.纠正转向 2.见本表序号 2 中 1～5 3.控制在规定的最低转速以上使用 4.拆开检查,调整、修配或更换 5.拆开清洗,合理选配间隙,检查油质,过滤或更换油液
4	输油不足或压力升不高	1.泵滑动零件严重磨损 2.装配间隙过大,叶片和转子反装等造成的装配不良 3.用错油液或油温过高造成油的黏度过低 4.电动机有故障或驱动功率过小 5.泵排量选得过大或压力调得过高造成驱动功率不足	1.拆开清洗、修理或更换 2.重新装配,达到技术要求 3.更换油液,找出油温过高的原因,提出降温措施 4.检查电动机并排除故障,核算驱动功率 5.重新计算匹配压力、流量和功率,使之合理
5	压力和流量不稳定	1.吸油过滤器部分堵塞 2.吸油管伸入油面较浅 3.油液过脏,个别叶片被卡住或伸出困难 4.泵的装配不良(个别叶片在转子槽内间隙过大或过小,或个别柱塞与缸体孔配合间隙过大) 5.泵结构不佳,困油严重 6.变量机构不工作	1.清洗或更换过滤器 2.适当加长吸油管长度 3.过滤或更换油液 4.修配后使间隙达到要求 5.改进设计,消除困油现象 6.拆开清洗、修理,过滤或更换油液

思考与练习

1.容积式液压泵的共同工作原理是什么？如果油箱完全封闭,不与大气相通,液压泵是否还能工作？

2.如何理解"液压泵的压力升高会使流量减少"的说法？

3.液压泵的工作压力取决于什么？泵的工作压力和额定压力有何区别？二者的关系如何？

4.各类液压泵中,哪些能实现变量？

5.液压泵和液压马达在原理与结构方面有哪些相同点和不同点？

6.齿轮泵压力的提高主要受哪些因素的影响？可以采取哪些措施来提高齿轮泵的压力？

7.什么是齿轮泵的困油现象？有何危害？如何解决？

8.齿轮泵为什么有较大的流量脉动？

9.说明叶片泵的工作原理。试述单作用叶片泵和双作用叶片泵各有什么优缺点。

10.为何要限制叶片泵的转速？过高或过低有哪些不良影响？

11.为什么轴向柱塞泵适用于高压？

12.轴向柱塞泵在启动前为什么要向壳体内灌满液压油？

13.为什么柱塞泵一般比齿轮泵或叶片泵能达到更高的压力？

14.某液压泵铭牌上标有转速 $n=1\,450$ r/min,其额定流量 $q=60$ L/min,额定压力 $p_H=80\times10^5$ Pa,泵的总效率 $\eta=0.8$,试求:

(1)该泵应选配的电机功率。

(2)若该泵使用在特定的液压系统中,该系统要求泵的工作压力 $p=40\times10^5$ Pa,该泵应选配的电机功率。

15.在如图 4-54 所示系统中,液压泵和液压马达的参数如下:泵的最大排量 $V_{pmax}=115$ mL/r,转速 $n_p=1\,000$ r/min,机械效率 $h_{mp}=0.9$,总效率 $h_p=0.84$;马达的排量 $V_M=148$ mL/r,机械效率 $h_{mM}=0.9$,总效率 $h_M=0.84$,回路最大允许压力 $p_1=8.3$ MPa,若不计管道损失,试求:

(1)液压马达最大转速及该转速下的输出功率和输出转矩。

(2)驱动液压泵所需的转矩。

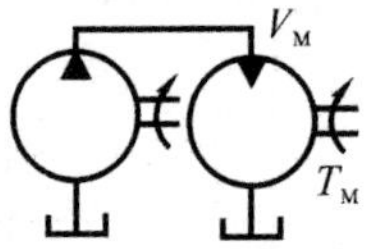

16.已知液压泵的额定压力和额定流量,若不计管道内压力损失,试说明图 4-55 所示各种工况下液压泵出口处的工作压力值。

图 4-54 题 15 图

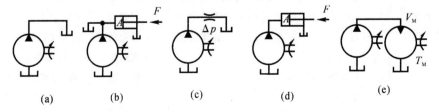

(a)　　　(b)　　　(c)　　　(d)　　　(e)

图 4-55　题 16 图

17.当一泵负载压力为 8 MPa 时,输出流量为 96 L/min,而负载压力为 10 MPa 时,输出流量为 94 L/min。用此泵带动一排量为 80 cm³/r 的液压马达。当负载扭矩为 120 N·m 时,液压马达机械效率为 0.94,其转速为 1 100 r/min。试求此时液压马达的容积效率。(提示:先求马达的负载压力)

18.已知某液压泵的转速为 950 r/min,排量为 $V_P = 168$ mL/r,在额定压力 29.5 MPa 和同样转速下,测得的实际流量为 150 L/min,额定工况下的总效率为 0.87,求:

(1)泵的理论流量 q_t;

(2)泵的容积效率 η_V 和机械效率 η_m;

(3)泵在额定工况下,所需电动机驱动功率 N_i;

(4)驱动泵的转矩 T。

19.一轴向柱塞泵的斜盘倾角 $\gamma = 22°3'$,柱塞直径 $d = 22$ mm,柱塞分布圆直径 $D = 68$ mm,柱塞数 $z = 7$。设容积效率 $\eta_{pV} = 0.98$,机械效率 $\eta_{pm} = 0.9$,转速 $n_p = 960$ r/min,输出压力 $p = 10$ MPa,求泵的理论流量、实际流量和输入功率。

第5章 液 压 缸

液压缸和液压马达都是液压系统中的执行元件,都是将液体的压力能转变为机械能的装置。而液压缸可以获得直线往复运动和较大的输出力,且结构简单、工作可靠、制造容易,应用广泛,是液压系统中最常用的执行元件。

5.1 液压缸的类型及特点

在液压设备中,液压缸是液压系统中重要的执行元件,是用来实现工作机构直线往复运动或小于360°的摆动运动的能量转换装置。液压缸的输入量是油液的压力 p 和流量 q,输出量是力 F 和速度 v。

5.1.1 液压缸分类

为满足各种机械设备的不同用途,液压缸种类较多,其分类一般根据缸的结构形式,活塞杆形式,用途等来确定。液压缸的分类见表5-1。

表5-1 液压缸的分类

名 称			符 号	说 明
液压缸	活塞缸	单作用		只可单向工作,回程靠外力
		双作用 单杆		可双向工作,伸出缩回速度不等,还可形成差动缸
		双作用 双杆		可双向工作,伸出缩回速度相等
	柱塞缸			只可单向工作,回程靠外力
	摆动缸	单叶片		只在一定的角度内转动,径向力不平衡
		双叶片		只在一定的角度内转动,径向力平衡

续 表

名 称			符 号	说 明
液压缸	组合缸	伸缩缸 单作用		只可单向工作,回程靠外力
		伸缩缸 双作用		可双向工作
		串联缸		由两缸串联而成,具有增力减速的作用
		增压缸		具有增压作用
		增速缸		具有增速作用

常见的按结构形式分有活塞缸、柱塞缸、伸缩缸及摆动缸。按供油方式可分为单作用缸和双作用缸。按活塞杆形式可分为单活塞杆缸和双活塞杆缸。其中,单杆双作用活塞缸可形成差动缸,达到增速减力的作用;柱塞缸缸筒与柱塞只有很小一部分接触,缸筒内大部分只粗加工或不加工,其工艺性能好,特别适用于工作行程很长的场合,但柱塞缸只能靠外力回程,若想完成双向运动,则需两个柱塞缸组合使用;摆动缸中单叶片式与双叶片式相比,单叶片式中,转动轴所受径向力不平衡,在流量和压力相同的条件下,双叶片式摆动缸的输出扭矩是单叶片式的两倍,但其输出角速度是单叶片式的一半;增速缸实际上是由一个柱塞缸和一个单杆双作用活塞缸组合而成的,它和顺序阀配合使用具有增速减力的作用;伸缩缸中的单作用多级缸,其回程要靠外力;串联缸具有增力减速的作用;增压缸与顺序阀配合使用,当负载力增加时,系统压力也随之升高,做到系统压力与负载相适应。

5.1.2 液压缸输出参数的计算

液压缸输出参数的计算主要是指液压缸输出力 F 和输出速度 v 的计算。

1. 单杆双作用液压缸参数的计算

如图 5-1 所示为单杆双作用液压缸,设无杆腔活塞面积为 A_1,无杆腔油口压力为 p_1,流量为 q_1,杆腔活塞面积为 A_2,杆腔油口力为 p_2,流量为 q_2。

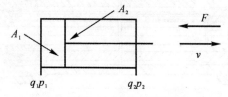

图 5-1 单杆双作用液压缸参数的计算

(1) 力的计算：

$$F_1 = p_1 A_1 - p_2 A_2 \quad (伸程) \tag{5-1}$$

$$F_2 = p_2 A_2 - p_1 A_1 \quad (回程) \tag{5-2}$$

(2) 速度计算：

$$v_1 = \frac{q_1}{A_1} \quad (伸程) \tag{5-3}$$

$$v_2 = \frac{q_2}{A_2} \quad (回程) \tag{5-4}$$

(3) 差动连接（如图 5-2 所示）：

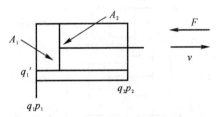

图 5-2 单杆双作用液压缸的差动连接

单杆活塞缸最大的特点是形成差动连接，差动连接具有增速减力作用，有

$$F = p_1 A_1 - p_2 A_2 = p_1 A_1 - p_1 A_2 = p_1 (A_1 - A_2) = p_1 \frac{\pi}{4} d^2 \tag{5-5}$$

$$v = \frac{q'_1}{A_1} = \frac{q_1 + q_2}{A_1} = \frac{q_1 + v A_2}{A_1} \tag{5-6}$$

解得

$$v = \frac{q_1}{A_1 - A_2} = \frac{4q_1}{\pi d^2} \tag{5-7}$$

2. 伸缩式液压缸

如图 5-3 所示为伸缩式液压缸的结构图，它由两级（或多级）活塞缸套装而成，主要组成零件有缸体 5、二级活塞 4、一级活塞 3 等。

缸体两端有进、出油口 A 和 B，当 A 口进油，B 口回油时，先推动一级活塞 3 向右运动，由于一级活塞的有效作用面积大，所以运动速度低而推力大。一级活塞行至终点时，二级活塞 4 在压力油的作用下继续向右运动，因其有效作用面积小，所以运动速度快，但推力小。套筒活塞 3 既是一级活塞，又是二级活塞的缸体，有双重作用（多级时，前一级缸的活塞就是后一级缸的缸套）。若 B 口进油，A 口回油，则二级活塞 4 先退回至一级活塞 3 的终点，然后一级活塞 3 带着二级活塞 4 一起退回。

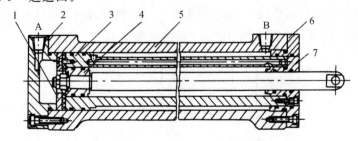

图 5-3 伸缩式液压缸的结构图

1—压板；2,6—端盖；3——级活塞；4—二级活塞；5—缸体；7—套筒活塞

伸缩式液压缸的特点是:活塞杆伸出的行程长,收缩后的结构尺寸小,适用于翻斗汽车、起重机的伸缩臂等。

3. 摆动式液压缸

摆动液压缸能实现小于 360°角度的往复摆动运动,由于它可直接输出扭矩,故又称为摆动液压马达,主要有单叶片式和双叶片式两种结构形式。

图 5-4(a)所示为单叶片摆动液压缸,主要由定子块 1、缸体 2、摆动轴 3、叶片 4、左右支承盘和左右盖板等主要零件组成。两个工作腔之间的密封靠叶片和隔板外缘所嵌的框形密封件来保证,定子块固定在缸体上,叶片和摆动轴固连在一起,当两油口相继通以压力油时,叶片即带动摆动轴作往复摆动,当考虑到机械效率时,单叶片缸的摆动轴输出转矩为

$$T = \frac{b}{8}(D^2 - d^2)(p_1 - p_2)\eta_m \qquad (5-8)$$

根据能量守恒原理,得输出角速度为

$$\omega = \frac{8q\eta_V}{b(D^2 - d^2)} \qquad (5-9)$$

式中,D 为缸体内孔直径;d 为摆动轴直径;b 为叶片宽度。

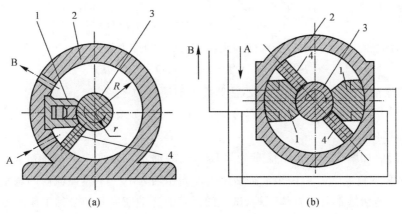

图 5-4　摆动式液压缸
(a)单叶片摆动缸;(b)双叶片摆动缸
1—定子块;2—缸体;3—摆动轴;4—叶片

单叶片摆动液压缸的摆角一般不超过 280°,双叶片摆动液压缸的摆角一般不超过 150°。当输入压力和流量不变时,双叶片摆动液压缸摆动轴输出转矩是相同参数单叶片摆动缸的两倍,而摆动角速度则是单叶片的一半,如图 5-4(b)所示。

摆动缸结构紧凑,输出转矩大,但密封困难,一般只用于中、低压系统中往复摆动、转位或间歇运动的地方。

【例 5-1】　如图 5-5 所示的两个液压缸,缸内径 D,活塞杆直径 d 均相同,若输入缸中的流量都是 q,压力为 p,出口处的油都直接通油箱,且不计摩擦损失,比较它们的推力、运动速度和运动方向。

解　图 5-5(a)为双杆活塞缸串联在一起的增力缸,杆固定,缸筒运动,缸所产生的推力为

$$F = 2pA = \frac{\pi}{2}p(D^2 - d^2)$$

输入两缸的总流量为 q，故输入每一缸的流量为 $0.5q$，故运动速度为

$$v = (1/2)q/A = 2q/[\pi(D^2 - d^2)]$$

因杆固定，故缸筒运动方向向左。

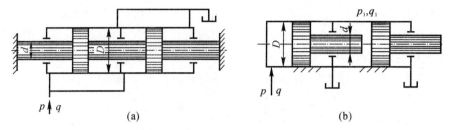

图 5-5　液压缸推力和速度的计算

图 5-5(b) 为单杆缸和柱塞缸组成的增压缸，输出的压力为

$$p_1 = p(D/d)^2$$

输出流量 q_1 为

$$q_1 = (\pi/4)d^2 4q/(\pi D^2) = q(d/D)^2$$

以增压后的压力 p_1 输入另一单杆的无杆腔，产生的推力为

$$F = p_1(\pi/4)D^2 = (\pi/4)D^2 p(D/d)^2$$

以 q_1 的流量输入单杆缸的无杆腔，活塞移动的速度为

$$v = q_1/[(\pi/4)D^2] = (4q/\pi D^2)(d/D)^2$$

活塞运动方向向右。

【例 5-2】 如图 5-6 所示，流量为 5 L/min 的油泵驱动两个并联油缸，已知活塞 A 重 10 000 N，活塞 B 重 5 000 N，两个油缸活塞工作面积均为 100 cm²，溢流阀的调整压力为 20×10^5 Pa，设初始两活塞都处于缸体下端，试求两活塞的运动速度和油泵的工作压力。

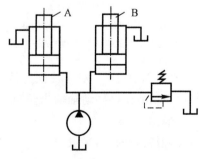

图 5-6　液压泵驱动的两并联液压缸

解　根据液压系统的压力决定于外负载这一结论，由于活塞 A，B 质量不同，可知：活塞 A 的工作压力为

$$p_A = \frac{G_A}{A_A} = \frac{10\ 000}{100 \times 10^{-4}}(\text{Pa}) = 1.0 \times 10^6 \text{ Pa}$$

活塞 B 的工作压力为

$$p_B = \frac{G_B}{A_B} = \frac{5000}{100 \times 10^{-4}} (Pa) = 5 \times 10^5 \, Pa$$

故两活塞不会同时运动。

(1) 活塞 B 动,A 不动,活塞流量全部进入油缸 B,则有

$$v_B = \frac{q}{A_B} = \frac{5 \times 10^{-3}}{100 \times 10^{-4}} (m/min) = 0.5 \, m/min$$

$$v_A = 0$$

$$p_p = p_B = 5 \times 10^5 \, Pa$$

(2) 活塞 B 运动到顶端后,活塞 A 运动,流量全部进油缸 A,则有

$$v_A = \frac{q}{A_B} = \frac{5 \times 10^{-3}}{100 \times 10^{-4}} (m/min) = 0.5 \, m/min$$

$$v_B = 0$$

$$p_p = p_A = 10 \times 10^5 \, Pa$$

(3) 活塞 A 运动到顶端后,系统压力 p_p 继续升高,直至溢流阀打开,流量全部通过溢流阀回油箱,油泵压力稳定在溢流阀的调整压力,即

$$p_p = 20 \times 10^5 \, Pa$$

5.2　液压缸的结构特点

液压缸的种类很多,结构也各不相同,液压缸一般由缸筒组件、活塞组件、密封装置、缓冲装置、排气装置等组成。本节从五方面介绍各种液压缸结构上的特点。

5.2.1　缸筒和缸盖

缸筒组件由缸筒、端盖、密封件及连接件等组成。工程机械液压缸的缸筒通常用无缝钢管制成,缸筒内径需较高的加工精度,外部表面可不加工。缸盖材料一般用 35 号、45 号钢锻件或 ZG35,ZG45 铸件。一般来说,缸筒和缸盖的结构形式和其使用的材料有关。工作压力 $p <$ 10 MPa 时,使用铸铁;10 MPa $< p <$ 20 MPa 时,使用无缝钢管;$p >$ 20 MPa 时,使用铸钢或锻钢。

缸筒与端盖的连接形式有法兰式、半环式、拉杆式和螺纹式等。图 5 - 7 所示为缸筒和缸盖的常见结构形式。图 5 - 7(a)所示为法兰连接式,结构简单,容易加工,也容易拆装,但外形尺寸和质量都较大,常用于铸铁制的缸筒上。图 5 - 7(b)所示为半环连接式,缸筒壁部因开了环形槽而削弱了强度,为此有时需要加厚缸壁;其优点是容易加工和装拆,质量较轻,常用于无缝钢管或锻钢制的缸筒上。图 5 - 7(c)所示为螺纹连接式,缸筒端部结构复杂,外径加工时要求保证内外径同心,拆装要使用专用工具,优点是外形尺寸和质量都较小,常用于无缝钢管或铸钢制的缸筒上。图 5 - 7(d)所示为拉杆连接式,结构的通用性大,容易加工和拆装,但外形尺寸较大,且较重。图 5 - 7(e)所示为焊接连接式,结构简单,尺寸小,但缸底处内径不易加工,且可能引起变形。

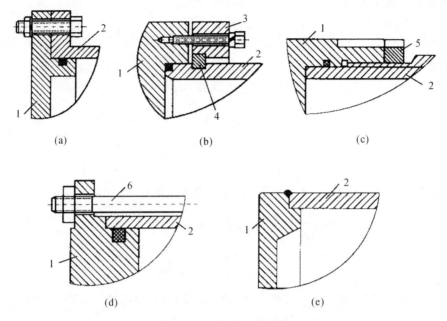

图 5-7　缸筒和缸盖结构

(a)法兰连接式;(b)半环连接式;(c)螺纹连接式;(d)拉杆连接式;(e)焊接连接式

1—缸盖;2—缸筒;3—压板;4—半环;5—防松螺帽;6—拉杆

5.2.2　活塞与活塞杆

　　活塞组件由活塞、活塞杆、密封元件及其连接件组成。活塞材料通常采用钢或铸铁;活塞杆可用 35 号、40 号钢或无缝钢管制成,为了提高耐磨性和防锈性,活塞杆表面需镀铬并抛光。对挖掘机、推土机或装载机用的液压缸活塞杆来说,由于碰撞机会多,工作表面需先经过高频淬火,然后再镀铬。可以把短行程液压缸的活塞杆与活塞做成一体,这是最简单的形式。但当行程较长时,这种整体式活塞组件的加工较麻烦,所以常把活塞与活塞杆分开制造,然后再连接成一体。活塞与活塞杆的连接形式有螺纹连接、半环式连接等。图 5-8 所示为几种常见的活塞与活塞杆的连接形式。

　　图 5-8(a)所示为活塞与活塞杆之间采用螺母连接,它适用于负载较小,受力无冲击的液压缸中。螺纹连接虽然结构简单,安装方便可靠,但在活塞杆上加工螺纹将削弱其强度。图 5-8(b)(c)所示为卡环式连接方式。图 5-8(b)中活塞杆 5 上开有一个环形槽,槽内装有两个半圆环 3 以夹紧活塞 4,半环 3 由轴套 2 套住,而轴套 2 的轴向位置用弹簧卡圈 1 来固定。图 5-8(c)中的活塞杆,使用了两个半圆环 4,它们分别由两个密封圈座 2 套住,半圆形的活塞 3 安放在密封圈座的中间。图 5-8(d)所示是一种径向销式连接结构,用锥销 1 把活塞 2 固连在活塞杆 3 上,这种连接方式特别适用于双出杆式活塞。

5.2.3　密封装置

　　液压缸中常见的密封装置如图 5-9 所示。图 5-9(a)所示为间隙密封,它依靠运动间的微小间隙来防止泄漏。为了提高这种装置的密封能力,常在活塞的表面上加工几条细小的环形槽,以增大油液通过间隙时的阻力。其结构简单,摩擦阻力小,可耐高温,但泄漏大,加工要求高,磨损后无法恢复原有性能,只有在尺寸较小、压力较低、相对运动速度较高的缸筒和活塞间使用。图 5-9(b)所示为摩擦环密封,它依靠套在活塞上的摩擦环(尼龙或其他高分子材料制成)在 O 形密封圈弹力作用下贴紧缸壁而防止泄漏。这种材料效果较好,摩擦阻力较小且稳定,可耐高温,磨损后有自动补偿能力,但加工要求高,拆装不便,适用于缸筒和活塞之间的密封。图 5-9(c)(d)所示为密封圈(O 形圈、V 形圈等)密封,它利用橡胶或塑料的弹性使各种截面的环形圈贴紧在静、动配合面之间来防止泄漏。它结构简单,制造方便,磨损后有自动补偿能力,性能可靠,在缸筒和活塞之间、缸盖和活塞杆之间、活塞和活塞杆之间、缸筒和缸盖之间都能使用。

　　对于活塞杆外伸部分来说,由于很容易把脏物带入液压缸、油液受污染,使密封件磨损,所以常在活塞杆密封处增添防尘圈,并安装在向着活塞杆外伸的一端。

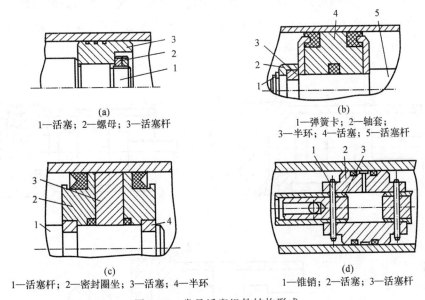

(a)

1—活塞;2—螺母;3—活塞杆

(b)

1—弹簧卡;2—轴套;
3—半环;4—活塞;5—活塞杆

(c)

1—活塞杆;2—密封圈坐;3—活塞;4—半环

(d)

1—锥销;2—活塞;3—活塞杆

图 5-8　常见活塞组件结构形式

(a)螺母连接;(b)卡环式连接(1);(c)卡环式连接(2);(d)径向销式连接

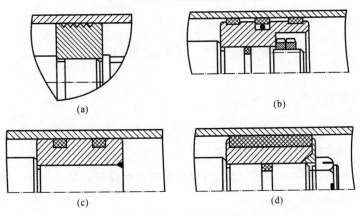

(a)

(b)

(c)

(d)

图 5-9　密封装置

(a)间隙密封;(b)摩擦环密封;(c)O 形圈密封;(d)V 形圈密封

5.2.4 缓冲装置

液压缸一般都设置缓冲装置,特别是对大型、高速或要求高的液压缸,为了防止活塞在行程终点时和缸盖相互撞击,引起噪声、冲击,必须设置缓冲装置。

缓冲装置的工作原理是利用活塞或缸筒在其走向行程终端时封住活塞和缸盖之间的部分油液,强迫它从小孔或缝隙中挤出,以产生很大的阻力,使工作部件受到制动,逐渐减慢运动速度,达到避免活塞和缸盖相互撞击的目的。

图 5 - 10(a)所示,当缓冲柱塞进入与其相配的缸盖上的内孔时,孔中的液压油只能通过间隙 δ 排出,使活塞速度降低。由于配合间隙不变,故随着活塞运动速度的降低,起缓冲作用。图 5 - 10(b)所示,当缓冲柱塞进入配合孔之后,油腔中的油只能经节流阀排出。由于节流阀是可调的,因此缓冲作用也可调节,但仍不能解决速度减低后缓冲作用减弱的缺点。如图 5 - 10(c)所示,在缓冲柱塞上开有三角槽,随着柱塞逐渐进入配合孔中,其节流面积越来越小,解决了在行程最后阶段缓冲作用过弱的问题。

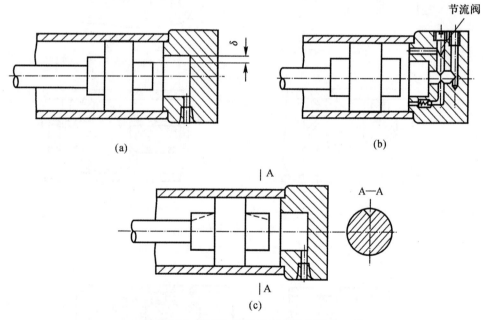

(a)   (b)

(c)

图 5 - 10　液压缸缓冲装置的结构形式

5.2.5 排气装置

液压缸在安装过程中或长时间停放重新工作时,液压缸里和管道系统中会渗入空气,为了防止执行元件出现爬行、噪声和发热等不正常现象,需把液压缸和系统中的空气排出。一般可在液压缸的最高处设置进出油口把气带走,也可在最高处设置如图 5 - 11(a)所示的放气孔或专门的放气阀[见图 5 - 11(b)(c)]。

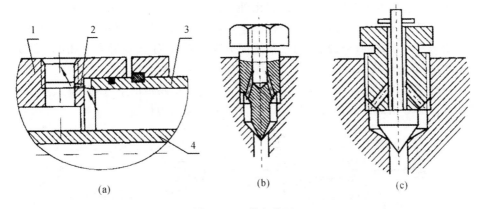

图 5-11　排气装置

1—缸盖；2—放气小孔；3—缸体；4—活塞杆

5.3　几种常用液压缸的结构及特点

5.3.1　工程机械用单杆活塞液压缸

图 5-12 所示为工程机械用液压缸结构。此液压缸为双作用单杆活塞缸，它由缸底 2、缸筒 11、缸盖 15 以及活塞 8、活塞杆 12 等主要零件组成。缸筒一端与缸底焊接，另一端则与缸盖采用螺纹连接，以便拆装检修，两端设有油口 A 和 B。利用卡键 5、卡键帽 4 和挡圈 3 使活塞与活塞杆构成卡键连接，结构紧凑便于拆装。缸筒内壁表面粗糙度为 $Ra\ 0.4\ \mu m$，为了避免与活塞直接发生摩擦造成拉缸事故，活塞上套有支承环 9，它通常是由聚四氟乙烯或尼龙等耐磨材料制成，不起密封作用。缸内两腔之间的密封是靠活塞内孔的 O 形密封圈 10 以及外缘两组背靠背安置的小 Y 形密封圈 6 和挡圈 7 来保证，当工作腔油压升高时，小 Y 形密封圈的唇边就会张开贴紧活塞和缸筒内表面，压力越高贴得越紧，从而防止内漏。活塞杆表面同样具有较小的表面粗糙度 $Ra\ 0.4\ \mu m$。为了确保活塞杆的一端不偏离中轴线，以免损伤缸壁和密封件，并改善活塞杆与缸盖孔的摩擦，特在缸盖一端设置导向套 13。它是用青铜或铸铁等耐磨材料制成。导向套外缘有 O 形密封圈 14，内孔则有防止油液外漏的小 Y 形密封圈 16 和挡圈 17。考虑到活塞杆外露部分会沾附尘土，故缸盖孔口处设有防尘圈 19。缸底和活塞杆顶端的耳环 21 上，有供安装用或与工作机构连接用的销轴孔，销轴孔必须保证液压缸为中心受压。销轴孔由油嘴 1 供给润滑油。此外，为了减轻活塞在行程终端时对缸底或缸盖的撞击，两端设有缝隙节流缓冲装置，当活塞快速运行临近缸底时（如图示位置），活塞杆端部的缓冲柱塞将回油口堵住，迫使剩余的油只能从柱塞周围的缝隙挤出，于是速度迅速减慢实现缓冲，回程也以同样原理获得缓冲。

5.3.2　空心双活塞杆液压缸

图 5-13 所示为一空心双活塞杆式液压缸的结构。由图可见，液压缸的左右两腔是通过油口 b 和 d 经活塞杆 1 和 15 的中心孔与左右径向孔 a 和 c 相通。由于活塞杆固定缸体 10 可带动工作台移动，工作台在径向孔 c 接通压力油，径向孔 a 接通回油时向右移动；反之则向左移动。在这里，缸盖 18 和 24 是通过螺钉（图中未画出）与压板 11 和 20 相连，并经钢丝环 12

相连,左缸盖 24 空套在托架 3 孔内,可以自由伸缩。空心活塞杆的一端用堵头 2 堵死,并通过锥销 9 和 22 与活塞 8 相连。缸筒相对于活塞运动由左右两个导向套 6 和 19 导向。活塞与缸筒之间、缸盖与活塞杆之间以及缸盖与缸筒之间分别用 O 形圈 7、V 形圈 4 和 17 及纸垫 13 和 23 进行密封,以防止油液的内、外泄漏。缸筒在接近行程的左右终端时,径向孔 a 和 c 的开口逐渐减小,对移动部件起制动缓冲作用。为了排除液压缸中剩留的空气,缸盖上设置有排气孔 5 和 14,经导向套环槽的侧面孔道(图中未画出)引出与排气阀相连。

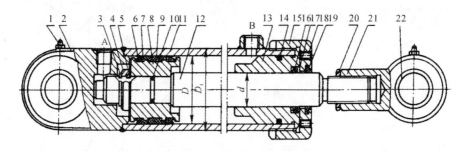

图 5-12 液压缸的结构图

1—油嘴;2—缸底;3—拉筋;4—卡键帽;5—卡键(由 2 个半圆组成);6—密封圈;7—挡圈;
8—活塞本体 9—支承环;10—活塞与活塞杆之间的密封圈;11—缸筒;12—活塞杆;13—导向套
14—导向套和缸筒之间的密封圈;15—缸盖;16—导向套和活塞杆之间的密封圈;17—挡圈;
18—锁紧螺钉;19—防尘圈;20—锁紧螺帽;21—耳环本体;22—耳环衬圈

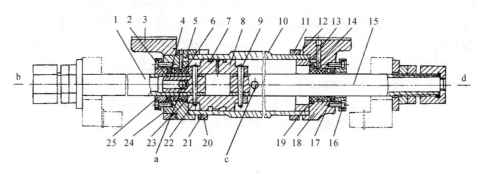

图 5-13 空心双活塞杆式液压缸的结构

1—活塞杆;2—堵头;3—托架;4,17—V 形密封圈;5,14—排气孔;6,19—导向套;7—O 形密封圈;8—活塞;
9,22—锥销;10—缸体;11,20—压板;12,21—钢丝环;13,23—纸垫;15—活塞杆;16,25—缸盖;18,24—缸盖

5.3.3 四级伸缩式双作用液压缸

1. 液压缸结构

对于行程较长的场合,需要采用多级伸缩式油缸(液压缸在许多说明书中也称油缸或作动筒)。图 5-14 所示为四级双作用伸缩式油缸,它由缸体 1、一级缸 2、二级缸 3、三级缸 4、四级缸 5、关节轴承 6、缸头 10、排气塞 33、连接耳 7 及密封圈等组成。

连接耳 7 通过螺纹和四级缸 5 连接,它们之间由一道座环、密封圈和压环进行密封。并有固定螺钉固定。耳轴上带有反腔接管咀,在耳轴内装有关节轴承 6,关节轴装在两半个轴承套内两边用挡圈 60 定位。四级缸下端是用钢板焊死,在台肩处开有四条径向油道。在缸体和一、二、三级缸筒上边内导向面上开有两道密封槽,内装有 Y 形密封圈和座环、压环。在各级筒的上边有青铜导向套,外有防尘圈,由压板 30、螺钉 56 压紧。在三级筒上开有排气孔,排气后由排气活塞拧紧。在三级筒下台肩处开有 8 个节流孔,将三级筒外油道沟通。在一级筒和二级筒下沿开有环槽,内装有弹性环 11,12,二级筒和三级缸筒下外沿有斜口凸台,当二级三级缩回时,两个筒坐在弹性环上,一级筒下边开有 4 个 K 形槽,一级筒缩回时直接插在缸头上,四级筒缩回时靠连接耳凸肩限位。

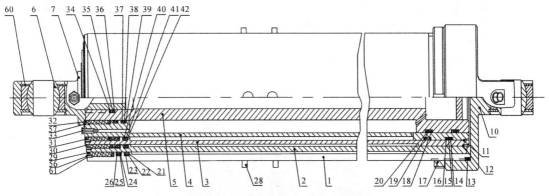

图 5-14 四级双作用伸缩式油缸

1—缸体;2——级缸;3—二级缸;4—三级缸;5—四级缸;6—关节轴承;7—连接耳;10—缸头;
11,12—弹性环;13—密封圈;14—压板;15—座环;16,18—密封圈;17—大锁紧螺母;19,22,25—座环;
20,21,24—压环;23,26—密封圈;27—接头;28—耳环;29,30,31,32—压板;33—排气阀;
34,37,40—密封圈;35,38,41—座环;36,39,42—压环;56,57—螺钉;60—挡圈;61—垫圈

2. 工作特点

当向油缸正腔进油口供油时一级伸出,一级缸下外沿凸肩和缸体上内沿凸肩接触后,一级缸到位。这时二级缸伸出,当二级缸伸出到凸肩碰到一级缸凸肩时,二级缸到位。缸体和一级缸,一级缸和二级缸之间的液压油从两配合面间挤到供油腔。继续向正腔供油,三级缸伸出,三级缸反腔的液压油经过八个节流孔进入四级缸,由回油口流回油箱。三级缸到位后,四级缸伸出,四级缸的液压油经四级缸四个油孔进入四级缸中心孔,从连接耳轴油咀流回油箱。

当反向供油时,液压油从连接耳的接管咀进入四级缸中心孔,再经过四级缸凸肩上四个油道进入三、四级缸之间的环槽内,四级缸缩回,当四级缸上的连接耳凸肩顶到三级缸上时,四级回收到位,继续供油,油从三级缸上八个节流孔进入三级缸,三级缸也收回,到位后压在二级缸的弹性挡圈上。二级缸和一级缸是靠负载的重量将其压回,正腔液压油从缸头接管咀流回油箱,另有少部分液压油经间隙挤回到一、二级油缸反腔。

5.3.4 内挤压式机械锁紧液压缸

内挤压式机械锁紧液压缸主要由缸体、端盖、活塞杆、左右活塞及锁紧套等部分组成,正腔油口和开锁腔油口位于缸体底部,反腔油口位于缸体前部,如图 5-15 所示。锁紧套位于左右活塞之间,表面加工有螺旋槽,并喷涂了 Al_2O_3 涂层,其结构形式如图 5-16 所示。锁紧套表面的螺旋槽与缸筒内表面之间的封闭空间为开锁腔,开锁油口通过中心油管及活塞杆和锁紧套上的径向孔与开锁腔相通。这种液压缸的特点是缸筒与活塞之间为过盈配合,在开锁油口无压力的情况下,缸筒将活塞抱紧而无法运动。当开锁油口压力达到 21 MPa 以上时,开锁腔中的高压油使缸筒发生膨胀变形,锁紧套与缸筒间的径向挤压力消失,活塞才能正常运动。这种结构使液压缸在无开锁压力时,能够在任意位置锁紧。

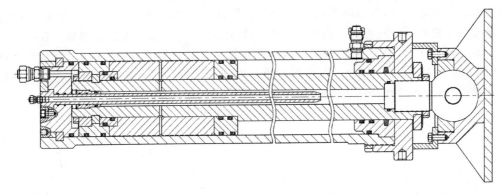

图 5-15　内挤压式机械锁紧液压缸

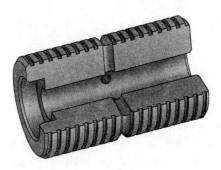

图 5-16　锁紧套结构

5.3.5　钢球锁紧液压缸

钢球锁紧液压缸,结构如图5-17所示,主要由缸体、前后端盖、活塞、活塞杆、游塞及钢球锁等部分组成。这种液压缸的锁紧装置也是一种机械式的锁紧装置,但只能在活塞杆伸到位时将其锁紧,而不能像内挤压锁紧液压缸那样能够在行程任意位置上锁紧。

当正腔进高压油时,活塞杆伸出到位后,游塞的舌尖部分插入锁套中,将钢球顶入缸筒内表面的凹槽,把活塞卡住使之无法运动。当反腔进高压油时,可向后推动游塞,使大弹簧受压,游塞上的舌尖从锁套中退出,解除锁紧状态,此时反腔高压油在推动活塞杆缩回之前,起到了开锁的作用。

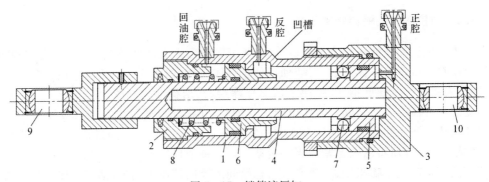

图 5-17　锁筒液压缸

1—缸体;2—前端盖;3—后端盖;4—活塞杆;5—活塞;6—游塞;7—钢球;8—弹簧;9,10—耳轴

5.4 液压缸结构参数的计算与选择

设计液压缸时,必须对整个系统工况进行分析,确定最大负载力,然后根据使用要求确定结构形式、安装空间尺寸、安装形式,根据负载力和速度决定液压缸的主要结构尺寸,最后进行结构设计。由于单杆活塞液压缸在液压传动系统中应用比较广泛,又由于其两腔有效工作面积不相等,所以它的有关参数计算具有一定典型性。目前,液压缸的供货品种、规格比较齐全,用户可以在市场上购买到。厂家也可以根据用户的要求设计、制造,用户只要提出液压缸的结构参数及安装形式即可。

5.4.1 液压缸结构参数的确定

1. 液压缸工作压力的确定

液压缸所能克服的最大负载 F 和有效作用面积 A 可用关系式表示为

$$F = pA \tag{5-10}$$

式中,F 为液压缸最大负载,包括工作负载、摩擦力和惯性力等,N;p 为液压缸工作压力,MPa;A 为液压缸(活塞)有效作用面积,m^2。

由式(5-10)可见,液压缸最大负载给定时,液压缸工作压力 p 取得越高,则活塞有效工作面积 A 就越小,液压缸结构越紧凑。系统压力高,对液压元件的性能及密封要求也相应提高。在确定工作压力 p 和活塞直径 D 时,应根据机械工况要求、工作条件以及液压元件供货等因素综合考虑。

不同用途的液压机械,工作条件不同,工作压力范围也不同。机床液压传动系统使用的压力一般为 2~8 MPa,组合机床液压缸工作压力为 3~4.5 MPa,液压机常用压力为 21~32 MPa,工程机械选用 16 MPa 较为合适。

液压缸额定压力系列见表 5-2。

表 5-2 液压缸额定压力系列 单位:MPa

0.63	1	1.6	2.5	4.0	6.3	10	16	20.0	25	31.5	40

液压缸结构参数包括液压缸的内径 D、活塞杆直径 d 和液压缸长度 L_0 等。这些参数可根据液压缸的最大工作负载 F、运动部件速度 v 和液压缸行程 L 决定。

2. 液压缸内径的确定

动力较大的液压设备(如车床、组合机床、液压机、注塑机、起重机械等)的液压缸内径,通常根据最大工作负载来确定。

液压缸的有效工作面积为

$$A = \frac{F}{p} = \frac{\pi}{4}D^2 \tag{5-11}$$

对于无活塞杆腔,液压缸内径为

$$D = \sqrt{\frac{4F}{\pi p}} \tag{5-12}$$

对于有活塞杆腔,液压缸内径为

$$D = \sqrt{\frac{4F}{\pi p} + d^2} \qquad (5-13)$$

活塞直径 D、活塞杆直径 d 应取标准值,见表 5-3 和表 5-4。

表 5-3　液压缸内径系列　　　　　　单位:mm

8	10	12	16	20	25	32	40	50	63
80	100	125	160	200	250	320	400	500	

表 5-4　活塞杆直径系列　　　　　　单位:mm

4	5	6	8	10	12	14	16	18	20
22	25	28	32	36	40	45	50	56	63
70	80	90	100	110	125	140	160	180	200
220	250	280	320	360	400				

动力较小的液压设备,除上述计算方法外,也可按往返速度的比值确定液压缸内径 D 和活塞杆直径 d。由式(5-3)和式(5-4)知,速度比为

$$\varphi = \frac{v_2}{v_1} = \frac{D^2}{D^2 - d^2} \qquad (5-14)$$

液压缸速度比值系列见表 5-5。

表 5-5　液压缸速度比值系列

1.06	1.12	1.25	1.4	1.6	2	2.5	5

选定适当的活塞杆标准直径后,即可根据上式确定相应的液压缸内径。

活塞运动速度的最高值受活塞杆密封圈以及行程末端缓冲装置所承受的动能限制,一般不宜大于 1 m/s,而最低值则以液压缸无爬行现象为前提,通常应大于 0.1~0.2 m/s。

3.液压缸行程

液压缸行程 L 见表 5-6 活塞行程系列。

表 5-6　活塞行程系列　　　　　　单位:mm

25	50	80	100	125	160	200	250	320	400	500

4.液压缸长度的确定

液压缸长度 L。根据工作部件的行程长度确定。从制造上考虑,一般液压缸的的长度 L 不大于液压缸直径的 20~30 倍。

5.液压缸缸体壁厚的确定

液压缸的壁厚可根据结构设计确定。当液压缸工作压力较高和缸内径较大时,还必须进行强度校核。

当 $\dfrac{D}{\delta} \geqslant 10$ 时，按薄壁筒计算公式校核，有

$$\delta \geqslant \frac{p_y D}{2[\sigma]} \qquad (5-15)$$

式中，δ 为液压缸壁厚；p_y 为试验压力，当液压缸额定压力 $p_n \leqslant 16$ MPa 时，$p_y = 1.5 p_n$，$p_n \geqslant$ 16 MPa 时，$p_y = 1.25 p_n$；$[\sigma]$ 为液压缸材料许用应力，$[\sigma] = \dfrac{\sigma_b}{n}$，$n$ 为安全系数，一般取 $n = 5$，σ_b 为材料抗拉强度；D 为液压缸内径。

当液压缸壁较厚，即 $\dfrac{D}{\sigma} < 10$ 时，应按厚壁筒的公式进行校核，有

$$\delta \geqslant \left(\sqrt{\frac{[\sigma]}{[\sigma] - \sqrt{3}\, p_y}} - 1 \right) \qquad (5-16)$$

对于液压机液压缸的强度计算可参考其他文献及手册。

6. 活塞杆长度的确定

活塞杆直径 d 确定后，还要根据液压缸的长度确定活塞杆的长度。对于工作行程受压的活塞杆，当活塞杆长度与活塞杆直径之比大于 15 时，必须根据材料力学有关公式对活塞杆进行压杆稳定性验算。

5.4.2　液压缸的安装方式

国际标准 ISO 规定了单活塞杆液压缸的安装方式，对工程机械液压缸、冶金用液压缸、车辆用液压缸、船用液压缸基本参数和安装形式可参阅有关设计手册。

5.5　液压缸常见故障与排除

1. 泄漏问题

泄漏包括内泄漏和外泄漏。主要原因是各配合处密封圈磨损，液压缸螺栓紧固不良以及压力冲击或振动引起的管接头松动等。

2. 液压缸爬行现象

主要原因是液压缸装配不良或缸内进入空气。缸内进入空气时要进行检查，确定进气原因后进行排气。

3. 活塞杆拉伤

主要原因是防尘圈老化失效，防尘圈内侵入沙粒、切屑等脏物以及导向套与活塞杆之间的配合太紧，使活动表面过热，造成活塞杆表面各层脱落而拉伤。

因此，要保证装配正确，定期紧固螺钉及管接头，清洗或更换密封圈或防尘圈，并保证各配合处间隙符合规定值。

思考与练习

1. 液压缸是由哪几部分组成的？
2. 试分析液压缸缓冲装置的工作原理。

3.试说明液压缸哪些部位装有密封圈。并说明其功用和装配方法。

4.简述液压缸的常见故障类型。

5.如图 5-18 所示两个结构相同相互串联的液压缸,无杆腔的面积 $A_1 = 100 \times 10^{-4}$ m²,有杆腔面积 $A_2 = 80 \times 10^{-4}$ m²,缸 1 输入压力 $p_1 = 0.9$ MPa,输入流量 $q_1 = 12$ L/min,不计损失和泄漏,求:

(1)当两缸承受相同负载($F_1 = F_2$)时,该负载的数值及两缸活塞的运动速度。

(2)当缸 2 的输入压力是缸 1 的一半($p_2 = 0.5p_1$)时,两缸各能承受多少负载?

(3)缸 1 不承受负载($F_1 = 0$),缸 2 能承受多少负载?

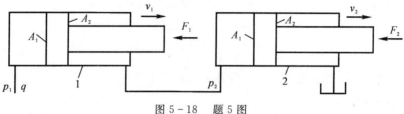

图 5-18   题 5 图

6.如图 5-19 所示两个结构相同且并联的液压缸,两缸承受负载 $F_1 > F_2$,试确定两活塞的速度 v_1,v_2 和液压泵的出口压力 p_p。

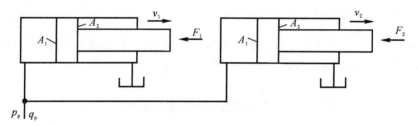

图 5-19   题 6 图

7.一差动液压缸,要求:①$v_{快进} = v_{快退}$;②$v_{快进} = 2v_{快退}$。求:活塞面积 A_1 和活塞杆面积 A_3 之比应为多少?

8.如图 5-20 所示,三个液压缸的缸筒和活塞杆直径都是 D 和 d,当输入压力油的流量都是 q 时,试说明各缸筒的移动速度、移动方向和活塞杆的受力情况。

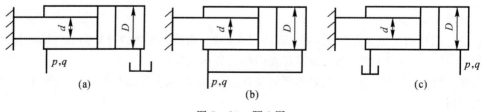

(a)   (b)   (c)

图 5-20   题 8 图

第6章 液压控制元件

液压控制阀（简称"液压阀"）是液压系统中的控制元件，用来控制液压系统中流体的压力、流量及流动方向，从而使之满足各类执行元件不同动作的要求。不论何种液压系统，都是由一些完成一定功能的基本液压回路组成的，而液压回路主要是由各种液压控制阀按一定需要组合而成的。对于实现相同目的的液压回路，由于选择的液压控制阀不同或组合方式不同，回路的性能也不完全相同。因此熟悉各种液压控制阀的性能、基本回路的特点，对于设计和分析液压系统极为重要。

液压控制阀按其作用可分为方向控制阀、压力控制阀和流量控制阀三大类，相应地可由这些阀组成三种基本回路：方向控制回路、压力控制回路和调速回路。按控制方式的不同，液压阀又可分为普通液压控制阀、伺服控制阀和比例控制阀。根据安装形式不同，液压阀还可分为管式、板式和插装式等若干种。各种类型的液压阀的基本工作参数是额定压力和额定流量，不同的额定压力和额定流量使得每种液压阀具有多种规格。本章及第8,9章将介绍液压控制阀及其应用。

6.1 液压阀概述

在液压系统中，液压控制阀（简称液压阀）是用来控制系统中油液的流动方向，调节系统压力和流量的控制元件。借助于不同的液压阀，经过适当的组合，可以达到控制液压系统的执行元件（液压缸与液压马达）的输出力或力矩、速度与运动方向等的目的。一个形状相同的阀，可以因为作用机制的不同，而具有不同的功能。压力阀和流量阀利用通流截面的节流作用控制着系统的压力和流量，而方向阀则利用通流通道的更换控制着油液的流动方向。

6.1.1 液压阀的分类

液压阀的基本结构主要包括阀芯、阀体和驱动阀芯在阀体内作相对运动的操纵控制机构。液压阀的基本工作原理是：利用阀芯相对于阀体的运动来控制阀口的通断及开度的大小（实质是对阀口的流动阻尼进行控制），实现对液流方向、压力和流量的控制。

液压阀的种类繁多，分类方法及名称也各不相同。

1. 按用途分类

根据使用目的的不同，液压阀可分为压力控制阀（如溢流阀、顺序阀、减压阀等）、流量控制阀（如节流阀、调速阀等）以及方向控制阀（如单向阀、换向阀等）等三大类（见图6-1）。

(a)　　　　　　　(b)　　　　　　　(c)

图 6-1　不同使用目的的液压阀
(a)压力控制阀;(b)流量控制阀;(c)方向控制阀

2. 按连接和安装方式分类

根据液压阀的安装连接方式不同,液压阀可分为管式阀、板式阀、叠加阀和插装阀(见图 6-2)。

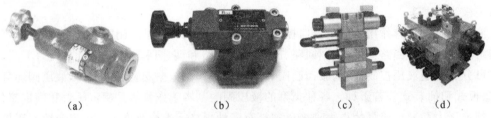

(a)　　　　　　(b)　　　　　　(c)　　　　　　(d)

图 6-2　不同安装连接方式的液压阀
(a)管式阀;(b)板式阀;(c)叠加阀;(d)插装阀

3. 按控制方式分类

按照对阀芯运动控制方式和控制精度的不同,液压阀可以分为定值或开关控制阀和伺服控制阀等(见图 6-3)。

(a)　　　　　　　　　(b)

图 6-3　按控制方式分类的液压阀
(a)开关控制阀;(b)伺服控制阀

4. 按操纵方式分类

按照控制阀芯运动操纵方式的不同,液压阀可以分为手动控制阀、机动控制阀、电动控制阀和液动控制阀、电液控制阀等(见图 6-4)。

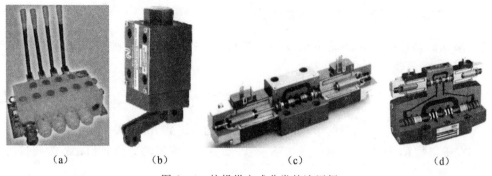

（a）　　　　　（b）　　　　　　　（c）　　　　　　　（d）

图 6-4　按操纵方式分类的液压阀

（a）手动控制阀；（b）机动控制阀；（c）电动控制阀；（d）电液控制阀

液压阀的详细分类见表 6-1。

表 6-1　液压阀的分类

分类方法	种　类	详细分类
按用途分	压力控制阀	溢流阀、顺序阀、卸荷阀、平衡阀、减压阀、比例压力控制阀、缓冲阀、仪表截止阀、限压切断阀、压力继电器
	流量控制阀	节流阀、单向节流阀、调速阀、分流阀、集流阀、比例流量控制阀
	方向控制阀	单向阀、液控单向阀、换向阀、行程减速阀、充液阀、梭阀、比例方向阀
按结构分	滑阀	圆柱滑阀、旋转阀、平板滑阀
	座阀	椎阀、球阀、喷嘴挡板阀
	射流管阀	射流阀
按操作方法分	手动阀	手把及手轮、踏板、杠杆
	机动阀	挡块及碰块、弹簧、液压、气动
	电动阀	电磁铁控制、伺服电动机和步进电动机控制
按连接方式分	管式连接	螺纹式连接、法兰式连接
	板式及叠加式连接	单层连接板式、双层连接板式、整体连接板式、叠加阀
	插装式连接	螺纹式插装（二、三、四通插装阀）、法兰式插装（二通插装阀）
按其他方式分	开关或定值控制阀	压力控制阀、流量控制阀、方向控制阀
按控制方式分	电液比例阀	电液比例压力阀、电源比例流量阀、电液比例换向阀、电流比例复合阀、电流比例多路阀三级电液流量伺服
	伺服阀	单、两级（喷嘴挡板式、动圈式）电液流量伺服阀、三级电液流量伺服
	数字控制阀	数字控制压力控制流量阀与方向阀

6.1.2 液压阀常用阀口的压力流量特性

各类液压阀都是由阀体、阀芯和驱动阀芯的元部件构成,对于各种滑阀、锥阀、球阀、节流孔口,通过阀口的流量 q 均可表示为

$$q = C_q A_v \sqrt{\frac{2\Delta p}{\rho}} \tag{6-1}$$

式中,C_q 为流量系数,它与阀口的形状以及判别流态的雷诺数 Re 有关(滑阀常取 $C_q = 0.65 \sim 0.7$;锥阀在雷诺数 Re 较大时可取 $C_q = 0.78 \sim 0.82$);A_v 为阀口的通流面积;Δp 为阀口的前后压差;ρ 为油液密度。

1. 滑阀的流量系数

设图 6-5(a) 中滑阀开口长度为 x,阀芯与阀体(或阀套)内孔的径向间隙为 Δ,阀芯直径为 d,则阀口通流面积 A 为

$$A = W\sqrt{x^2 + \Delta^2} \tag{6-2}$$

式中,W 为面积梯度,它表示阀口过流面积随阀芯位移的变化率。对于孔口为全周边的圆柱滑阀,$W = \pi d$。若为理想滑阀(即 $\Delta = 0$),则有 $A_0 = \pi dx$,对于孔口为部分周长时(如:孔口形状为圆形、方形、弓形、阶梯形、三角形、曲线形等),为了避免阀芯受侧向作用力,都是沿圆周均布几个尺寸相同的阀口,此时只需将相应的过流面积 A_0 的计算式代入式(6-1),即可相应地算出通过阀口的流量。

式(6-1)中的流量系数 C_q 与雷诺数 Re 有关。当 $Re > 260$ 时,C_q 为常数;若阀口为锐边,则 $C_q = 0.6 \sim 0.65$;若阀口有不大的圆角或很小的倒角,则 $C_q = 0.8 \sim 0.9$。

2. 锥阀的流量系数

如图 6-5(b) 所示,具有半锥角 α 且倒角宽度为 s 的锥阀阀口,其阀座平均直径为 $d_m = (d_1 + d_2)/2$,当阀口开度为 x 时,阀芯与阀座间过流间隙高度为 $h = x\sin\alpha$。在平均直径 d_m 处,阀口的过流面积为

$$A_0 = \pi d_m x \sin\alpha \left(1 - \frac{x}{2d_m}\sin 2\alpha\right) \tag{6-3}$$

一般地,$x \ll d_m$,则

$$A_0 = \pi d_m x \sin\alpha \tag{6-4}$$

锥阀阀口流量系数约为 $C_q = 0.77 \sim 0.82$。

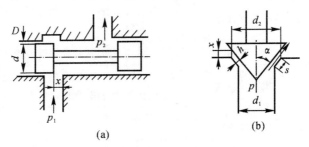

图 6-5 滑阀与锥阀阀口

(a) 滑阀;(b) 锥阀

6.1.3　液压阀上的作用力

驱动阀芯的方式有手动、机动、电磁驱动、液压驱动等多种。其中手动最简单,电磁驱动易于实现自动控制,但高压、大流量时手动和电磁驱动方式常常无法克服巨大的阀芯阻力,这时人们不得不采用液压驱动方式。稳态时,阀芯运动的主要阻力为液压不平衡力,稳态液动力,摩擦力(含液压卡紧力);动态时还有瞬态液动力,惯性力等。若阀芯设计时静压力不平衡,高压下阀芯可能无法移动,因此阀芯设计时尽可采取静压力平衡措施,如在阀芯上设置平衡活塞。阀芯静压力平衡后,阀芯的稳态液动力和液压卡紧力又成为主要矛盾,高压、大流量时阀芯稳态液动力和液压卡紧力可达数百至数千牛,手动时感到十分吃力。

1. 液压力

在液压元件中,由于液体重力引起的液体压力差相对于液压力而言是极小的,可以忽略不计。因此,在计算时认为同一容腔中液体的压力相同。

作用在容腔周围固体壁面上的液压力 F_p 的大小为

$$F_p = \iint_A p\, dA \tag{6-5}$$

(1)当壁面为平面时,液压力 F_p 等于压力 p 与作用面积 A 的乘积,即

$$F_p = pA \tag{6-6}$$

(2)当壁面为曲面时,曲面固壁上的液压力必须指明作用方向:曲面上的液压作用力在某一方向(例如水平 x 方向)的分力(F_{px})等于压力 p 与曲面在该方向的垂直面内投影面积即承压面积(A_x)的乘积,即

$$F_{px} = pA_x \tag{6-7}$$

对于图6-6所示的外流式锥阀,作用在锥阀上的液压力 F 等于锥阀底面的液压力 F_1 与阀座倒角 s 上的压力积分 F_2 之和,其中

$$F_1 = p_1 \frac{\pi d_1^2}{4} \tag{6-8}$$

$$F_2 = \int_s p\, 2\pi r\, dr = \frac{\pi}{4} p_s \left[1 - \left(\frac{d_2}{d_1}\right)^2\right](d_m^2 - d_1^2) \tag{6-9}$$

式中,d_1 为锥阀阀座孔直径;d_2 为阀座锥面大端直径;d_m 为阀座倒角的平均直径,$d_m = (d_1 + d_2)/2$;p_1 为锥阀入口处的压力;p 为锥阀倒角处的压力;p_s 为阀内孔道的压力。

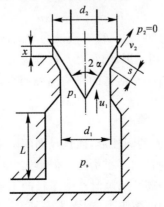

图 6-6　作用在锥阀上的液压力

2. 液动力

液流经过阀口时,由于阀芯使得液体的流动方向和流速的大小发生改变,即流体动量发生变化,因此阀芯上会受到流体附加的作用力。在阀口开度一定的稳定流动情况下,液动力为稳态液动力。当阀口开度发生变化时,还有瞬态液动力作用等。

稳态液动力可分解为轴向分力和径向分力。由于一般将阀体的油腔对称地设置在阀芯的周围,因此沿阀芯的径向分力互相抵消了,只剩下沿阀芯轴线方向的稳态液动力。

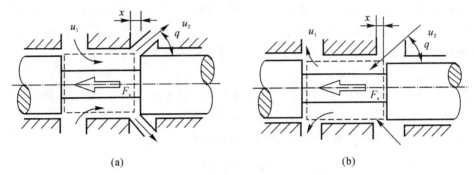

图 6 - 7 作用在带平衡活塞的滑阀上的稳态液动力

(a)流出式;(b)流入式

对于某一固定的阀口开度 x 来说,根据动量定理(参考图 6 - 7 中虚线所示的控制体积)可求得流出阀口时[见图 6 - 7(a)]的稳态液动力为

$$F_s = -\rho q (v_2 \cos\theta - v_1 \cos90°) = -\rho q v_2 \cos\theta \qquad (6-10)$$

可见,液动力指向阀口关闭的方向。

流入阀口时[见图 6 - 7(b)]的稳态液动力为

$$F_s = -\rho q (v_1 \cos90° - v_2 \cos\theta) = \rho q v_2 \cos\theta \qquad (6-11)$$

可见,液动力仍指向阀口关闭的方向。

考虑到 $v_2 = C_v \sqrt{\dfrac{2}{\rho}\Delta p}$, $q = C_q W x \sqrt{\dfrac{2}{\rho}\Delta p}$,所以式(6 - 11)又可写成

$$F_s = \pm (2C_q C_v W \cos\theta) x \Delta p \qquad (6-12)$$

式中,W 为滑阀的面积梯度。考虑到阀口的流速较高,雷诺数较大,流量系数 C_q 可取为常数,且令液动力系数 $K_s = 2C_q C_v W \cos\theta = $ 常数,则式(6 - 12)又可写成

$$F_s = \pm K_s x \Delta p \qquad (6-13)$$

当压差 Δp 一定时,由式(6 - 13)可知,稳态液动力与阀口开度 x 成正比。此时液动力相当于刚度为 $K_s \Delta p$ 的液压弹簧的作用。因此,$K_s \Delta p$ 被称为液动力刚度。

液动力的方向判定方式:对带平衡活塞的完整阀腔而言,无论液流方向如何,其方向总是力图使阀口趋于关闭。

3. 液压侧向力

如果阀芯与阀孔都是完全精确的圆柱形,而且径向间隙中不存在任何杂质、径向间隙处处相等,就不会存在因泄漏而产生的径向不平衡力。但事实上,阀芯或阀孔的几何形状及相对位置均有误差,使液体在流过阀芯与阀孔间隙时产生了径向不平衡力,称之为侧向力。这个侧向力的存在,引起阀芯移动时的轴向摩擦阻力,称之为卡紧力。如果阀芯的驱动力不足以克服这个阻力,就会发生所谓的卡紧现象。阀芯上的侧向力如图6-8所示。图中p_1和p_2分别为高、低压腔的压力。

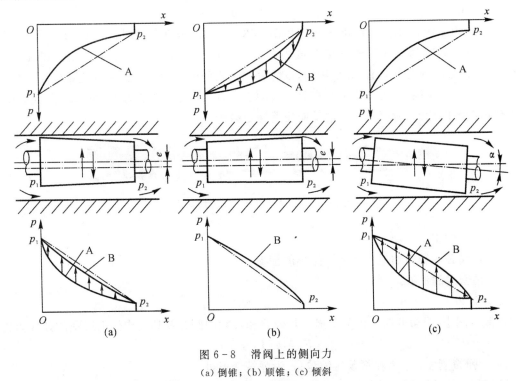

图 6-8　滑阀上的侧向力

(a) 倒锥;(b) 顺锥;(c) 倾斜

图 6-8(a) 表示阀芯因加工误差而带有倒锥(锥部大端在高压腔),同时阀芯与阀孔轴心线平行但不重合而向上有一个偏心距 e。如果阀芯不带锥度,在缝隙中压力呈三角形分布(图中点划线所示)。现因阀芯有倒锥,高压端的缝隙小,压力下降较快,故压力分布呈凹形,如图6-8(a) 中实线所示;而阀芯下部间隙较大,缝隙两端的相对差值较小,所以 B 比 A 凹得较小。这样,阀芯上就受到一个不平衡的侧向力,且指向偏心一侧,直到二者接触为止。图 6-8(b) 所示为阀芯带有顺锥(锥部大端在低压腔),这时阀芯如有偏心,也会产生侧向力,但此力恰好是使阀芯恢复到中心位置,从而避免了液压卡紧。图 6-8(c) 所示为阀芯(或阀体)因弯曲等原因而倾斜时的情况,由图可见,该情况的侧向力较大。

根据流体力学对偏心渐扩环形间隙流动的分析,可计算出侧向力的大小。设间隙长度为 l,阀芯直径为 d,当阀芯完全偏向一边时,阀芯出现卡紧现象,此时的侧向力最大。最大液压侧向力值为

$$F_{max} = 0.27ld(p_1 - p_2) \qquad (6-14)$$

则移动滑阀需要克服的液压卡紧力为

$$F_t \leqslant 0.27fld(p_1 - p_2) \qquad (6-15)$$

式中,f 为摩擦系数,介质为液压油时,取 $f = 0.04 \sim 0.08$。

为了减小液压卡紧力,可采取以下措施:

(1) 在倒锥时,尽可能地减小,即严格控制阀芯或阀孔的锥度,但这将给加工带来困难。

(2) 在阀芯凸肩上开均压槽,如图6-9所示。均压槽可使同一圆周上各处的压力油互相

沟通,并使阀芯在中心定位。开了均压槽后,引入液压卡紧力修正系数为 K,可将式(6-15)修正为

$$F_t \leqslant 0.27 K f l d (p_1 - p_2) \tag{6-16}$$

开一条均压槽时,$K=0.4$;开三条等距槽时,$K=0.063$;开七条槽时,$K=0.027$。槽的深度和宽度至少为间隙的 10 倍,通常取宽度为 $0.3 \sim 0.5$ mm,深度为 $0.8 \sim 1$ mm,槽距 $1 \sim 5$ mm。槽的边缘应与孔垂直,并呈锐缘,以防脏物挤入间隙。槽的位置尽可能靠近高压腔;如果没有明显的高压腔,则可均匀地开在阀芯表面上。开均压槽虽会减小封油长度,但因减小了偏心环形缝隙的泄漏,所以开均压槽反而使泄漏量减少。

图 6-9　滑阀阀芯上的压力均衡槽

(3) 采用顺锥。

(4) 在阀芯的轴向加适当频率和振幅的颤振。

(5) 精密过滤油液。

4. 弹性力

在液压阀中,弹簧的应用极为普遍。与弹簧相接触的阀芯及其它构件上所受的弹性力为

$$F_t = k(x_0 \pm x) \tag{6-17}$$

式中,k 为弹簧刚度;x_0 为弹簧预压缩量;x 为弹簧变形量。

液压阀件中主要用到的是圆柱弹簧,非线性弹簧应用很少,因此弹簧刚度可视为常数。

5. 重力和惯性力

重力和惯性力均属质量力。一般液压阀的阀芯等运动件所受的重力与其它作用力相比可以忽略不计,除了有时在设计阀芯上的弹簧要考虑阀芯自重及摩擦力的影响外,一般分析计算通常不考虑重力。

惯性力是指阀芯在运动时,因速度发生变化所产生的阻碍阀芯运动的力。在分析阀的静态特性时不考虑;但在进行动态分析时必须计算运动件的惯性力,有时还应考虑相关的液体质量所产生的惯性力 —— 包括管道中液体质量的惯性力。惯性力的计算要视具体的液压阀及其具体结构而进行具体分析。

需要说明的是:除上述几种作用力之外,操作力(如手柄推力、电磁吸力等)也是液压阀芯上的作用力,此处不再详述。对于液压阀上总作用力,不能将各种作用力简单相加,而应视具体工况进行分析和计算,例如几种力的最大值是否同时出现,是否因作用方向有所抵消等。

6.1.4　阀口特性与阀芯的运动阻力

1. 阀口与节流边

液压阀中,各种控制阀口都是可变节流口。为了讨论问题的方便,这里约定,以细箭头表示正作用节流边,所谓正作用节流边是指 x 增大时,阀口增大;以粗箭头表示反作用节流边,所谓反作用节流边是指 x 增大时,阀口关小。

如图 6-10 所示,阀中的可变节流口可以看成是由两条作相对运动的边线构成的,因此可

变节流口可以看成是一对节流边。其中固定不动的节流边在阀体上,可以移动的节流边则在阀芯上。这一对节流边之间的距离就是阀的开度 Δx。

阀体的节流边是在阀体孔中挖一个环形槽(或方孔、圆孔)后形成的[见图 6-11(b)],阀芯的节流边也是在阀芯中间挖出一个环形槽后形成的[见图 6-11(a)],阀芯环形槽与阀体环形槽相配合就可以形成一个可变节流口(即阀口)。若进油道与阀体环形槽相通,那么出油道必须与阀芯的环形槽相通,阀口正好将两个通道隔开[见图 6-11(c)]。

如果在阀芯上不开环形槽,而是直接利用阀芯的轴端面作为阀芯节流边[见图 6-12(a)],则阀芯受到液压力的作用后不能平衡,会给控制带来困难。通过在阀芯上开设环形槽,形成了如图 6-12(b)所示的平衡活塞,则阀芯上所承受的液压力大部分可以得到平衡,施以较小的轴向力即可驱动阀芯。

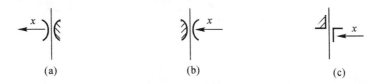

图 6-10　节流边

(a)正作用节流边;(b)反作用节流边;(c)滑阀节流边

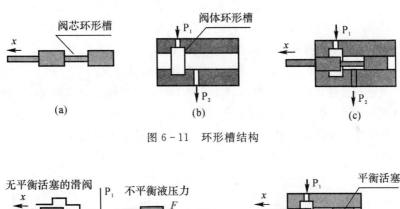

图 6-11　环形槽结构

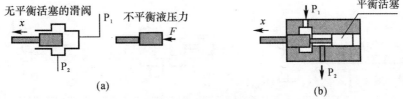

图 6-12　阀芯的平衡活塞

(a)无平衡活塞(受力不平衡);(b)带有平衡活塞

2. 液压半桥与三通阀

利用阀口(节流边)的有效组合,可以构成类似于电桥的液压桥路。液压桥路也有半桥和全桥之分。液压全桥有 A,B 两个控制油口,用于控制具有两个工作腔的双作用液压缸或双向液压马达;液压半桥只有一个控制油口 A(或 B),只能用于控制有一个工作腔的单作用缸或单向马达。

如图 6-13(a)所示液压半桥是由一个进油阀口和一个回油阀口构成的,它有三个通道——进油通道 P、回油通道 O(或 T)和控制通道 A,并且进、回油阀口是反向联动布置的,即一个阀口增大时,另一阀口减小。三通换向阀就是液压半桥。

由于液压半桥有三个通道(即三个不同的压力,其中 A 为被控压力),因此必须在阀芯和阀体上共开出三个环形槽,让 P,O,A 分别与三个环形槽相通,并且受控压力 A 要放在 P 和 O 的中间,以便于 A 能分别与 P 和 O 接通。液压半桥有两种布置方案,第一种方案是将 A 放在阀芯环形槽中,而将 P,O 两腔放在阀体环形槽中,如图 6-13(b)所示;另一种方案是将 A 放在阀体环形槽中,而将 P,O 两腔放在阀芯环形槽中,如图 6-13(c)所示。

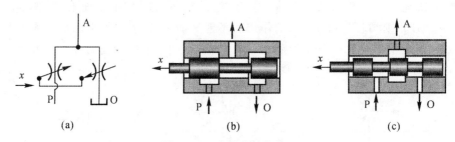

(a)　　　　　　　(b)　　　　　　　(c)

图 6-13　半桥的结构类型

(a)半桥的节流边;(b)工作腔 PA 布置在阀芯环形槽中;(c)工作腔 PA 布置在阀体环形槽中

3. 液压全桥与四通阀

如图 6-14(a)所示全桥回路有 4 个控制阀口,由两个半桥构成。四通换向阀就是液压全桥。在全桥中,左半桥有 P,A,O 三个压力通道,右半桥有 P,B,O 三个压力通道,如果把 P 布置在中间,则两个半桥可共用一个 P 通道。因此全桥应该有 O_1,A,P,B,O_2 等 5 个通道。相应地,阀芯和阀体应共有 5 个环形槽。液压全桥有两种布置方案。第一种方案如图 6-14(b)所示,将 A,B 通道布置在阀体环形槽中,将 O_1,P,O_2 布置在阀芯环形槽中,这种方案的四通阀称为四台肩式四通阀;另一种方案如图 6-14(c)所示,将阀芯槽与阀体槽所对应的油口对换,让 A,B 通道布置在阀芯环形槽中,O_1,P,O_2 布置在阀体环形槽中,这种方案的四通阀称为三台肩式四通阀。

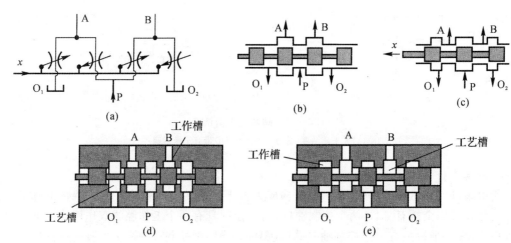

(a)　　　　　　　(b)　　　　　　　(c)

(d)　　　　　　　(e)

图 6-14　全桥的两种结构

(a)全桥的节流边;(b)工作腔 PA,PB 布置在阀体环形槽中;(c)工作腔 PA,PB 布置在阀芯环形槽中;
(d)阀体中有 3 个工艺槽的四台肩式四通阀;(e)阀体中有 2 个工艺槽的三台肩式四通阀

上述四通阀中的各环形槽用于构成阀口节流边,称为工作环形槽。在实际阀的结构中除工作环形槽外,还加工有其它与工作原理无关的环形沟槽,这些环形沟槽不构成节流边(不构成阀口),仅起油道作用。如图 6-14(d)所示为阀体中加工有 3 个工艺槽的四台肩式四通阀,图 6-14(e)为阀体中加工有 2 个工艺槽的三台肩式四通阀。工艺槽的作用是增加阀腔的通流面积,防止油孔加工时所形成的毛刺对阀芯运动产生卡滞。阀体 O_1,A,P,B,O_2 各油口对应处皆有环形沟槽,要注意分辩它们之中谁是构成阀口的工作槽。

6.1.5　对液压阀的基本要求

(1)动作灵敏,使用可靠,工作时冲击和振动小。
(2)油液流过时压力损失小。
(3)密封性能好。
(4)结构紧凑,安装、调整、使用、维护方便,通用性强。

6.2　方向控制阀

6.2.1　单向阀

单向阀包括普通单向阀、液控单向阀以及在二者基础上发展演化的双向液压锁和梭阀等。

6.2.1.1　普通单向阀

单向阀又称止回阀,它使液体只能沿一个方向通过。普通单向阀可用于液压泵的出口,防止系统油液倒流;用于隔开油路之间的联系,防止油路相互干扰;也可用作旁通阀,与其它类型的液压阀相并联,从而构成组合阀。对普通单向阀的主要性能要求是:油液向一个方向通过时压力损失要小;反向不通时密封性要好;动作灵敏,工作时无撞击和噪声。

1.普通单向阀的工作原理图和图形符号

如图 6-15 所示为普通单向阀的工作原理图和图形符号。当液流由 A 腔流入时,克服弹簧力将阀芯顶开,于是液流由 A 流向 B;当液流反向流入时,阀芯在液压力和弹簧力的作用下关闭阀口,使液流截止,液流无法流向 A 腔。单向阀实质上是利用流向所形成的压力差使阀芯开启或关闭。

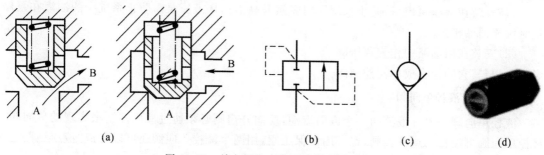

图 6-15　单向阀的工作原理图和图形符号
(a)工作原理图;(b)详细符号;(c)简化符号;(d)实物结构外形

2.典型结构与主要用途

单向阀的结构如图 6-16 所示。按进出口流道的布置形式,单向阀可分为直通式和直角式两种。直通式单向阀进口和出口流道在同一轴线上;而直角式单向阀进出口流道则成直角布置。图 6-16(b)(c)为管式连接的直通式单向阀,它可直接装在管路上,比较简单,但液流阻力损失较大,而且维修拆装及更换弹簧不便。图 6-16(a)为板式连接的直角式单向阀,在该阀中,液流顶开阀芯后,直接从阀体内部的铸造通道流出,压力损失小,而且只要打开端部的螺塞,即可对内部进行维修,十分方便。

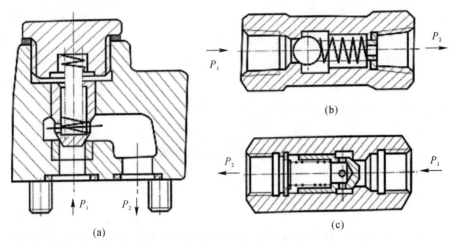

图 6-16 单向阀的典型结构

(a)直角式单向阀(板式连接);(b)阀芯为球芯的直通式单向阀(管式连接);
(c)阀芯为锥芯的直通式单向阀(管式连接)

按阀芯的结构形式,单向阀又可分为球阀式和锥阀式两种。图 6-16(b)是阀芯为球阀的单向阀,其结构简单,但密封容易失效,工作时容易产生振动和噪声,一般用于流量较小的场合。图 6-16(c)是阀芯为锥阀的单向阀,这种单向阀的结构较复杂,但其导向性和密封性较好,工作比较平稳。

单向阀开启压力一般为 0.035~0.05 MPa,所以单向阀中的弹簧很软。单向阀也可以用作背压阀。将软弹簧更换成合适的硬弹簧,就成为背压阀。这种阀常安装在液压系统的回油路上,用以产生 0.2~0.6 MPa 的背压力。

单向阀的主要用途如下:

(1)安装在液压泵出口,防止系统压力突然升高而损坏液压泵。防止系统中的油液在泵停机时倒流回油箱。

(2)安装在回油路中作为背压阀。

(3)与其它阀组合成单向控制阀。

6.2.1.2 液控单向阀

液控单向阀是允许液流向一个方向流动,反向开启则必须通过液压控制来实现的单向阀。液控单向阀可用作二通开关阀,也可用作保压阀,用两个液控单向阀还可以组成"液压锁"。

1.液控单向阀的工作原理图和图形符号

图 6-17 所示为液控单向阀的工作原理图和图形符号。当控制油口无压力油($p_K=0$)通

入时,它和普通单向阀一样,压力油只能从由 A 腔流向 B 腔,不能反向倒流。若从控制油口 K
通入控制油 p_K 时,即可推动控制活塞,将阀芯顶开,从而实现液控单向阀的反向开启,此时液
流可从 B 腔流向 A 腔。

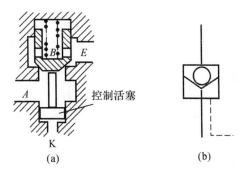

图 6-17　液控单向阀的工作原理图和图形符号

(a)工作原理图;(b)图形符号

2.典型结构与主要用途

液控单向阀有不带卸荷阀芯的卸载式液控单向阀(见图 6-18)和带卸荷阀芯的简式液控
单向阀(见图 6-19)两种结构形式。卸载式阀中,当控制活塞上移时先顶开卸载阀的小阀芯,
使主油路卸压,然后再顶开单向阀芯。这样可大大减小控制压力,使控制压力与工作压力之比
降低到 4.5%,因此可用于压力较高的场合,同时可以避免简式阀中当控制活塞推开单向阀芯
时,高压封闭回路内油液的压力将突然释放,产生巨大冲击和响声的现象。

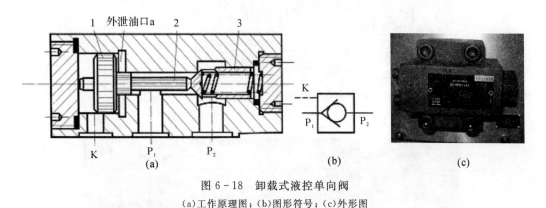

图 6-18　卸载式液控单向阀

(a)工作原理图;(b)图形符号;(c)外形图

带卸荷阀芯的液控单向阀按其控制活塞处的泄油方式,又均有内泄式和外泄式之分。图
6-19(a)为内泄式,其控制活塞的背压腔与进油口 P_1 相通。外泄式[见图 6-18 和图 6-19 (b)]
的活塞背压腔直接通油箱,这样反向开启时就可减小 P_1 腔压力对控制压力的影响,从而减小控
制压力 p_K。故一般在反向出油口压力 p_1 较低时采用内泄式,高压系统采用外泄式。

6.2.1.3　双向液压锁

双向液压锁是两个液控单向阀并在一起使用的液压元件,如图 6-20 所示。由于密封性
能良好,广泛应用于汽车起重机、轮式挖掘机及泵车支腿油路中,用来锁紧支腿。

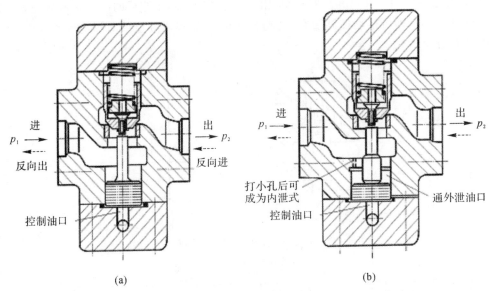

图 6-19 带卸荷阀芯的液控单向阀

(a)带卸荷阀芯的内泄式液控单向阀;(b)带卸荷阀芯的外泄式液控单向阀

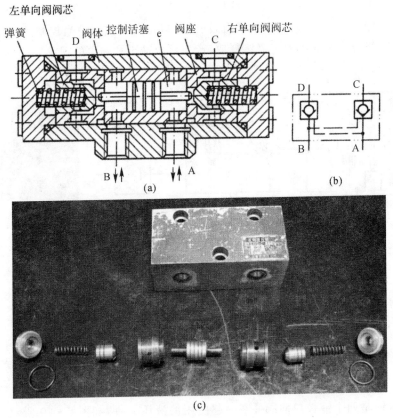

图 6-20 双向液压锁

(a)结构图;(b)图形符号;(c)实物外形及内部结构

双向液压锁的工作原理是：油口 C,D 与液压缸的两腔相通,当压力油从油口 A 进入时,油口 B 与回油口相连接。压力油从油口 A 进入 e 腔后,一方面打开右边单向阀阀芯进入油口 C,流入油缸的一腔,推动油缸运动;另一方面推动控制活塞左移,顶开左边单向阀阀芯,使液压缸回油油液经油口 D,B 与回油口相连接。若压力油从油口 B 进入时,油口 A 与回油口相连接,双向液压锁的工作过程正好与上述相反。若 A,B 两油口同时接回油口,两个单向阀也同时处于关闭状态,C,D 油口关闭,即处于锁紧状态。

在起重机液压系统中,双向液压锁可用于防止液压缸在重物作用下自行下滑。需要动作时,须向另一路供油,通过内部控制油路打开单向阀使油路接通,液压缸才能动作。当重物靠自重下落时,控制油侧如果补油不及时的话,B 侧就会产生真空,使得控制活塞在弹簧的作用下退回,会使单向阀关闭,然后继续供油,使得工作腔压力上升再开启单向阀。这样频繁地发生打开关闭动作,而会使负载在下落的过程中出现断续前进的现象,产生较大的冲击和振动,因此,双向液压锁通常不推荐用于高速重载工况,而常用于支撑时间较长,运动速度不高的闭锁回路。

双向液压锁常见故障为不能严格密封,且泄漏较严重。主要原因有装配精度超差、阀芯与阀座配合面有污物、弹簧弯曲或折断。一般将阀芯取出清洗,若阀芯表面有拉沟、划伤要重新研配,更换弹簧即可排除故障。

6.2.1.4　梭阀

如图 6-21 所示,梭阀相当于两个单向阀组合的阀,其作用相当于"或门"。梭阀有两个进口 P_1 和 P_2,一个出口 A,其中 P_1 和 P_2 都可与 A 口相通,但 P_1 和 P_2 不相通。P_1 和 P_2 中的任一个有信号输入,A 都有输出;若 P_1 和 P_2 都有信号输入,则信号压力高侧的信号通过 A 输出,另一侧则被堵死;仅当 P_1 和 P_2 都无信号输入时,A 才无信号输出。梭阀在液压系统中应用较广,它可将控制信号有次序地输入控制执行元件,常见的手动与自动控制的并联回路中就用到梭阀。

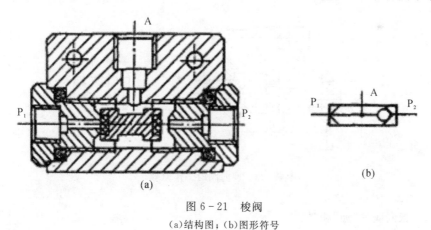

图 6-21　梭阀
(a)结构图；(b)图形符号

6.2.2　滑阀式换向阀

换向阀利用阀芯相对于阀体的相对运动,使油路接通、关断,或变换油流的方向,从而使液压执行元件启动、停止或变换运动方向。对换向阀的要求:
(1)油液流经换向阀时的压力损失要小。
(2)互不相通的油口间的泄漏要小。

（3）换向要平稳、迅速且可靠。

换向阀有多种分类方法，按换向阀阀芯的操纵方式分有手动、机动、电动、液动和电液动等；按阀芯工作位置分有两位、三位和多位等；按阀的工作位置数和控制的通道数有二位二通阀、二位三通阀、二位四通阀、三位四通阀和三位五通阀等；按阀的安装方式分有管式螺纹连接、法兰连接、板式连接、叠加式连接和插装式连接等；按阀的结构分有滑阀式、转阀式、球阀式和锥阀式等。其中以滑阀式的换向阀应用更为广泛。

图 6-22 所示为滑阀式换向阀的换向原理图和相应的职能符号图。它变换油液的流动方向是利用阀芯相对阀体的轴向位移来实现的。图上 P 口通液压泵来的压力油，T 口通油箱，A、B 口通液压缸的两个工作腔。当阀芯受操纵外力作用向左运动到最左端如图 6-22(a)所示位置时，P 口与 B 口相通，A 口与 T 口相通，压力油通过 P 口、B 口进入液压缸的右腔，缸左腔回油经 A 口、T 口回油箱，液压缸活塞向左运动。反之，阀芯处于最右端，如图 6-22(b)所示位置时，压力油经 P 口、A 口进入液压缸左腔，右腔回油经 B 口、T 口回油箱，液压缸活塞向右运动。换向阀变换左、右位置，即使执行元件变换了运动方向。此阀因有两个工作位置，四个通口，所以称作二位四通滑阀式换向阀。

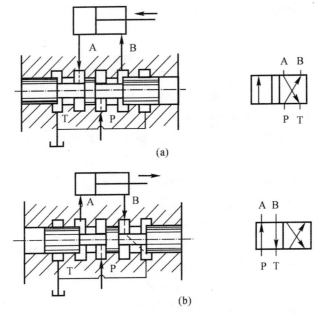

图 6-22　换向阀的工作原理

6.2.2.1　换向阀的"通"和"位"

"通"和"位"是换向阀的重要概念。不同的"通"和"位"构成了不同类型的换向阀。通常所说的"二位阀""三位阀"是指换向阀的阀芯有两个或三个不同的工作位置。所谓"二通阀""三通阀""四通阀"是指换向阀的阀体上有两个、三个、四个各不相通且可与系统中不同油管相连的油道接口，不同油道之间只能通过阀芯移位时阀口的开关来沟通。

几种不同"通"和"位"的滑阀式换向阀主体部分的结构形式和图形符号如图 6-23 所示。图 6-23 中图形符号的含义如下：

（1）用方框表示阀的工作位置，有几个方框就表示有几"位"。

(2)方框内的箭头表示油路处于接通状态,但箭头方向不一定表示液流的实际方向。

(3)方框内符号"⊥"或"┬"表示该通路不通。

(4)方框外部连接的接口数有几个,就表示几"通"。

(5)一般,阀与系统供油路连接的进油口用字母 P 表示;阀与系统回油路连通的回油口用 T(有时用 O)表示;而阀与执行元件连接的油口用 A,B 等表示。有时在图形符号上用 L 表示泄漏油口。

(6)换向阀都有两个或两个以上的工作位置,其中一个为常态位,即阀芯未受到操纵力时所处的位置。图形符号中的中位是三位阀的常态位。利用弹簧复位的二位阀则以靠近弹簧的方框内的通路状态为其常态位。绘制系统图时,油路一般应连接在换向阀的常态位上。

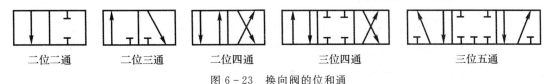

| 二位二通 | 二位三通 | 二位四通 | 三位四通 | 三位五通 |

图 6-23　换向阀的位和通

6.2.2.2　三位换向阀的中位机能(见图 6-24)

在分析和选择阀的中位机能时,通常考虑以下几点。

(1)系统保压。当 P 口被堵塞,系统保压,液压泵能用于多缸系统。当 P 口不太通畅地与 T 口接通时(如 X 型),系统能保持一定的压力供控制油路使用。

(2)系统卸荷。P 口通畅地与 T 口接通时,系统卸荷。

(3)换向平稳性与精度。当液压缸 A,B 口均封闭时,换向过程中产生液压冲击,换向平稳性较差,但换向精度高。反之,A,B 口均与 T 口相通时,换向过程中液压冲击小,但工作部件不易制动,换向精度较低。

(4)启动平稳性。阀在中位时,液压缸某腔如通油箱,则启动时该腔内因无油液起缓冲作用,启动不太平稳。

(5)液压缸"浮动"和在任意位置上的停止,阀在中位,当 A,B 两口互通时,卧式液压缸呈"浮动"状态,可利用其他机构移动工作台,调整其位置。当 A,B 两口堵塞或与 P 口连接(在非差动情况下),则可使液压缸在任意位置处停下来。

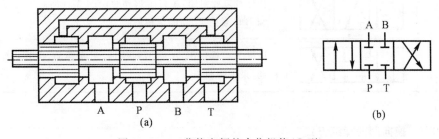

(a)

(b)

图 6-24　三位换向阀的中位机能(O 型)

(a)结构图;(b)图形符号

三位阀除了中位有各种机能外,有时也把阀芯在某一位置时的油口连通情况设计成特殊机能,常用的有 O 型、P 型、M 型和 K 型等。OP 型和 MP 型机能主要用于差动连接回路,以实现快速运动。

三位四通换向阀常见的中位机能见表6-2。

表6-2　三位四通换向阀常见的中位机能

滑阀机能	符号	中位油口状况、特点及应用
O型		P,A,B,T四油口全封闭;液压泵不卸荷,液压缸闭锁;可用于多个换向阀的并联工作
H型		四油口全串通;活塞处于浮动状态,在外力作用下可移动,泵卸荷
Y型		P口封闭,A,B,T三油口相通;活塞浮动,在外力作用下可移动;泵不卸荷
K型		P,A,B三油口相通,B口封闭;活塞处于闭锁状态;泵卸荷
M型		P,T口相通,A与B口均封闭;活塞不动;泵卸荷,也可用多个M型换向阀并联工作
X型		四油口处于半开启状态;泵基本上卸荷,但仍保持一定压力
P型		P,A,B三油口相通,T口封闭;泵与缸两腔相通,可组成差动回路
J型		P与A口封闭,B与T口相通;活塞停止,外力作用下可向一边移动;泵不卸荷
C型		P与A口相通,B与T口皆封闭;活塞处于停止位置
N型		P与B口皆封闭,A与T口相通;与J型换向阀机能相似,只是A与B口互换了,功能也相似
U型		P与T口都封闭,A与B口相通;活塞浮动,在外力作用下可移动,泵不卸荷

6.2.2.3　换向阀的操纵方式

1.手动换向阀

手动换向阀主要有弹簧复位和钢珠定位两种形式。图6-25(a)所示为钢球定位式三位四通手动换向阀,用手操纵手柄推动阀芯相对阀体移动后,可以通过钢球使阀芯稳定在三个不同的工作位置上。图6-25(b)则为弹簧自动复位式三位四通手动换向阀。通过手柄推动阀

— 136 —

芯后,要想维持在极端位置,必须用手扳住手柄不放,一旦松开了手柄,阀芯会在弹簧力的作用下,自动弹回中位。图 6 - 25（c）所示为旋转移动式手动换向阀,旋转手柄可通过螺杆推动阀芯改变工作位置。这种结构具有体积小、调节方便等优点。由于这种阀的手柄带有锁,不打开锁不能调节,因此使用安全。

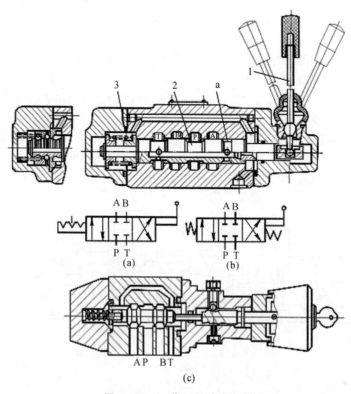

图 6 - 25　三位四通手动换向阀
(a)弹簧钢球定位式结构及符号;(b)弹簧自动复位式结构及符号位置定位;(c)旋转移动式手动换向阀
1—手柄;2—阀芯;3—弹簧

2. 机动换向阀

机动换向阀又称行程换向阀,它是用挡铁或凸轮推动阀芯实现换向。机动换向阀多为图 6 - 26 所示二位阀。

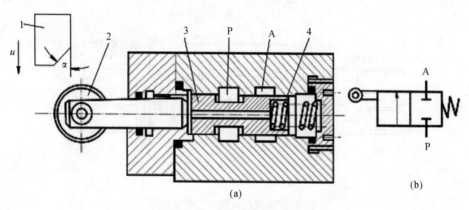

图 6 - 26　二位二通机动换向阀
1—挡铁;2—滚轮;3—阀芯;4—弹簧

3.电磁换向阀

电磁换向阀是利用电磁铁吸力推动阀芯来改变阀的工作位置。由于它可借助于按钮开关、行程开关、限位开关、压力继电器等发出的信号进行控制,所以操作轻便,易于实现自动化,因此应用广泛。

(1)工作原理。电磁换向阀的品种规格很多,但其工作原理是基本相同的。现以图6-27所示三位四通O型中位机能的电磁换向阀为例来说明。

在图6-27中,阀体1内有三个环形沉割槽,中间为进油腔P,与其相邻的是工作油腔A和B。两端还有两个互相连通的回油腔T。阀芯两端分别装有弹簧座3、复位弹簧4和推杆5,阀体两端各装一个电磁铁。

当两端电磁铁都断电时[见图6-27(a)],阀芯处于中间位置。此时P,A,B,T各油腔互不相通;当左端电磁铁通电时[见图6-27(b)],该电磁铁吸合,并推动阀芯向右移动,使P和B连通,A和T连通。当其断电后,右端复位弹簧的作用力可使阀芯回到中间位置,恢复原来四个油腔相互封闭的状态;当右端电磁铁通电时[见图6-27(c)],其衔铁将通过推杆推动阀芯向左移动,P和A相通、B和T相通。电磁铁断电,阀芯则在左弹簧的作用下回到中间位置。

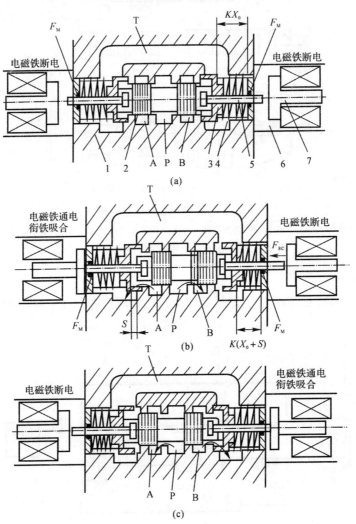

图6-27 电磁换向阀的工作原理图
1—阀体;2—阀芯;3—弹簧座;4—弹簧;5—推杆;6—铁芯;7—衔铁

（2）直流电磁铁和交流电磁铁。阀用电磁铁根据所用电源的不同，有以下三种：

1）交流电磁铁。阀用交流电磁铁的使用电压一般为交流 220 V，电气线路配置简单。交流电磁铁启动力较大，换向时间短。但换向冲击大，工作时温升高（故其外壳设有散热筋）；当阀芯卡住时，电磁铁因电流过大易烧坏，可靠性较差，所以切换频率不许超过 30 次/min；寿命较短。

2）直流电磁铁。直流电磁铁一般使用 24 V 直流电压，因此需要专用直流电源。其优点是不会因铁芯卡住而烧坏（故其圆筒形外壳上没有散热筋），体积小，工作可靠，允许切换频率为 120 次/min，换向冲击小，使用寿命较长。但起动力比交流电磁铁小。

3）本整型电磁铁。本整型指交流本机整流型。这种电磁铁本身带有半波整流器，可以在直接使用交流电源的同时，具有直流电磁铁的结构和特性。

（3）干式、油浸式、湿式电磁铁。不管是直流电磁铁还是交流电磁，都可做成干式的、油浸式的和湿式的。

1）干式电磁铁。干式电磁铁的线圈、铁芯与衔铁处于空气中不和油接触，电磁铁与阀联结时，在推杆的外周有密封圈。由于回油有可能渗入对中弹簧腔中，所以阀的回油压力不能太高。此类电磁铁附有手动推杆，一旦电磁铁发生故障时可使阀芯手动换位。此类电磁铁是简单液压系统常用的一种形式。

2）油浸式电磁铁。油浸式电磁铁的线圈和铁芯都浸在无压油液中。推杆和衔铁端部都装有密封圈。油可帮助线圈散热，且可改善推杆的润滑条件，因此寿命远比干式电磁铁为长。因有多处密封，故此种电磁铁的灵敏性较差，造价较高。

3）湿式电磁铁。湿式电磁铁也叫耐压式电磁铁，它和油浸式电磁铁不同处是推杆处无密封圈。线圈和衔铁都浸在有压油液中，故散热好，摩擦小。还因油液的阻尼作用而减小了切换时的冲击和噪声。所以湿式电磁铁具有吸着声小、寿命长、温升低等优点，是目前应用最广的一种电磁铁。也有人将油浸式电磁铁和耐压式电磁铁都叫做湿式电磁铁。

（4）电磁换向阀的典型结构。图 6-28 所示为交流式二位三通电磁换向阀。当电磁铁断电时，阀芯 2 被弹簧 7 推向左端，P 和 A 接通；当电磁铁通电时，铁芯通过推杆 3 将阀芯 2 推向右端，使 P 和 B 接通。

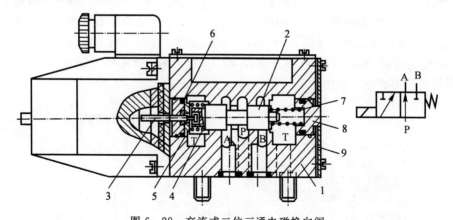

图 6-28　交流式二位三通电磁换向阀
1—阀体；2—阀芯；3—推杆；4、7—弹簧；5、8—弹簧座；6—O 形圈；9—后盖

图 6-29 所示为直流湿式三位四通电磁换向阀。当两边电磁铁都不通电时，阀芯 3 在两边对中弹簧 4 的作用下处于中位，P，T，A，B 口互不相通；当右边电磁铁通电时，推杆 2 将阀芯

3 推向左端,P 与 A 通,B 与 T 通,当左边电磁铁通电时,P 与 B 通,A 与 T 通。图 6-30 为电磁换向阀实物内部结构。

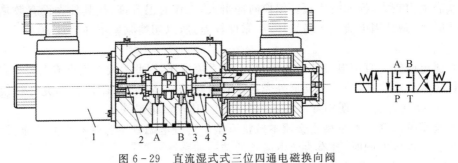

图 6-29　直流湿式式三位四通电磁换向阀
1—电磁铁;2—推杆;3—阀芯;4—弹簧;5—挡圈

图 6-30　电磁换向阀实物内部结构图

必须指出,由于电磁铁的吸力有限(最大 120 N),因此电磁换向阀只适用于流量不太大的场合。当流量较大时,需采用液动或电液动控制。

4. 液动换向阀

液动换向阀是利用控制压力油来改变阀芯位置的换向阀。对三位阀而言,按阀芯的对中形式,分为弹簧对中型和液压对中型两种。如图 6-31(a)所示为弹簧对中型三位四通液动换向阀,阀芯两端分别接通控制油口 K_1 和 K_2。当 K_1 通压力油时,阀芯右移,P 与 A 通,B 与 T 通;当 K_2 通压力油时,阀芯左移,P 与 B 通,A 与 T 通;当 K_1 和 K_2 都不通压力油时,阀芯在两端对中弹簧的作用下处于中位。

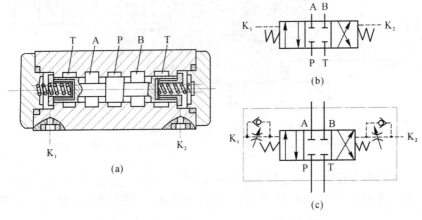

图 6-31　弹簧对中型三位四通液动换向阀

当对液动滑阀换向平稳性要求较高时,还应在滑阀两端 K_1 和 K_2 控制油路中加装阻尼调节器[见图 6-31(c)]。阻尼调节器由一个单向阀和一个节流阀并联组成,单向阀用来保证滑阀端面进油畅通,而节流阀用于滑阀端面回油的节流,调节节流阀开口大小即可调整阀芯的动作时间。

5. 电液换向阀

电液换向阀是电磁换向阀和液动换向阀的组合。其中,电磁换向阀起先导作用,控制液动换向阀的动作,改变液动换向阀的工作位置;液动换向阀作为主阀,用于控制液压系统中的执行元件。

由于液压力的驱动,主阀芯的尺寸可以做得很大,允许大流量通过。因此,电液换向阀主要用在流量超过电磁换向阀额定流量的液压系统中,从而用较小的电磁铁就能控制较大的流量。电液换向阀的使用方法与电磁换向阀相同。

电液换向阀有弹簧对中和液压对中两种形式。若按控制压力油及其回油方式进行分类则有:外部控制、外部回油,外部控制、内部回油,内部控制、外部回油,内部控制、内部回油等四种类型。

如图 6-32 所示为弹簧对中型三位四通电液换向阀(外部控制、外部回油)的结构图及图形符号。

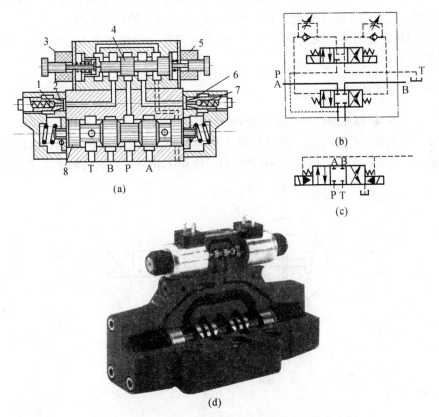

图 6-32 外部控制、外部回油的弹簧对中电液换向阀

(a)结构图;(b)符号;(c)简化符号;(d)实物结构图

1,7—单向阀;2,6—节流口;3,5—电磁铁;4—控制阀芯;8—主阀芯

6.2.2.4 主要性能

换向阀的主要性能,以电磁阀的项目为最多,主要包括下面几项:

(1)工作可靠性。工作可靠性指电磁铁通电后能否可靠地换向,而断电后能否可靠地复位。工作可靠性主要取决于设计和制造,且和使用也有关系。液动力和液压卡紧力的大小对工作可靠性影响很大,而这两个力与通过阀的流量和压力有关。

(2)压力损失。由于电磁阀的开口很小,故液流流过阀口时产生较大的压力损失。一般阀体铸造流道中的压力损失比机械加工流道中的损失小。

(3)内泄漏量。在各个不同的工作位置,在规定的工作压力下,从高压腔漏到低压腔的泄漏量为内泄漏量。过大的内泄漏量不仅会降低系统的效率,引起过热,而且还会影响执行机构的正常工作。

(4)换向和复位时间。换向时间指从电磁铁通电到阀芯换向终止的时间;复位时间指从电磁铁断电到阀芯回复到初始位置的时间。减小换向和复位时间可提高机构的工作效率,但会引起液压冲击。交流电磁阀的换向时间一般约为 0.03~0.05 s,换向冲击较大;而直流电磁阀的换向时间约为 0.1~0.3 s,换向冲击较小。通常复位时间比换向时间稍长。

(5)换向频率。换向频率是在单位时间内阀所允许的换向次数。目前电磁铁的换向频率一般为 60 次/min。

(6)使用寿命。使用寿命指使用到电磁阀某一零件损坏,不能进行正常的换向或复位动作,或使用到电磁阀的主要性能指标超过规定指标时所经历的换向次数。

电磁阀的使用寿命主要决定于电磁铁。湿式电磁铁的寿命比干式的长,直流电磁铁的寿命比交流的长。

6.2.3 转动式换向阀

图 6-33 所示为转动式换向阀(简称"转阀")的工作原理图。该阀由阀体 1、阀芯 2 和使阀芯转动的操作手柄 3 组成。在图示位置,通口 P 和 A 相通、B 和 T 相通;当操作手柄转换到"止"位置时,通口 P,A,B 和 T 均不相通,当操作手柄转换到另一位置时,则通口 P 和 B 相通,A 和 T 相通。

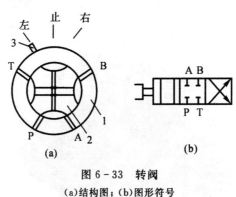

图 6-33 转阀
(a)结构图;(b)图形符号
1—阀体;2—阀芯;3—操作手柄

6.2.4 电磁球式换向阀

球式换向阀与滑阀式换向阀相比,具有以下优点:①不会产生液压卡紧现象,动作可靠性高;②密封性好;③对油液污染不敏感;④切换时间短;⑤使用介质黏度范围大,介质可以是水、乳化液和矿物油;⑥工作压力可高达 63 MPa;⑦球阀芯可直接从轴承厂获得,精度很高,价格便宜。

如图 6-34 所示为常开型二位三通电磁球式换向阀。它主要由左、右阀座 4 和 6、球阀 5、弹簧 7、操纵杆 2 和杠杆 3 等零件组成。图示为电磁铁断电状态,即常态位。P 口的压力油一方面作用在球阀 5 的右侧,另一方面经通道 b 进入操纵杆 2 的空腔而作用在球阀 5 的左侧,以保证球阀 5 两侧承受的液压力平衡。球阀 5 在弹簧 7 的作用下压在左阀座 4 上,P 与 A 通,A 与 T 切断。当电磁铁 8 通电时,衔铁推动杠杆 3,以 1 为支点推动操纵杆 2,克服弹簧力,使球阀 5 压在右阀座 6 上,实现换向,P 与 A 切断,A 与 T 通。

电磁球式换向阀主要用在要求密封性很好的场合。

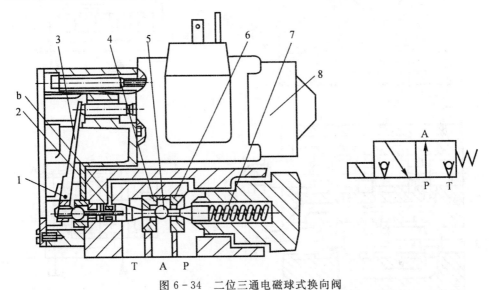

图 6-34 二位三通电磁球式换向阀

1—铰支点;2—操纵杆;3—杠杆;4—左阀座;5—球阀;6—右阀座;7—弹簧;8—电磁铁

6.2.5 多路换向阀

多路换向阀是由两个以上的换向阀为主体的组合阀。根据不同液压系统的要求,还可将安全阀、单向阀、补油阀等也组合在阀内。其特点是没有阀间接头和管件,结构紧凑、压力损失小、可集中操纵多个执行元件。这种阀主要用于各种起重运输机械、工程机械等行走机械上,进行多个执行元件的集中控制。

1. 多路换向阀的分类

(1)按照阀体的结构形式,多路换向阀分为整体式和分片式。整体式多路换向阀是将各联换向阀及其辅助阀装在同一阀体内。这种换向阀具有结构紧凑、质量轻、压力损失小、压力高、流量大等特点。但阀体铸造技术要求高,比较适合在相对稳定及大批量生产的机械上使用。分片式换向阀是用螺栓将进油阀体、各联换向阀体、回油阀体组装在一起,其中换向阀的片数可根据需要加以选择。分片式多路换向阀可按不同使用要求组装成不同的多路换向阀,通用性较强,但加工面多,出现渗油的可能性也较大。

（2）根据油路连接方式，有并联式、串联式及串并联式油路，其原理如图6-35所示。

（3）根据每个换向阀的工作位置和所控制的油路不同，有三位四通、三位六通和四位六通等形式。

（4）根据定位复位的方式，有弹簧对中式和钢球弹跳定位式等。

（5）根据控制方式，有手动控制和手动先导控制两种。

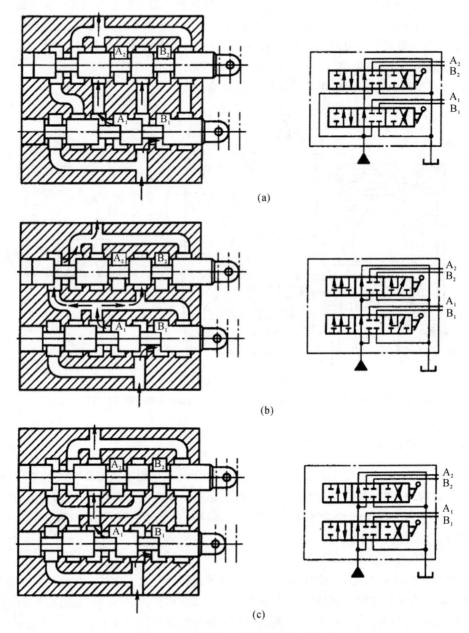

(a)

(b)

(c)

图6-35　多路换向阀的油路连接方式

（a）并联连接；（b）串联连接；（c）串并联连接

所谓并联连接，就是从进油口来的油可直接通到各联滑阀的进油腔，各阀的回油腔又直接通到多路换向阀的总回油口。采用这种油路连接方式后,当同时操作各换向阀时,负载小的执行元件先动作,并且各执行元件的流量之和等于泵的总流量。并联油路的多路换向阀的压力损失一般较小。

串联连接是每一联滑阀的进油腔都和前一联滑阀的中位回油道相通,其回油腔又都和后一联滑阀的中位回油道相通。采用这种油路连接方式,可使各联阀所控制的执行元件同时工作,条件是液压泵输出的油压要大于所有正在工作的执行元件两腔压差之和。该阀的压力损失一般较大。

串并联连接是每一联滑阀的进油腔均与前一联滑阀的中位回油道相通,而各联阀的回油腔又都直接与总回油道相通,即各滑阀的进油腔串联,回油腔并联。若采用这种油路连接形式,则各联换向阀不可能有任何两联阀同时工作,故这种油路也称互锁油路。操纵上一联换向阀,下一联换向阀就不能工作,它保证前一联换向阀优先供油。

2. 多路换向阀的工作原理

如图 6-36 所示为某叉车上采用的组合式多路换向阀。它是由进油阀体 1、回油阀体 4 和中间两片换向阀 2、3 组成的,彼此间用螺栓 5 连接。其油路连接方式为并联连接。在相邻阀体间装有 O 形密封圈。进油阀体 1 内装有溢流阀(图中只画出溢流阀的进口 K)。换向阀为三位六通,其工作原理与一般手动换向阀相同。

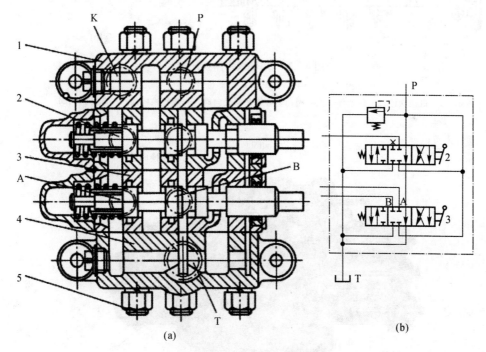

(a)　　　　　　　　　　　　　　(b)

图 6-36　组合式多路换向阀

(a)结构图;(b)图形符号

1—进油阀体;2—升降换向阀;3—倾斜换向阀;4—回油阀体;5—联接螺栓

图 6-36 中,当换向阀 2、3 的阀芯均未操纵时(见图示位置),泵输出的压力油从 P 口进入,经阀体内部通道直通回油阀体 4,并经回油口 T 返回油箱,泵处于卸荷状态,当向左扳动换

向阀 3 的阀芯时,阀内卸荷通道截断,油口 A、B 分别接通压力油口 P 和回油口 T,倾斜缸活塞杆缩回,当反向扳动换向阀 3 的阀芯时,活塞杆伸出。

图 6-37 所示为中小型轮胎起重机和汽车起重机主油路中常采用的串联式多路换向阀。它由带溢流阀的进油阀体 1 和四个手动换向阀,即臂架伸缩换向阀 2、臂架变幅换向阀 3、回转换向阀 4 和起升换向阀 5 等组成。由于该多路换向阀的内部油路为串联,液压泵输出的液压油与第一联换向阀的进油口相连,第一联的回油口再与下一联的进油口相连。这种串联多路换向阀既能保证四个执行机构同时动作,也能保证它们单独动作。但这种串联形式提高了液压泵的工作压力,并使油液通过换向阀时的压力损失较大。多路换向阀的外形和拆装图如图 6-38 和图 6-39 所示。

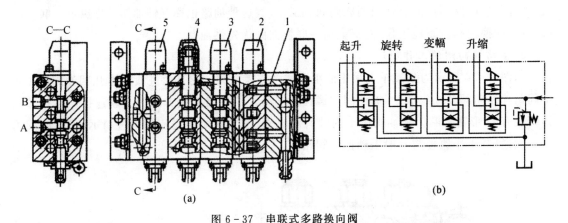

图 6-37 串联式多路换向阀

(a)结构图;(b)图形符号

1—进油阀体;2—臂架伸缩换向阀;3—臂架变幅换向阀;4—旋转换向阀;5—起升换向阀

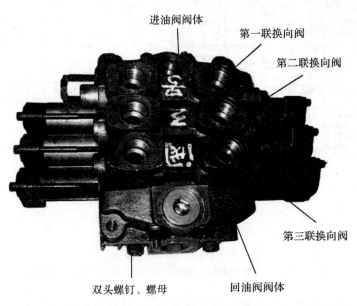

图 6-38 多路换向阀外观图

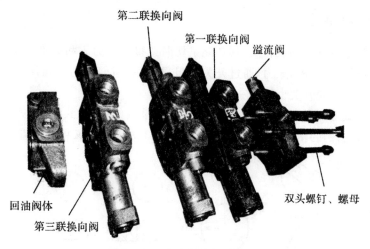

图 6-39 多路换向阀拆装图

6.2.6 截止阀

截止阀的功用为在液压管路中通过手动机构切断或沟通油路,用于需经常拆卸或检修的油路中。除了常用的手轮操纵的截止阀外,还有一种高压球形截止阀。高压球形截止阀由阀体 1、球体 2 及手柄 8 等组成,如图 6-40 所示。图示位置,球阀处于关闭油路状态,球体 2 与密封圈 3 之间严密密封。当将手柄 8 旋转 90°时,则球体 2 中间的孔就将进出口接通,油液即可通过。调整螺套 4 可以调整球体与密封圈的预紧力,以达到最好的密封效果和合适的扳手调节力。

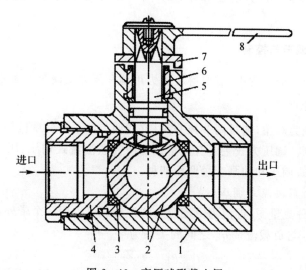

图 6-40 高压球形截止阀

1—阀体;2—球体;3—密封圈;4—调整螺套;5—调节杆;6—压套;7—定位板;8—手柄

此种结构的截止阀可耐高压,阀体常采用不锈钢材质,但由于作用在球体 2 上的液压力不平衡,故在高压情况下旋转手柄控制球体的转动比较困难。

6.2.7 压力表开关

压力表开关是一种小型截止阀,其功能是切断或接通压力表和油路的连接,以通过压力表测量并显示系统某一部分的压力,通过开关的阻尼作用,减轻压力表在压力脉动下的跳动,防止压力表损坏。压力表开关也可作一般截止阀用。

根据结构形式和工作原理,压力表开关可分为单点式、多点式、卸荷式和限压式等,如图6－41所示分别为它们的图形符号。根据安装方式,压力表开关又可分为管式和板式两种。

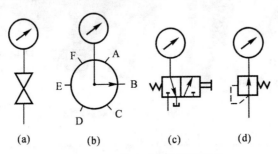

图6－41 压力表开关的图形符号
(a)单点式;(b)多点式;(c)卸荷式;(d)限压式

6.3 压力控制阀

压力控制阀简称压力阀。它包括用来控制液压系统的压力或利用压力变化作为信号来控制其它元件动作的阀类。按其功能和用途不同可分为溢流阀、减压阀、顺序阀和压力继电器等。

6.3.1 压力的调节与控制

在压力阀控制压力的过程中,需要解决压力可调和压力反馈两方面的问题。

6.3.1.1 调压原理

调压是指以负载为对象,通过调节控制阀口(或调节油泵的变量机构)的大小,使系统输给负载的压力大小可调。调压方式主要有流量型油源并联溢流式调压、压力型油源串联减压式调压、半桥回路分压式调压和油泵变量调压四种。

1. 流量型油源并联溢流式调压

定量泵 q_0 是一种流量源(近似为恒流源),液压负载可以用一个带外部扰动的液压阻抗 Z 来描述,负载压力 p_L 与负载流量 q_L 之间的关系为

$$p_L = q_L Z \tag{6-18}$$

显然,只有改变负载流量 q_L 的大小才能调节负载压力 p_L。用定量泵向负载供油时,如果将控制阀口 R_x 串联在油泵和负载之间,则无论阀口 R_x 是增大还是减小,都无法改变负载流量 q_L 的大小,因此也就无法调节负载压力 p_L。只有将控制阀口 R_x 与负载 Z 并联,通过阀口的溢流(分流)作用,才能使负载流量 q_L 发生变化,最终达到调节负载压力之目的。这种流量型油源并联溢流式调压回路如图6－42(a)所示。

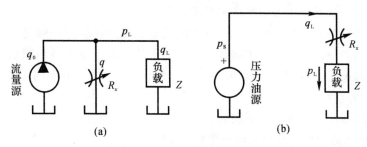

图 6-42　不同油源的调压方式

（a）流量型油源并联溢流式调压；（b）压力型油源串联减压式调压

2. 压力型油源串联减压式调压

如果油源换成恒压源 p_S（例如用恒压泵供油），并联式调节不能改变负载压力。这时可将控制阀口 R_x 串联在压力源 p_S 和负载 Z 之间，通过阀口的减压作用即可调节负载压力 p_L 为

$$p_L = p_S / (R_x + Z) \tag{6-19}$$

或者写成

$$p_L = p_S - \Delta p_R \tag{6-20}$$

式中，Δp_R 为控制阀口 R_x 上的压差。

压力型油源串联减压式调压回路如图 6-42（b）所示。

3. 半桥回路分压式调压

图 6-43 所示液压半桥实质上是由进、回油节流口串联而成的分压回路。为了简化加工，进油节流口多采用固定节流孔来代替，回油节流口是由锥阀或滑阀构成可调节流口［见图 6-43（a）（b）］。将负载连接到半桥的 A 口（即分压回路的中点），通过调节回油阀口的液阻，可实现负载压力的调节。这种调压方式主要用于液压阀的先导级中。

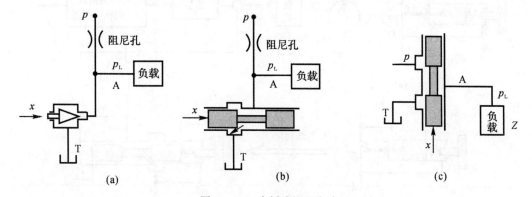

图 6-43　半桥式调压方式

（a）带一个固定节流孔的锥阀式半桥；（b）带一个固定节流孔的滑阀式半桥；

（c）进、回油阀口均为可控节流口的滑阀式半桥

4. 油泵变量调压

利用变量泵，通过调节油泵的输出流量可达到改变负载压力之目的。

6.3.1.2　压力负反馈

压力的大小能够调节，并不等于能够稳压。当负载因扰动而发生变化时，负载压力会随之

变化。压力的稳定必须通过压力负反馈来实现。

压力负反馈控制的核心是要构造一个压力比较器。压力比较器一般是一个减法器,将代表期望压力大小的指令信号与代表实际受控压力大小的压力测量信号相减后,使其差值转化为阀口液阻的控制量,并通过阀口的调节使期望压力与受控压力之间的误差趋于减小,这就是简单的压力负反馈过程。

构造压力反馈系统必须研究以下问题:

(1)代表期望压力的指令信号如何产生?

(2)怎样构造在实际结构上易于实现的比较(减法)器?

(3)受控压力 P_L 如何测量?转换成什么信号才便于比较?怎样反馈到比较器上去?

在设计中,力信号是比较容易实现的。如图 6-44(a)所示,在一个刚体的正、反两个方向上分别作用代表指令信号的指令力 $F_指$ 及代表受控压力 p_L 的反馈力 F_P,其合力 ΔF 就是比较结果。比较结果用于驱动阀芯,自动调节阀口的开度,从而完成自动控制。这种由力比较器直接驱动主控制阀芯的压力控制方式称为直动型压力控制,所构成的压力控制阀称为直动式压力阀。

指令力可以通过手动调压弹簧来产生。由调压手柄调节弹簧的压缩量,改变弹簧预压缩力,即可提供不同的指令力。指令力也可以通过比例电磁铁产生。

受控压力可以通过微型测量油缸(或带活塞的测量容腔)转化成便于比较的反馈力,并应将反馈力作用在力比较器上。这里的测量油缸也称压力传感器。

当比较器驱动控制阀朝着使稳压误差增大的方向运动时,系统最终将失去控制。这种现象称为正反馈。发现正反馈时,改变反馈力的受力方向或阀口节流边的运动方向,即可变为负反馈[见图 6-44 (d)]。

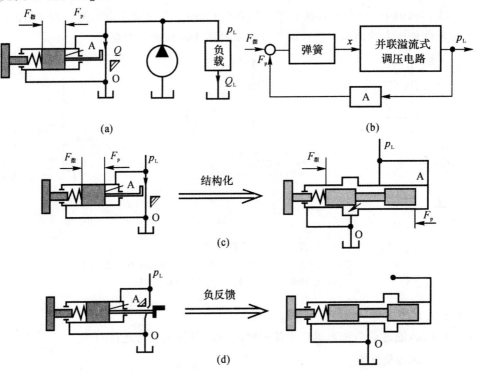

(a)
(b)
(c)
(d)

图 6-44 直动型并联溢流式压力负反馈控制(用于直动式溢流阀)

(a)调压与稳压原理图;(b)控制方框图;(c)结构化;(d)压力负反馈

图 6-45 为直动型串联减压式压力负反馈控制结构系统图,图 6-46 为半挤分压式压力负反馈控制原理图,原理与图 6-44 相通。

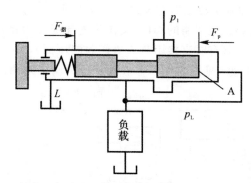

图 6-45　直动型串联减压式压力负反馈控制(用于直动式减压阀)

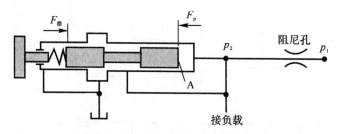

图 6-46　半桥分压式压力负反馈控制(用作先导压力控制级)

6.3.1.3　先导控制

在直动型压力控制中,压力比较器直接驱动主控制阀芯,其阀芯驱动力远小于调压弹簧力,因此驱动能力十分有限。这种控制方式导致主阀芯不能做得太大,不适合用在高压大流量系统中。因为阀芯越大、压力越高,阀芯的摩擦力、卡紧力、轴向液动力也越大,比较器直接驱动变得十分困难。在高压大流量系统中一般应采用先导控制。

所谓先导型压力控制,是指控制系统中有大、小两个阀芯,小阀芯为先导阀芯,大阀芯为主阀芯,并相应形成先导级和主级两个压力调节回路。其中,小阀芯以主阀芯为负载,构成小流量半桥分压式调压回路;主阀芯以系统中的执行元件为负载,根据油源不同,具体选择并联式、串联式、或油泵变量式等调节方式,构成大流量级调压回路。

按主级形式的不同,如图 6-47(a)所示为主级并联溢流式先导型压力负反馈,据此原理设计的液压阀称为先导式溢流阀;图 6-47(b)为主级串联减压式先导型压力负反馈,据此原理设计的液压阀称为先导式减压阀;图 6-47(c)为主级油泵变量式先导型压力负反馈,恒压变量泵就是根据这一原理设计而成。

上述先导型压力负反馈控制有以下共同特点:

(1)先导型压力负反馈控制中有两个压力负反馈回路,有两个反馈比较器和调压回路。先导级负责主级指令信号的稳压和调压;主级则负责系统的稳压。

(2)主阀芯(或变量活塞)既构成主调压回路的阀口,又作为主级压力反馈的力比较器,主级的测压容腔设在主阀芯的一端,另一端作用有主级的指令力 $p_2 A$。(弹簧为小刚度复位弹簧,不作为指令信号,这与先导阀的弹簧不一样。)

（3）主级所需要的指令信号（指令力 p_2A）由先导级负责输出，先导级通过半桥回路向主级的力比较器（即主阀芯）输出一个压力 p_2，该压力称为主级的指令压力，然后通过主阀芯端部的受压面积（可称为指令油缸）转化为主级的指令力 p_2A。

（4）先导阀芯既构成先导调压回路的阀口，又作为先导级压力反馈的力比较器，先导级的测压容腔设在先导阀芯的一端（有时直接用节流边作为测压面），另一端安装有作为先导级指令元件的调压弹簧和调压手柄（见图 6-47）。在比例压力阀中则用比例电磁铁产生指令力。

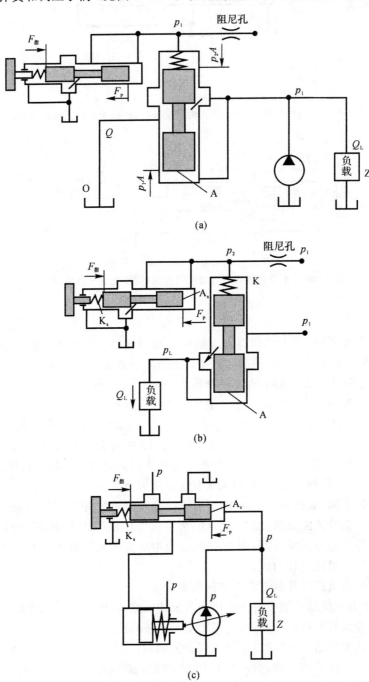

图 6-47　先导型压力负反馈控制

(a)主级为并联溢流式；(b)主级为串联分压式；(c)主级为油泵变量式

主阀和先导阀均有滑阀式和锥阀式两种典型结构。

在液压传动系统中,控制油液压力高低的液压阀称之为压力控制阀,简称压力阀。这类阀的共同点是利用作用在阀芯上的液压力和弹簧力相平衡的原理工作的。

在具体的液压系统中,根据工作需要的不同,对压力控制的要求是各不相同的:有的需要限制液压系统的最高压力,如安全阀;有的需要稳定液压系统中某处的压力值(或者压力差,压力比等),如溢流阀、减压阀等定压阀;还有的是利用液压力作为信号控制其动作,如顺序阀、压力继电器等。

6.3.2　溢流阀

根据"并联溢流式压力负反馈"原理设计而成的液压阀称为溢流阀。溢流阀的特征是阀与负载相并联,溢流口接回油箱,采用进口压力负反馈。

6.3.2.1　作用和性能要求

1. 溢流阀的作用

溢流阀的主要作用是对液压系统定压或进行安全保护。几乎在所有的液压系统中都需要用到它,其性能好坏对整个液压系统的工作有很大影响。溢流阀的主要用途有以下两点:

(1)调压和稳压。如用在由定量泵构成的液压源中,用以调节泵的出口压力,保持该压力恒定。

(2)限压。如用作安全阀,当系统正常工作时,溢流阀处于关闭状态,仅在系统压力大于其调定压力时才开启溢流,对系统起过载保护作用。

在液压系统中维持定压是溢流阀的主要用途。它常用于节流调速系统中,与流量控制阀配合使用,调节进入系统的流量,并保持系统的压力基本恒定。如图 6 - 48(a)所示,溢流阀 2并联于系统中,进入液压缸 4 的流量由节流阀 3 调节。由于定量泵 1 的流量大于液压缸 4 所需的流量,油压升高,将溢流阀 2 打开,多余的油液经溢流阀 2 流回油箱。因此,泵在这里溢流阀的功用就是在不断的溢流过程中保持系统压力基本不变。

用于过载保护的溢流阀一般称为安全阀。如图 6 - 48(b)所示的变量泵调速系统。在正常工作时,安全阀 2 关闭,不溢流,只有在系统发生故障,压力升至安全阀的调整值时,阀口才打开,使变量泵排出的油液经溢流阀 2 流回油箱,以保证液压系统的安全。

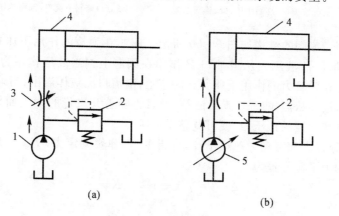

图 6 - 48　溢流阀的作用

1—定量泵;2—溢流阀;3—节流阀;4—液压缸;5—变量泵

2. 液压系统对溢流阀的性能要求

(1)定压精度高。当流过溢流阀的流量发生变化时,系统中的压力变化要小,即静态压力超调要小。

(2)灵敏度要高。如图 6-48(a)所示,当液压缸 4 突然停止运动时,溢流阀 2 要迅速开大。否则,定量泵 1 输出的油液将因不能及时排出而使系统压力突然升高,并超过溢流阀的调定压力,称动态压力超调,使系统中各元件及辅助元件受力增加,影响其寿命。溢流阀的灵敏度越高,则动态压力超调越小。

(3)工作要平稳,且无振动和噪声。

(4)当阀关闭时,密封要好,泄漏要小。

对于经常开启的溢流阀,主要要求前三项性能;而对于安全阀,则主要要求第二和第四两项性能。其实,溢流阀和安全阀都是同一结构的阀,区别是在不同要求时有不同的作用。

常用的溢流阀按其结构形式和基本动作方式可归结为直动式和先导式两种。

6.3.2.2 直动型溢流阀

直动式溢流阀是作用在阀芯上的主油路液压力与调压弹簧力直接相平衡的溢流阀。如图 6-49 所示,直动型溢流阀因阀口和测压面结构形式不同,形成了三种基本结构:图 6-49(a)所示阀采用滑阀式溢流口,端面测压方式;图 6-49(b)所示阀采用锥阀式溢流口,同样采用端面测压方式;图 6-49(c)所示阀采用锥阀式溢流口,锥面测压方式,测压面和阀口的节流边均用锥面充当。但无论何种结构,直动型溢流阀均是由调压弹簧和调压手柄、溢流阀口、测压面等三个部分构成的。

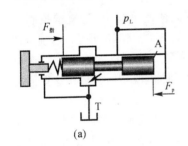 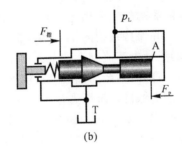 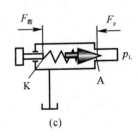

(a)   (b)   (c)

图 6-49 直动型溢流阀结构原理图

(a)滑阀节流口,端面测压;(b)锥阀节流口,端面测压;(c)锥阀节流口,锥面测压

锥阀式直动型溢流阀的结构如图 6-50 所示。阀芯在弹簧的作用下压在阀座上,阀体上开有进出油口 P 和 T,油液压力从进油口 P 作用在阀芯上。当液压作用力低于调压弹簧力时,阀口关闭,阀芯在弹簧力的作用下压紧在阀座上,溢流口无液体溢出;当液压作用力超过弹簧力时,阀芯开启,液体从溢流口 T 流回油箱,弹簧力随着开口量的增大而增大,直至与液压作用力相平衡。调节弹簧的预压力,便可调整溢流压力。

当阀芯重力、摩擦力和液动力忽略不计,令指令力(弹簧调定力)$F_指 = K_s x_{s0}$ 时,直动式溢流阀在稳态下的力平衡方程为

$$\Delta F_指 = pA - F_指 = Kx \qquad (6-21)$$

即

$$p = K(x_0 + x)/A \approx Kx_0/A \quad (常数) \qquad (6-22)$$

式中,p(或 p_L)为进口压力即系统压力,Pa;$F_指$ 为指令信号,即弹簧预压力,N;$\Delta F_指$ 为控制误

差,即阀芯上的合力,N;A 为阀芯的有效承压面积,m^2;K 为弹簧刚度,N/m;x_0 为弹簧预压缩量,m;x 为阀开口量,m。

由式(6-21)可以看出,只要在设计时保证 $x \ll x_0$,即可使式(6-22)成立。这就表明,当溢流量变化时,直动式溢流阀的进口压力是近于恒定的。

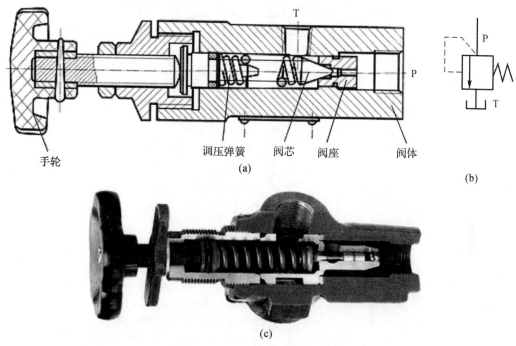

图 6-50　锥阀式直动型溢流阀
(a)直动式溢流阀结构图;(b)图形符号;(c)剖切图

直动型溢流阀结构简单,灵敏度高,但因压力直接与调压弹簧力平衡,不适于在高压、大流量下的工作。在高压、大流量条件下,直动型溢流阀的阀芯摩擦力和液动力很大,不能忽略,故定压精度低,恒压特性不好。

6.3.2.3　先导型溢流阀

先导型溢流阀有多种结构。如图6-51所示是一种典型的三节同心结构先导型溢流阀,它由先导阀和主阀两部分组成。该阀原理如图 6-52 所示。

图 6-52 中,锥式先导阀1、主阀芯上的阻尼孔(固定节流孔)5 及调压弹簧9一起构成先导级半桥分压式压力负反馈控制,负责向主阀芯 6 的上腔提供经过先导阀稳压后的主级指令压力 p_2。主阀芯是主控回路的比较器,上端面作用有主阀芯的指令力 $p_2 A_2$,下端面作为主回路的测压面,作用有反馈力 $p_1 A_1$,其合力可驱动阀芯,调节溢流口的大小,最后达到对进口压力 p_1 进行调压和稳压的目的。

工作时,液压力同时作用于主阀芯及先导阀芯的测压面上。当先导阀1未打开时,阀腔中油液没有流动,作用在主阀芯 6 上下两个方向的压力相等,但因上端面的有效受压积 A_2 稍大于下端面的有效受压面积 A_1,主阀芯在合力的作用下处于最下端位置,阀口关闭。当进油压力增大到使先导阀打开时,液流通过主阀芯上的阻尼孔 5、先导阀 1 流回油箱。由于阻尼孔的阻尼作用,主阀芯6所受到的上下两个方向的液压力不相等,主阀芯在压差的作用下上移,打开阀口,实现溢流,并维持压力基本稳定。调节先导阀的调压弹簧9,便可调整溢流压力。

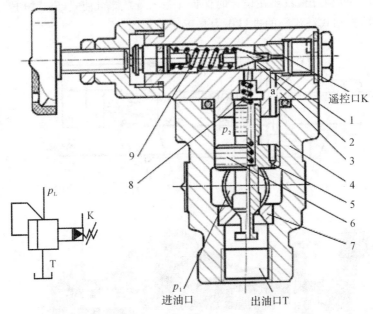

图6-51　YF型三节同心先导型溢流阀结构图(管式)

1—锥阀（先导阀）;2—锥阀座;3—阀盖;4—阀体;5—阻尼孔;
6—主阀芯;7—主阀座;8—主阀弹簧;9—调压(先导阀)弹簧

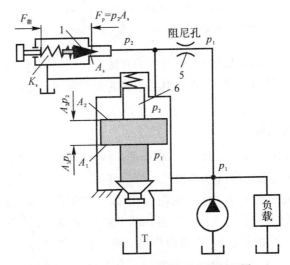

图6-52　三节同心先导型溢流阀原理图

根据先导型溢流阀的原理图(见图6-52),当阀芯重力、摩擦力和液动力忽略不计,令导阀的指令力 $F_指 = K_S x_{S0}$ 时,导阀芯在稳态状况下的力平衡方程为

$$\Delta F_S = p_2 A_S - F_指 = K_S x_S \tag{6-23}$$

即

$$p_2 = K_s(x_{s0} + x_s)/A_s \tag{6-24}$$

因导阀的流量极小,仅为主阀流量的 1% 左右,导阀开口量 x_s 很小,因此有

$$p_2 \approx K_s x_{s0}/A_s \quad (常数) \tag{6-25}$$

式中,p_2 为先导级的输出压力,即主级的指令压力,Pa;$F_指$ 为先导级的指令信号,即导阀的弹簧预压力,N;ΔF_s 为先导级的控制误差,即导阀芯上的合力,N;A_s 为导阀芯的有效承压面积,m^2;K_s 为导阀调压弹簧刚度,N/m;x_{s0} 为导阀弹簧预压缩量,m;x_s 为导阀阀开口量,m。

由式(6-25)可以看出,只要在设计时保证 $x_s \ll x_{s0}$,即可使先导级向主级输出的压力 $p_2 = K_s(x_{s0} + x_s)/A_s \approx K_s x_{s0}/A_s =$ 常数。因此,先导级可以对主级的指令压力 p_2 进行调压和稳压。

在主阀中,当主阀芯重力、摩擦力和液动力忽略不计时,令主阀的指令力 $F_调 = p_2 A_2$,主阀芯在稳态状况下的力平衡方程为

$$\Delta F = p_1 A_1 - F_调 = p_1 A_1 - p_2 A_2 = K(x_0 + x) \tag{6-26}$$

因主阀芯弹簧不起调压弹簧作用,所以弹簧极软,弹簧力基本为零,即

$$\Delta F = K(x_0 + x) \approx 0 \tag{6-27}$$

故有

$$p_1 \approx F_调/A_1 = p_2 A_2/A_1 \tag{6-28}$$

代入式(6-27)后,得

$$p_1 = (K_s x_{s0}/A_s)A_2/A_1 = (F_指/A_s)A_2/A_1 \quad (常数) \tag{6-29}$$

式中,p_1 为进口压力即系统压力,Pa;A_1 为主阀芯下端面的有效承压面积,m^2;A_2 为主阀芯上端面的有效承压面积,m^2;K 为主阀弹簧刚度,N/m;x_0 为主阀弹簧预压缩量,m;x 为主阀开口量,m;$F_调$ 为主级的指令信号,即主阀芯上端面有效承压面积上所承受的液压力,N;ΔF 为主级的控制误差,即主阀芯上的合力,N。

由式(6-29)可以看出,只要在设计时保证主阀弹簧很软,且主阀芯的测压面积 A_1、A_2 较大,摩擦力和液动力相对于液压驱动力可以忽略不计,即可使系统压力 $p_1 \approx (K_s x_{s0}/A_s)A_2/A_1 =$ 常数。先导型溢流阀在溢流量发生大幅度变化时,被控压力 p_1 只有很小的变化,即定压精度高。此外,由于先导阀的溢流量仅为主阀额定流量的 1% 左右,所以先导阀阀座孔的面积和开口量、调压弹簧刚度都不必很大。因此,先导型溢流阀广泛用于高压、大流量场合。

由图6-51可以看出,导阀体上有一个远程控制口K,当K口通过二位二通阀接油箱时,先导级的控制压力 $p_2 \approx 0$;主阀芯在很小的液压力(基本为零)作用下便可向上移动,打开阀口,实现溢流,这时系统称为卸荷。若K口接另一个远离主阀的先导压力阀(此阀的调节压力应小于主阀中先导阀的调节压力)的入口连接,可实现远程调压。

图6-53所示为二节同心先导型溢流阀的结构图,其主阀芯为带有圆柱面的锥阀。为使主阀关闭时有良好的密封性,要求主阀芯1的圆柱导向面和圆锥面与阀套配合良好,两处的同心度要求较高,故称二节同心。主阀芯上设有阻尼孔,而将三个阻尼孔 2、3、4 分别设在阀体 10 和先导阀体 6 上。其工作原理与三节同心先导型溢流阀相同,只不过油液从主阀下腔到主阀上腔,需经过三个阻尼孔。阻尼孔 2 和 4 相串联,相当三节同芯阀主阀芯中的阻尼孔,是半桥回路中的进油节流口,作用是使主阀下腔与先导阀前腔产生压力差,再通过阻尼孔 3 作用于主阀上腔,从而控制主阀芯开启。阻尼孔 3 的主要作用是用以提高主阀芯的稳定性,它的设立

与桥路无关。

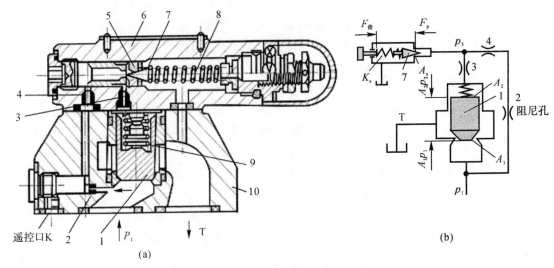

图 6-53　二节同心先导型溢流阀（板式）
1—主阀芯；2、3、4—阻尼孔；5—先导阀座；6—先导阀体；
7—先导阀芯；8—调压弹簧；9—主阀弹簧；10—阀体

先导型溢流阀的导阀部分结构尺寸较小，调压弹簧刚度不必很大，因此压力调整比较轻便。但因先导型溢流阀要在先导阀和主阀都动作后才能起控制作用，故而反应不如直动型溢流阀灵敏。

与三节同心结构相比，二节同心结构的特点是：①主阀芯仅与阀套和主阀座有同心度要求，免去了与阀盖的配合，故结构简单，加工和装配方便。②过流面积大，在相同流量的情况下，主阀开启高度小；或者在相同开启高度的情况下，其通流能力大，因此，可做得体积小、质量轻。③主阀芯与阀套可以通用化，便于组织批量生产。

6.3.2.4　电磁溢流阀

电磁溢流阀是电磁换向阀与先导式溢流阀的组合，用于系统的多级压力控制或卸荷。为减小卸荷时的液压冲击，可在电磁阀和溢流阀之间加装缓冲器。

如图 6-54 所示为电磁溢流阀的结构图，它是由先导型溢流阀与常闭型二位二通电磁阀的组合，图 6-55 为实物图。电磁阀的两个油口分别与主阀上腔（导阀前腔）及主阀溢流口相连。当电磁铁断电时，电磁阀两油口断开，对溢流阀没有影响。当电磁铁通电换向时，通过电磁阀将主阀上腔与主阀溢流口相连通，溢流阀溢流口全开，导致溢流阀进口卸压（即压力为零），这种状态称之为卸荷。

先导型溢流阀与常闭型二位二通电磁阀的组合时称为 O 型机能电磁溢流阀；与常开型二位二通电磁阀的组合时称为 H 型机能电磁溢流阀。

电磁溢流阀除应具有溢流阀的基本性能外，还要满足以下要求：

(1)建压时间短。

(2)具有通电卸荷或断电卸荷功能。

(3)卸荷时间短且无明显液压冲击。

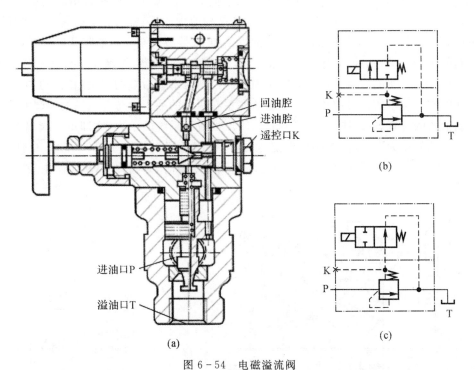

回油腔
进油腔
遥控口K

进油口P

溢油口T

(a)

(b)

(c)

图 6-54　电磁溢流阀

(a)O 型机能电磁溢流阀结构图;(b)O 型机能电磁溢流阀符号;(c)H 型机能电磁溢流阀符号

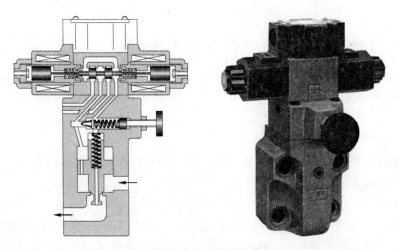

图 6-55　电磁溢流阀实物图

6.3.2.5　卸荷溢流阀

卸荷溢流阀是在二节同心或三节同心式溢流阀基础上加设导阀控制活塞和出口单向阀而成的复合阀,故又称单向溢流阀;由于其主要用于蓄能器系统中泵的自动卸荷及加载和高低压双泵系统中低压大流量泵的卸荷,所以有时也称为卸荷阀。

如图 6-56 所示的 HY 型卸荷溢流阀为二节同心式溢流阀与锥阀式单向阀组合而成,图 6-56(a)是结构图,图 6-56(b)为图形符号。其结构原理如下:锥阀式单向阀设在先导式溢流阀的下端,单向阀体 14 下端面开有溢流阀的进油腔 P(接液压泵)、出油腔 T(接油箱),并开设了单向阀的出油腔 A,油腔 A 通向液压系统(如系统设有蓄能器,则蓄能器与 A 腔连接的油路并联)。单向阀体 14 的右侧开设了通向所加设的控制活塞 6 右端的流道(该流道与 A 相通),控制活塞的左端与主阀弹簧腔相通。控制活塞左右两端的液压力与调压弹簧预调力的大小决定了控制活塞的位置,亦即决定了导阀的启、闭。当液压系统的压力(亦即单向阀出油腔 A 及控制活塞右端的压力)达到溢流阀的调定压力时,控制活塞左移将导阀(即锥阀 8)打开,从而使主阀芯 12 打开,液压泵卸荷;当系统压力降低到一定值时,导阀关闭,从而使主阀关闭,泵向系统加载。

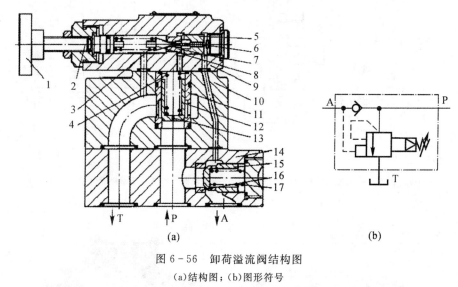

图 6-56 卸荷溢流阀结构图

(a)结构图;(b)图形符号

1—调压手轮;2—调节螺钉;3—调压弹簧;4—主阀弹簧;5—活塞套;6—控制活塞;7—锥阀座;8—锥阀;9—阀盖;10—主阀阀体;11—阀套;12—主阀芯;13—阻尼孔;14—单向阀体;15—单向阀芯;16—单向阀座;17—单向阀弹簧

6.3.2.6 静态特性与动态特性

溢流阀的性能特性包括静态特性和动态特性。静态特性是指阀在稳态工况时的特性,动态特性是指阀在瞬态工况时的特性。

1. 静态特性

溢流阀工作时,随着溢流量 q 的变化,系统压力 p 会产一些波动,不同的溢流阀其波动程度不同。因此一般用溢流阀稳定工作时的压力-流量特性来描述溢流阀的静态特性。这种稳态压力-流量特性又称"启闭特性"。

启闭特性是指溢流阀从开启到闭合过程中,被控压力 p 与通过溢流阀的溢流量 q 之间的关系。它是衡量溢流阀定压精度的一个重要指标。图 6-57 所示为溢流阀的启闭特性曲线。图中 p_n($p_{指}$)为溢流阀调定压力,p_c 和 p_c' 分别为直动型溢流阀和先导型溢流阀的开启压力。它是衡量溢流阀定压精度的一个重要指标,一般用溢流阀处于额定流量、调定压力 p_s 时,开始溢流的开启压力 p_k 及停止溢流的闭合压力 p_b 分别与 p_s 的百分比来衡量,前者称为开启

比 $\bar{p}_k$,后者称为闭合比 $\bar{p}_b$,即

$$\bar{p}_k = \frac{p_k}{p_s} \times 100\% \qquad\qquad (6-30)$$

$$\bar{p}_b = \frac{p_b}{p_s} \times 100\% \qquad\qquad (6-31)$$

式中,p_s 可以是溢流阀调压范围内的任何一个值,显然上述两个百分比越大,则两者越接近,溢流阀的启闭特性就越好,一般应使 $\bar{p}_k \geqslant 90\%$,$\bar{p}_b \geqslant 85\%$,直动式和先导式溢流阀的启闭特性曲线如图 6-57 所示。

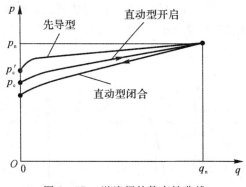

图 6-57　溢流阀的静态性曲线

溢流阀理想的特性曲线最好是一条在 p_n 处平行于流量坐标的直线。其含义是:只有在系统压力 p 达到 p_n 时才溢流,且不管溢流量 q 为多少,压力 p 始终保持为 p_n 值不变,没有稳态控制误差(或称没有调压偏差)。实际溢流阀的特性不可能是这样的,而只能要求它的特性曲线尽可能接近这条理想曲线,调压偏差($p_n - p$)尽可能小。

由图 6-57 所示溢流阀的启闭特性曲线可以看出:

(1) 对同一个溢流阀,其开启特性总是优于闭合特性。这主要是由于在开启和闭合两种运动过程中,摩擦力的作用方向相反所致。

(2) 先导式溢流阀的启闭特性优于直动式溢流阀。也就是说,先导式溢流阀的调压偏差($p_n - p_c'$)比直动式溢流阀的调压偏差($p_n - p_c$)小,调压精度更高。

所谓调压偏差,即调定压力与开启压力之差值。压力越高,调压弹簧刚度越大,由溢流量变化而引起的压力变化越大,调压偏差也越大。

由以上分析可知,直动型溢流阀结构简单,灵敏度高,但压力受溢流量变化的影响较大,调压偏差大,不适于在高压、大流量下工作,常作安全阀或用于调压精度要求不高的场合。先导型溢流阀中主阀弹簧主要用于克服阀芯的摩擦力,弹簧刚度小。当溢流量变化引起主阀弹簧压缩量变化时,弹簧力变化较小。因此阀进口压力变化也较小。先导型溢流阀调压精度高,被广泛用于高压、大流量系统。

溢流阀的阀芯在移动过程中要受到摩擦力的作用,阀口开大和关小时的摩擦力方向刚好相反,使溢流阀开启时的特性和闭合时的特性产生差异。

除启闭特性外,溢流阀的静态性能指标还有以下三点。

(1) 压力调节范围:是指调压弹簧在规定的范围内调节时,系统压力平稳地(压力无突跳

及迟滞现象）上升或下降的最大和最小调定压力。

（2）卸荷压力：当溢流阀作卸荷阀用时，额定流量下进、出油口的压力差称为卸荷压力。

（3）最大允许流量和最小稳定流量：溢流阀在最大允许流量（即额定流量）下工作时应无噪声。溢流阀的最小稳定流量取决于对压力平稳性的要求，一般规定为额定流量的15%。

2. 动态特性

溢流阀的动态特性是指流量阶跃时的压力响应特性，如图6-58所示。其衡量指标主要有响应时间和压力超调量等。

（1）压力超调量。定义为最高瞬时压力峰值与额定压力调定值 p_n 之间的差值为压力超调量 Δp，并将$(\Delta p/p_n)\times 100\%$ 称为压力超调率。压力超调量是衡量溢流阀动态定压误差及稳定性的重要指标，一般压力超调率要求小于 $10\% \sim 30\%$，否则可能导致系统中元件损坏，管道破裂或其它故障。

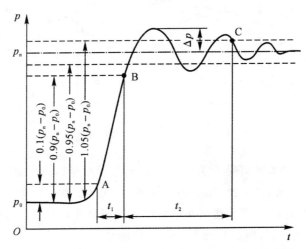

图 6-58　流量阶跃变化时溢流阀的进口压力响应特性

定义最高瞬时压力峰值与额定压力调定值 p_n 的差值为压力超调量 Δp，则压力超调率 $\Delta \bar{p}$ 为

$$\Delta \bar{p} = \frac{\Delta p}{p_n} \times 100\% \qquad (6-32)$$

它是衡量溢流阀动态定压误差的一个性能指标。一个性能良好的溢流阀，其 $\Delta \bar{p} < 10\% \sim 30\%$。

（2）响应时间 t_1。指从起始稳态压力 p_0 与最终稳态压力 p_n 之差的10%上升到90%的时间，即图6-58中A，B两点间的时间间隔。t_1 越小，溢流阀的响应越快。

（3）过渡过程时间 t_2。指从 $0.9(p_n - p_0)$ 的B点到瞬时过渡过程的最终时刻C点之间的时间。t_2 越小，溢流阀的动态过渡过程越短。

（4）升压时间 Δt_1。指流量阶跃变化时，$0.1(p_n - p_0) \sim 0.9(p_n - p_0)$ 的时间，即图6-59中A和B两点间的时间，与上述响应时间一致。

（5）卸荷时间 Δt_2。指卸荷信号发出后，$0.9(p_n - p_0) \sim 0.1(p_n - p_0)$ 的时间，即C和D两点间的时间。

Δt_1 和 Δt_2 越小，溢流阀的动态性能越好。

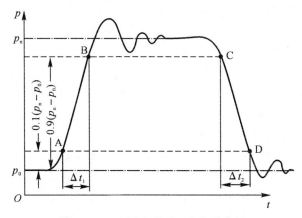

图 6-59　溢流阀的升压与卸荷特性

6.3.3　减压阀

根据"串联减压式压力负反馈"原理设计而成的液压阀称为减压阀,减压阀使出口压力(二次压力)低于进口压力(一次压力),使用一个油源能同时提供两个或几个不同压力的输出。减压阀在各种液压设备的夹紧系统、润滑系统和控制系统中应用较多。此外,当油液压力不稳定时,在回路中串入一减压阀可得到一个稳定的较低的压力。

减压阀的特征是:阀与负载相串联,调压弹簧腔有外接泄油口,采用出口压力负反馈。按其控制压力可分为定值输出减压阀(出口压力为定值)、定比减压阀(进口和出口压力之比为定值)和定差减压阀(进口和出口压力之差为定值)三种。其中,定值和定差减压阀通过压力或压差的反馈与输入量(弹簧预调力)的比较作用,自动调节减压阀口节流面积大小,使输出的二次压力或者一、二次压差基本保持恒定;定比减压阀的输入是一次压力,输入压力、输出压力在阀芯上的作用面积是固定的。通过输出压力的反馈与输入压力比较,自动调节阀口的节流面积,使输入、输出压力之比与作用面积比较接近,基本保持恒定。

上述三类减压阀应用最多的是定值减压阀,与溢流阀类似,定值减压阀也有直动型和先导型之分,但直动型减压阀较少单独使用。在先导型减压阀中,根据先导级供油的引入方式不同,有"先导级由减压出口供油式"和"先导级由减压进口供油式"两种结构形式。

6.3.3.1　定值减压阀

1. 先导级由减压出口供油的减压阀

先导级由减压出口供油的减压阀如图6-60所示,由先导阀和主阀两部分组成。该阀的原理如图6-61所示。压力油由阀的进油口 P_1 流入,经主阀减压口 F 减压后由出口 P_2 流出。锥式先导阀、主阀芯上的阻尼孔(固定节流孔 e)及先导阀的调压弹簧一起构成先导级半桥分压式压力负反馈控制,负责向滑阀式主阀芯的上腔提供经过先导阀稳压后的主级指令压力 p_3 。主阀芯是主控回路的比较器,端面有效面积为 A ,上端面作用有主阀芯的指令力(即液压力 $p_3 A$ 与主阀弹簧力预压力 $K y_0$ 之和),下端面作为主回路的测压面,作用有反馈力 $p_2 A$,其合力可驱动阀芯,并调节减压口 f 的大小,最后达到对出口压力 p_2 进行减压和稳压的目的。

由图可见,出口压力油经阀体与下端盖的通道流至主阀芯的下腔,再经主阀芯上的阻尼孔 e 流到主阀芯的上腔,最后经导阀阀口及泄油口 L 流回油箱。因此先导级的进口(即阻尼孔 e

的进口）压力油引自减压阀的出口 P_2，故称为先导级由减压出口供油的减压阀。

工作时，若出口压力 p_2 低于先导阀的调定压力，先导阀芯关闭，主阀芯上、下两腔压力相等，主阀芯在弹簧作用下处于最下端，减压口 f 开度为最大，阀不起减压作用，此时 $p_2 \approx p_1$。当出口压力达到先导阀调定压力时，先导阀阀口打开，主阀弹簧腔的油液便由外泄口 L 流回油箱，由于油液在主阀芯阻尼孔内流动，使主阀芯两端产生压力差，主阀芯在压差作用下，克服弹簧力抬起，减压阀口 f 开度减小，压降增大，使出口压力下降到调定的压力值。此时，如果忽略液动力、摩擦力，则先导阀和主阀的力平衡方程式为

$$\Delta F = p_2 A - (p_3 A + K y_0) = K y \qquad (6-33)$$

$$p_3 A_S = K_S (x_0 + x) \approx K_S x_0 \quad (常数) \qquad (6-34)$$

式中，A, A_S 分别为主阀和先导阀有效作用面积；K, K_S 分别为主阀和先导阀弹簧刚度；x_0, x 分别为先导阀弹簧预压缩量和先导阀开口量；y_0, y 分别为主阀弹簧预压缩量、主阀调节位移。

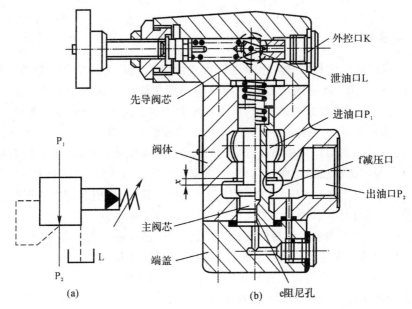

图 6-60 先导级由减压出口供油的先导式减压阀结构图

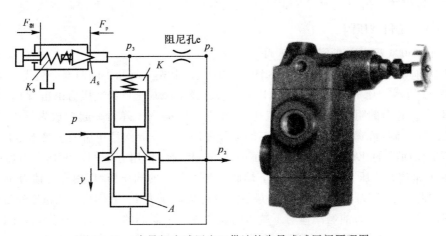

图 6-61 先导级由减压出口供油的先导式减压阀原理图

联立式(6-33)和式(6-34)后,p_2 可写成

$$p_2 \approx (K_s x_0 / A_s + K(y_0 - y))/A \approx (K_s x_0 / A_s + K y_0)/A \qquad (6-35)$$

由式(6-35)可以看出,只要在设计时保证主阀弹簧较软,Ky 可以忽略,且主阀芯的测压面积 A 较大,摩擦力和液动力相对于液压驱动力可以忽略不计,即可使减压阀出口压力基本恒定。

应当指出,当减压阀出口处的油液不流动时,此时仍有少量油液通过减压阀口经先导阀和外泄口流回油箱,阀处于工作状态,阀出口压力基本上保持在调定值上。

2. 先导级由减压进口供油的减压阀

先导级供油既可从减压阀口的出口 P_2 引入,也可从减压阀口的进口 P_1 引入,各有其特点。

先导级供油从减压阀的出口引入时,该供油压力 p_2 是经减压阀稳压后的压力,波动不大,有利于提高先导级的控制精度,但导致先导级的输出压力(主阀上腔压力)p_3 始终低于主阀下腔压力 p_2,若减压阀主阀芯上下有效面积相等,为使主阀芯平衡,不得不加大主阀芯的弹簧刚度,这又会使得主级的控制精度降低。

先导级供油从减压阀的进口 P_1 引入时(见图6-62),其优点是先导级的供油压力较高,先导级的输出压力(主阀上腔压力)p_3 也可以较高,故不需要加大主阀芯的弹簧刚度即可使主阀芯平衡,主级的控制精度可能较高。但减压阀进口压力 p_1 未经稳压,压力波动可能较大,又不利于先导级的控制。为了减小 p_1 波动可能带来的不利影响,保证先导级的控制精度,可以在先导级进口处用一个小型"恒流器"代替原固定节流孔,通过"恒流器"的调节作用使先导级的流量及导阀开口度近似恒定,结果有利于提高主阀上腔压力 p_3 的稳压精度。

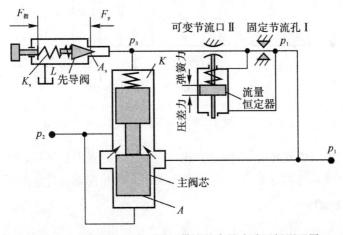

图6-62　先导级由减压进口供油的先导式减压阀原理图

图6-63所示为一种先导级由减压进口供油的减压阀。该阀先导级进口处设有"控制油流量恒定器"6,它由一个固定节流孔 I 和一个可变节流口 II 串联而成。可变节流口借助于一个可以轴向移动的小活塞来改变通油孔的过流面积,从而改变液阻。小活塞左端的固定节流孔,使小活塞两端出现压力差。小活塞在此压力差和右端弹簧的共同作用下而处于某一平衡位置。

如果由减压阀进口引来的压力油的压力 p_1 达到调压弹簧8的调定值时,先导阀7开启,液流经先导阀口流向油箱。这时,小活塞前的压力为减压阀进口压力 p_1,其后的压力为先导阀的控制压力（即主阀上腔压力）p_3,p_3 由调压弹簧8调定。由于 $p_3 < p_1$,主阀芯在上、下腔压力差的作用下克服主阀弹簧5的力向上抬起,减小主阀开口,起减压作用,使主阀出口压力降低为 p_2。因为主阀采用了对称设置许多小孔的结构作为主阀阀口,所以液动力为零。

显然,若先导级阀流量恒定,先导级的输出压力 p_3 就不会波动,这有利于提高减压阀的稳压精度。如何使通过先导阀的流量恒定呢? 其工作原理如图6-63所示。它的先导级以固定节流孔 I 作为流量传感器,将流量转化为 I 上的压力差后与弹簧力平衡,压差恒定时流量自然恒定。通过可变节流口 II,可以自动调节流量。流量大时,流量传感器(固定节流孔 I)的压差则大,该压差作用在活塞6上,压缩弹簧,关小可变节流口 II,将先导级的流量向减小的方向调节;反之则增大可变节流口 II,将先导级的流量向增大的方向调节。总之自动维持先导级流量稳定。因此这种阀的出口压力 p_2 与阀的进口压力 p_1 以及流经主阀的流量无关。

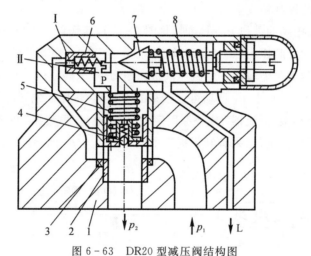

图6-63 DR20型减压阀结构图

1—阀体;2—主阀芯;3—阀套;4—单向阀;5—主阀弹簧;6—活塞;

7—先导阀;8—调压弹簧;I—固定阻尼;II—可变节流口

如果阀的出口压力出现冲击,主阀芯上的单向阀4将迅速开启卸压,使阀的出口压力很快降低。在出口压力恢复到调定值后,单向阀重新关闭。故单向阀在这里起压力缓冲作用。

6.3.3.2 定差减压阀

定差减压阀是使进、出油口之间的压力差等于或近似于不变的减压阀,其工作原理如图6-64所示。油以高压 p_1 经节流口 x 减压后以低压 p_2 流出,同时,低压油经阀芯中心孔将压力传至阀芯上腔,则其进、出油液压力在阀芯有效作用面积上的压力差与弹簧力相平衡,即

$$p = p_1 - p_2 = 4k(x_0 + x)/[\pi(D^2 - d^2)] \tag{6-36}$$

式中,x_0 为当阀芯开口 $x = 0$ 时弹簧(其弹簧刚度为 k)的预压缩量;其余符号如图所示。

由式(6-36)可知,只要尽量减小弹簧刚度 k_s 和阀口开度 x,就可使压力差 Δp 近似地保持为定值。

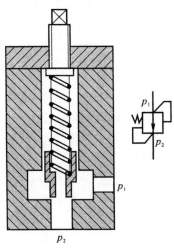

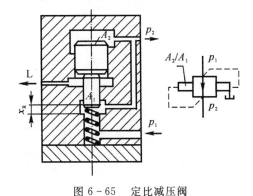

图 6-64　定差减压阀
图 6-65　定比减压阀

6.3.3.3　定比减压阀

定比减压阀能使进、出油口压力的比值维持恒定。如图 6-65 所示为其工作原理图,阀芯在稳态时忽略稳态液动力、阀芯的自重,有

$$p_1 A_1 + k(x_0 + x) = p_2 A_2 \tag{6-37}$$

式中,k 为阀芯下端弹簧刚度;x_0 是阀口开度为 $x=0$ 时的弹簧的预压缩量;阀的图形符号如图 6-65 右边所示。若忽略弹簧力(刚度较小),则有(减压比)

$$p_2/p_1 = A_1/A_2 \tag{6-38}$$

由式(6-38)可见,选择阀芯的作用面积 A_1 和 A_2,便可得到所要求的压力比,且比值近似恒定。

小结:

将先导式减压阀和先导式溢流阀进行比较,它们之间有以下几点不同之处:

(1)减压阀保持出口压力基本不变,而溢流阀保持进口处压力基本不变。

(2)在不工作时,减压阀进、出油口互通,而溢流阀进出油口不通。

(3)为保证减压阀出口压力调定值恒定,它的导阀弹簧腔需通过泄油口单独外接油箱;而溢流阀的出油口是通油箱的,所以它的导阀的弹簧腔和泄漏油可通过阀体上的通道和出油口相通,不必单独外接油箱。

【例 6-1】　如图 6-66 所示回路中,溢流阀的调整压力 $p_Y = 5$ MPa,减压阀的调整压力 $p_L = 2.5$ MPa。试分析下列各种情况,并说明减压阀阀口处于什么状态。

(1)夹紧缸在未夹紧工件前做空载运动时,A,B,C 三点的压力各为多少?

(2)当泵压力 $p_B = p_Y$ 时,夹紧缸使工件夹紧后,A,C 点的压力为多少?

(3)当泵压力由于工作缸快进,压力降到 $p_B = 1.5$ MPa 时,(工作原先处于夹紧状态),A,C 点的压力各为多少?

解　(1)夹紧缸做空载快速运动时,$p_C = 0$。A 点的压力如不考虑油液流过单向阀造成的压力损失，$p_A = 0$。因减压阀阀口全开，若压力损失不计，则 $p_B = 0$。由此可见，夹紧缸空载快速运动时将影响到泵的工作压力。

（2）工件夹紧时，夹紧缸压力即为减压阀调整压力，$p_A = p_C = 2.5\,\text{MPa}$，减压阀开口很小，这时仍有一部分油通过减压阀芯的小开口（或三角槽），将先导阀打开而流出，减压阀阀口始终处于工作状态。

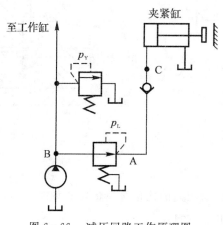

图 6-66　减压回路工作原理图

（3）泵的压力突然降到 1.5 MPa 时，减压阀的进口压力小于调整压力 p_1，减压阀阀口全开而先导阀处于关闭状态，阀口不起减压作用，$p_A = p_B = 1.5\,\text{MPa}$。单向阀后的 C 点压力，由于原来夹紧缸处于 2.5 MPa，单向阀在短时间内有保压作用，故 $p_C = 2.5\,\text{MPa}$，以免夹紧的工件松动。

6.3.4　顺序阀

顺序阀是以压力为信号自动控制油路通断的压力控制阀。常用于控制同一系统多个执行元件的顺序动作。按其控制方式有内控和外控之分；按其结构又有直动式和先导式之分。

顺序阀的工作原理，性能和外形与相应的溢流阀相似，其要求也相似。但因功用不同，故有下述特殊要求。

（1）为使执行元件的顺序动作准确无误，顺序阀的调压偏差要小，即尽量减小调压弹簧的刚度。

（2）顺序阀相当于一个压力控制开关，因此要求阀在接通时压力损失小，关闭时密封性能好。对于单向顺序阀（将顺序阀和单向阀的油路并联制造于一体），反向接通时压力损失也要小。

直动式内控式顺序阀，其主要零件有阀体、阀盖、阀芯、控制活塞、调压弹簧等。直动式顺序阀的工作原理与直动式溢流阀相同。进口压力油经通道作用于控制活塞的底部。当此液压力小于作用于阀芯上部的调压弹簧预紧力时，阀芯处于最下端，进出油口不通；当作用于控制活塞底部的液压力大于调压弹簧预紧力时，阀芯上移，进出油口接通，压力油进入下游执行元件进行工作。调节调压弹簧的预压缩量即可调节顺序阀的开启压力。因为是进口压力控制阀芯的启闭,所以称为内控式顺序阀。

先导式顺序阀的工作原理与先导式溢流阀的工作原理完全相同,在此不再赘述。但有以下几点需要说明:

(1)溢流阀出口节油箱,而顺序阀则通向另一液压支路。

(2)溢流阀弹簧腔在阀内部直接和出口接通,而顺序阀单独回油箱。

(3)溢流阀阀芯浮动,通过不断调节阀芯的开口,以保持入口压力,而顺序阀不需浮动,只有开关两种位置。

(4)溢流阀进出口压差较大,而顺序阀则希望越小越好,一般为 $0.2 \sim 0.4$ MPa。

顺序阀在液压系统中的应用:

(1)控制多个执行元件的顺序动作。

(2)与单向阀组合成单向顺序阀,作平衡阀。保持垂直放置的液压缸不因自重而下落。

(3)外控顺序阀作卸荷阀用,可使液压泵卸荷。

(4)作背压阀用,接在回油路上,增大背压,使执行元件的运动平稳。

顺序阀的作用是利用油液压力作为控制信号控制油路通断。顺序阀也有直动型和先导型之分,根据控制压力来源不同,它还有内控式和外控式之分。通过改变控制方式、泄油方式以及二次油路的连接方式,顺序阀还可用作背压阀、卸荷阀和平衡阀等。

6.3.4.1　直动型顺序阀

直动型顺序阀如图 6-67 所示,图 6-67(a)为实际结构图,图 6-67(b)为原理图。直动式顺序阀通常为滑阀结构,其工作原理与直动式溢流阀相似,均为进油口测压,但为了减小调压弹簧刚度,顺序阀还设置了断面积比阀芯小的控制活塞 A。顺序阀与溢流阀的区别还有:
① 出口不是溢流口,因此出口 P_2 不接回油箱,而是与某一执行元件相连,弹簧腔泄漏油口 L 必须单独接回油箱;② 顺序阀不是稳压阀,而是开关阀,它是一种利用压力的高低控制油路通断的“压控开关”,严格地说,顺序阀是一个二位二通液动换向阀(画出两位两通液动换向阀符号);③ 顺序阀芯和阀体间的封油长度比溢流阀长。

工作时,压力油从进油口 P_1(两个)进入,经阀体上的孔道 a 和端盖上的阻尼孔 b 流到控制活塞(测压力面积为 A)的底部,当作用在控制活塞上的液压力能克服阀芯上的弹簧力时,阀芯上移,油液便从 P_2 流出。该阀称为内控式顺序阀,其图形符号如图 6-67(c)所示。

必须指出,当进油口一次油路压力 p_1 低于调定压力时,顺序阀一直处于关闭状态;一旦超过调定压力,阀口便全开(溢流阀口则是微开),压力油进入二次油路(出口 P_2),驱动另一个执行元件。

若将图 6-67(a)中的端盖旋转 90° 安装,切断进油口通向控制活塞下腔的通道,并打开螺堵 K,引入控制压力油,便成为外控式顺序阀,外控顺序阀阀口开启与否,与阀的进口压力 p_1 的大小没有关系,仅取决于控制压力的大小。

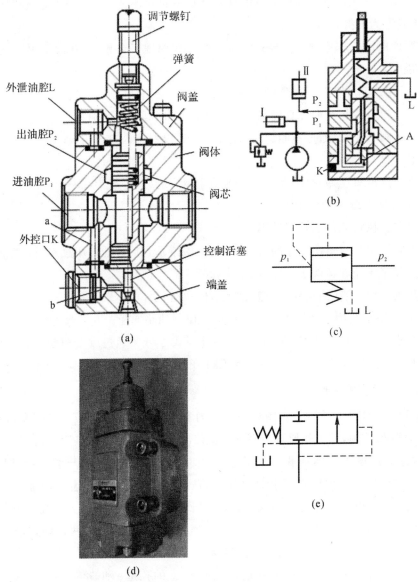

图 6 - 67　直动式顺序阀

（a）结构图；（b）原理图；（c）内控式直动型顺序阀的符号；（d）外形图；（e）职能符号

6.3.4.2　先导型顺序阀

如果在直动型顺序阀在基础上，将主阀芯上腔的调压弹簧用半桥式先导调压回路代替，且将先导阀调压弹簧腔引至外泄口 L，就可以构成图 6 - 68 所示先导式顺序阀。这种先导式顺序阀的原理与先导式溢流阀相似，所不同的是二次油路即出口不接回油箱，泄漏油口 L 必须单独接回油箱。但这种顺序阀的缺点是外泄漏量过大。因先导阀是按顺序压力调整的，当执行元件达到顺序动作后，压力可能继续升高，将先导阀口开得很大，导致大量流量从导阀处外泄。故在小流量液压系统中不宜采用这种结构。

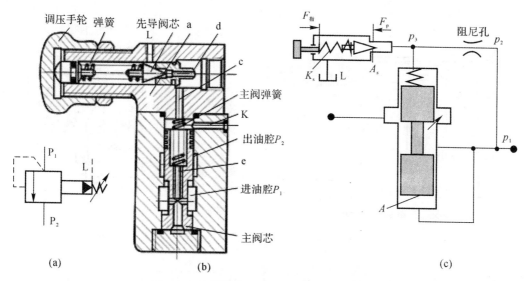

图 6－68　外泄量较大的一种先导式顺序阀

(a) 先导式顺序阀符号；(b) 结构图；(c) 原理简图

为减少导阀处的外泄量，可将导阀设计成滑阀式，令导阀的测压面与导阀阀口的节流边分离［见图 6－68(b)］。先导级设计如下：

(1) 导阀的测压面与主油路进口一次压力 p_1 相通，由先导阀的调压弹簧直接与 p_1 相比较。

(2) 导阀阀口回油接出口二次压力 p_2，这样可不致产生大量外泄流量。

(3) 导阀弹簧腔接外泄口（外泄量极小），使导阀芯弹簧侧不形成背压。

(4) 先导级仍采用带进油固定节流口的半桥回路，固定节流口的进油压力为 p_1，先导阀阀口仍然作为先导级的回油阀口，但回油压力为 p_2。

如图6-69(a) 所示的 DZ 型顺序阀就是基于上述原理的先导式顺序阀。主阀为单向阀式，先导阀为滑阀式。主阀芯在原始位置将进、出油口切断，进油口的压力油通过两条油路，一路经阻尼孔进入主阀上腔并到达先导阀中部环形腔，另一路直接作用在先导滑阀左端。当进口压力 p_1 低于先导阀弹簧调定压力时，先导滑阀在弹簧力的作用下处于图示位置。当进口压力 p_1 大于先导阀弹簧调定压力时，先导滑阀在左端液压力作用下右移，将先导阀中部环形腔与连通顺序阀出口的油路沟通。于是顺序阀进口压力 p_1 油经阻尼孔、主阀上腔、先导阀流往出口。由于阻尼孔的存在，主阀上腔压力低于下端（即进口）压力 p_1，主阀芯开启，顺序阀进出油口沟通（此时 $p_1 \approx p_2$）。由于经主阀芯上阻尼孔的泄漏不流向泄油口 L，而是流向出油口 P_2，又因主阀上腔油压与先导滑阀所调压力无关，仅仅通过刚度很弱的主阀弹簧与主阀芯下端液压保持主阀芯的受力平衡，故出口压力 p_2 近似等于进口压力 p_1，其压力损失小。与图 6－68 所示的顺序阀相比，DZ 型顺序阀的泄漏量和功率损失大为减小。

把外控式顺序阀的出油口接通油箱，且将外泄改为内泄，即可构成卸荷阀。

当顺序阀内装并联的单向阀，可构成单向顺序阀。单向顺序阀也有内外控之分。若将出油口接通油箱，且将外泄改为内泄，即可作平衡阀用，使垂直放置的液压缸不因自重而下落。

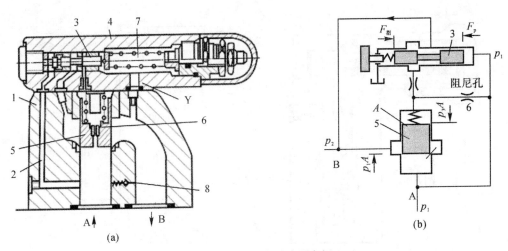

图 6 - 69　DZ 型先导式顺序阀

1—主阀阀体；2—进油通道；3—先导滑阀；4—先导阀阀体；5—主阀芯；6—阻尼孔；7—调压弹簧

各种顺序阀的职能符号见表 6 - 3。

表 6 - 3　顺序阀的图形符号

名　　称	顺序阀	外控顺序阀	背压阀	卸荷阀	内控单向顺序阀	外控单向顺序阀	内控平衡阀	外控平衡阀
控制与泄油方式	内控外泄	外控外泄	内控内泄	外控内泄	内控外泄加单向阀	外控外泄加单向阀	内控内泄加单向阀	外控内泄加单向阀
图形符号								

6.3.5　平衡阀

平衡阀是工程机械液压系统中使用较多的一种阀,它对改善机构的使用性能起着重要的作用。例如汽车起重机的起升机构、变幅机构以及伸缩机构,带负载下降时,若无平衡阀,机构就会在负载的作用下产生超速下降。因此为了实现平稳下降,就需在下降的回路中安装一个限制负载下降速度的阀——平衡阀。其中在全液压行走系统中,在下坡过程中也会产生超速下滑的现象,因此也可使用平衡阀防止超速下滑。平衡阀的作用,一是能使油缸在受特定方向上外力作用时产生背压并阻止这个方向上的运动;二是防止油缸活塞超速下降并有效地控制下降速度。由此看来,在活塞下降过程中油压受节流阻尼是必要的,这种"刹车"性质的能量损耗是有益的。平衡阀就其结构和工作原理不同又可分为若干种。目前运用最广、经常能见到的平衡阀一般有单向节流式的和单向顺序式的两种。

1. 单向节流形式的平衡阀

单向节流形式的平衡阀是指该阀在形式上是由单向阀和节流阀组成的,但它又不同于普通单向节流阀。普通单向节流阀的三角节流槽贯穿阀芯上的密封环线,切断了密封环线,所以它没有完全关闭油流的结构,而且阀芯的弹簧很软,液流正向流动时可轻松打开单向阀而通过;但在反向来油时,单向阀回到关闭位置,油液只能慢慢通过阀芯上的节流槽,使其在反方向上受节流而降低运动速度。可见,它在正、反两个方向上都能不同程度地使油通过。单向节流形式的平衡阀与之是不相同的:首先,这个节流阀的节流槽开设位置不同,这里的节流槽并未穿过阀芯的密封环线,因此它有完整的密封环,可以在一定情况下完全地切断流油。其次,阀芯上的弹簧刚度大大加强,使单向阀的单向通过功能几乎被异化成了顺序阀功能。常态下单向阀芯被弹簧压紧而完全处于关闭状态,可实现背压,并阻止油缸在反方向上的运动。在阀芯对面又增加了一个导控活塞,可以在外来控制压力作用下推动单向阀芯开启,实现油液反向导通,并可根据外控压力改变其开度实现节流口大小的调节,以达到控制油缸或马达运动速度的目的,从这一点上说把它叫做"液控单向节流阀"会更形象、更好理解一些。

2. 单向顺序式的平衡阀

单向顺序式的平衡阀和单向节流式的平衡阀功效几乎是一样的。单向顺序式的平衡阀其结构上是由一个单向阀和一个顺序阀并联组成的;而前文所述单向节流式平衡阀中的单向阀,由于其弹簧刚度的加强,它几乎已被异化成了顺序阀了,再加上它后来又并上去的单向阀,这样二者就已是殊途同归了。

图 6-70 所示的平衡阀是由单向阀和外控顺序阀组成的。P_1,P_2 为主油口,K 为控制油口。当油液从 P_1 流向 P_2 时,K 口须通压力油,将顺序阀阀芯打开,此时单向阀关闭;当油液从 P_2 流向 P_1 时,单向阀开启。

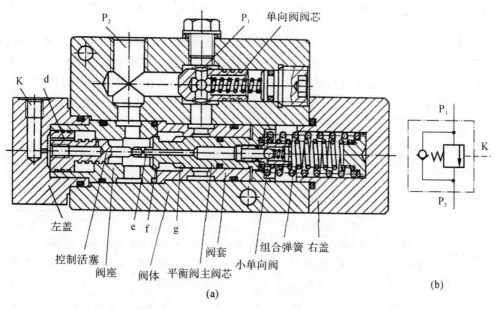

图 6-70　单向阀和外控顺序阀组成的平衡阀

(a)结构图；(b)图形符号

图 6-71 所示为在工程机械领域得到广泛应用的一种平衡阀结构。重物下降时液流流动方向为 B 到 A,X 为控制油口。当没有输入控制油时,由重物形成的压力油作用在锥阀 2 上,重物被锁定。当输入控制油时,推动活塞 4 右移,先顶开锥阀 2 内部的先导锥阀 3。由于先导锥阀的右移,切断了弹簧腔与 B 口高压腔的通路,弹簧腔很快卸压。此时,B 口还未与 A 口沟通。当活塞 4 右移至其右端面与锥阀 2 端面接触时,其左端环形处的右端面正好与活塞组件 5 接触形成一个组件。下一步,4 和 5 的组件在控制油压力作用下压缩弹簧 9 而右移,打开锥阀 2。B 口至 A 口的通路依靠阀套上的几排小孔改变其实际过流面积,起到了很好的平衡阻尼作用。

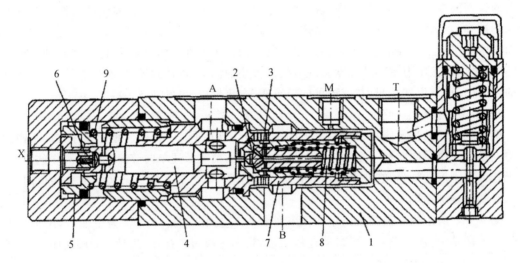

图 6-71　工程机械领域中广泛应用的一种平衡阀结构图
1—阀体;2—锥阀;3—先导锥阀;4—控制活塞;5—活塞组件;6—阻尼组件;7—阀套;8—弹簧组件;9—控制弹簧

小结:溢流阀、减压阀、顺序阀的结构原理与适用场合的综合比较。溢流阀、减压阀、顺序阀均属压力控制阀,结构原理与适用场合既有相近之处,又有很多不同之处,其综合比较见表6-4,具体使用中应该特别注意加以区别,以正确有效地发挥其在液压系统中的作用。

表 6-4　溢流阀、减压阀、顺序阀的结构原理与适用场合的综合比较

比较内容	溢流阀		减压阀		顺序阀	
	直动式	先导式	直动式	先导式	直动式	先导式
先导液压半桥形式		B		B		B
阀芯结构	滑阀、锥阀、球阀	滑阀、锥阀、球阀式导阀;滑阀、锥阀式主阀	滑阀、锥阀、球阀	滑阀、锥阀、球阀式导阀;滑阀、锥阀式主阀	滑阀、锥阀、球阀	滑阀、锥阀、球阀式导阀;滑阀、锥阀式主阀
阀口状态	常闭	主阀常闭	常开	主阀常开	主阀常闭	主阀常闭
控制压力来源	入口	入口	出口	出口	入口	入口

续 表

比较内容	溢流阀		减压阀		顺序阀	
	直动式	先导式	直动式	先导式	直动式	先导式
控制方式	通常为内控	既可内控又可外控	内控	既可内控又可外控	既可内控又可外控	既可内控又可外控
二次油路	接油箱	接油箱	接次级负载	接次级负载	通常接次级负载;作背压阀或卸荷阀时接油箱	通常接次级负载;作背压阀或卸荷阀时接油箱
泄油方式	通常为内泄,可以外泄	通常为内泄,可以外泄	外泄	外泄	外泄	外泄
组成复合阀	可与电磁向阀组成电溢流阀	可与电磁向阀组成电溢流阀,或与单向阀组成卸荷溢流阀	可与单向阀组成单向减压阀	可与单向阀组成单向减压阀	可与单向阀组成单向顺序阀	可与单向阀组成单向顺序阀
适用场合	定压溢流、安全保护、系统卸荷、远程和多级调压、作背压阀		减压稳压、多级减压	减压稳压	顺序控制、系统保压、系统卸荷、作平稀阀、作背压阀	

6.3.6 压力继电器

压力继电器又称压力开关,它是利用液体压力与弹簧力的平衡关系来启、闭电气微动开关(简称"微动开关")触点的液压-电气转换元件,在液压系统的压力上升或下降到由弹簧力预先调定的启、闭压力时,使微动开关通、断,发出电信号,控制电气元件(如电动机、电磁铁、各类继电器等)动作,用以实现液压泵的加载或卸荷、执行器的顺序动作或系统的安全保护和互锁等功能。

压力继电器由压力-位移转换机构和电气微动开关等组成。前者通常包括感压元件、调压复位弹簧和限位机构等。有些压力继电器还带有传动杠杆。感压元件有柱塞端面、橡胶膜片、弹簧管和波纹管结构形式。

按感压元件的不同,压力继电器可分为柱塞式、薄膜式、弹簧管式和波纹管式等多种类型。其中,柱塞式应用较为普遍。按照微动开关的结构不同,压力继电器有单触点和双触点之分。

1. 柱塞式压力继电器

图 6-72 所示为常用柱塞式压力继电器的结构示意图和职能符号。其工作原理如下:当从控制油口 P 进入柱塞 1 下端的油液的压力达到弹簧预调力设定的开启压力时,作用在柱塞 1 上的液压力克服弹簧力通过顶杆 2 使微动开关 4 切换,发出电信号。同样,当液压力下降到闭合压力时,柱塞 1 在弹簧力作用下复位,顶杆 2 则在微动开关 4 触点弹簧力作用下复位,微动开关也复位。调节螺钉 3 可调节弹簧预紧力即压力继电器的启、闭压力。柱塞式压力继

电器结构简单,但灵敏度和动作可靠性较低。

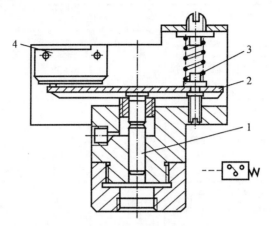

图 6 - 72 柱塞式压力继电器

1—柱塞;2—杠杆;3—弹簧;4—微动开关

2. 薄膜式压力继电器

薄膜式(又称膜片式)压力继电器如图 6 - 73 所示。当控制油口 P 中的液压力达到弹簧 10 的调定值时,液压力通过薄膜 2 使柱塞 3 上移。柱塞 3 压缩弹簧 10 至弹簧座 9 达限位为止。同时,柱塞 3 锥面推动钢球 4 和 6 水平移动,钢球 4 使杠杆 1 绕销轴 12 转动,杠杆的另一端压下微动开关 14 的触点,发出电信号。调节螺钉 11 可调节弹簧 10 的预紧力,即可调节液压力。当油口 P 压力降低到一定值时,弹簧 10 通过钢球 8 将柱塞 3 压下,钢球 6 靠弹簧 5 的力使柱塞定位,微动开关触点的弹簧力使杠杆 1 和钢球 4 复位,电路切换。

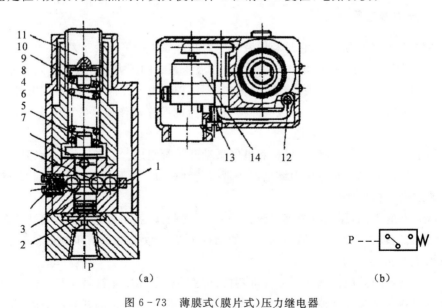

(a)   (b)

图 6 - 73 薄膜式(膜片式)压力继电器

(a)结构图;(b)图形符号

1—杠杆;2—薄膜;3—柱塞;4、6、8—钢球;5—钢球弹簧;7—调节螺钉;

9—弹簧座;10—调压弹簧 11—调节螺钉;12—销轴;13—连接螺钉;14—微动开关

当控制油压使柱塞 3 上移时,除克服弹簧 10 的弹簧力外,还需克服摩擦阻力;当控制油压降低时,弹簧 10 使柱塞 3 下移,摩擦力反向。因此当控制油压上升使压力继电器动作(此压力称开启压力或动作压力)之后,如控制压力稍有下降,压力继电器并不复位,而要在控制压力降低到闭合压力(或称复位压力)时才复位。调节螺钉 7 可调节柱塞 3 移动时的摩擦阻力,从而可使压力继电器的启、闭压力差在一定范围内改变。

薄膜式压力继电器的位移小,反应快,重复精度高,但不宜高压化,且易受控制压力波动的影响。

6.4　流量控制阀

流量控制阀简称"流量阀",它通过改变节流口通流面积或通流通道的长短来改变局部阻力的大小,从而实现对流量的控制,进而改变执行机构的运动速度的。流量控制阀是节流调速系统中的基本调节元件。在定量泵供油的节流调速系统中,必须将流量控制阀与溢流阀配合使用,以便将多余的流量排回油箱。

流量控制阀包括节流阀、调速阀、溢流节流阀和分流集流阀等。

对流量控制阀的主要性能要求是:①当阀前后的压力差发生变化时,通过阀的流量变化要小;②当油温发生变化时,通过节流阀的流量变化要小;③要有较大的流量调节范围,在小流量时不易堵塞,这样使节流阀能得到很小的稳定流量,不会在连续工作一段时阀后因节流口堵塞而使流量减小,甚至断流;④当阀全开时,液流通过节流阀的压力损失要小;⑤阀的泄漏量要小。对于高压阀来说,还希望其调节力矩要小。

6.4.1　节流口的流量特性

6.4.1.1　节流口的流量特性公式

对于节流孔口来说,可将流量公式写成

$$q = KA_0 \Delta p^m \qquad (6-39)$$

式中,A_0 为节流口的通流面积,m^2;Δp 为节流口前、后的压差,Pa;K 为节流系数,由节流口形状、流体流态、流体性质等因素决定,数值由实验得出:对薄壁锐边孔口 $K = C_A (2/\rho)^{0.5}$,对细长孔 $K = d^2/(32\mu L)$,C_d 为流量系数,μ 为动力黏度,d 和 L 为孔径和孔长;m 为由节流口形状和结构决定的指数,$0.5 < m < 1$,当节流口接近于薄刃式时,$m = 0.5$,节流口越接近于细长孔,m 就越接近于 1。

式(6-39)说明通过节流口的流量与节流口的截面积及节流口两端的压力差的 m 次方成正比。在阀口压力差基本恒定的条件下,调节阀口节流面积的大小,就可以调节流量的大小。节流孔口的流量-压差特性曲线如图 6-74 所示。

6.4.1.2　节流口的刚性

节流阀的刚性表示它抵抗负载变化的干扰,保持流量稳定的能力,即当节流阀开口量不变时,由于阀前后压力差 Δp 的变化,引起通过节流阀的流量 q 发生变化的情况。流量变化越小,节流阀的刚性越大,反之,其刚性则小,如果以 T 表示节流阀的刚度,则有

$$T = \mathrm{d}\Delta p / \mathrm{d}q \qquad (6-40)$$

由 $q=KA\Delta p^m$,可得
$$T=\Delta p^{m-1}KAm \tag{6-41}$$

从节流阀特性曲线(见图 6-74)可以发现,节流阀的刚度 T 相当于流量曲线上某点的切线和横坐标夹角 β 的余切,即
$$T=\cot\beta \tag{6-42}$$

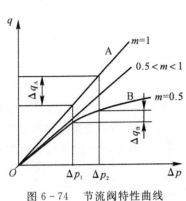

图 6-74 节流阀特性曲线

图 6-75 不同开口时节流阀的流量特性曲线

由图 6-75 和式(6-41)可以得出以下结论:

(1)同一节流阀,阀前后压力差 Δp 相同,节流开口小时,刚度大。

(2)同一节流阀,在节流开口一定时,阀前后压力差 Δp 越小,刚度越低。为了保证节流阀具有足够的刚度,节流阀只能在某一最低压力差 Δp 的条件下,才能正常工作,但提高 Δp 将引起压力损失的增加。

(3)取小的指数 m 可以提高节流阀的刚度,因此在实际使用中多希望采用薄壁小孔式节流口,即 $m=0.5$ 的节流口。

6.4.1.3 影响流量稳定性的因素

液压系统在工作时,希望节流口大小调节好后,流量 q 稳定不变。但实际上流量总会有变化,特别是小流量时流量稳定性与节流口形状、节流压差以及油液温度等因素有关。

1. 压差变化对流量稳定性的影响

当节流口前后压差变化时,通过节流口的流量将随之改变,节流口的这种特性可用流量刚度来表征。由式(6-40)可求得节流口的流量刚度 T 为
$$T=1/(\frac{\partial q}{\partial \Delta p})=\frac{1}{m}\frac{\Delta p}{q} \tag{6-43}$$

流量的刚度反映了节流口在负载压力变化时保持流量稳定的能力。它定义为节流口前后压差 Δp 的变化与流量 q 的波动值的比值。节流口的流量刚度越大,流量稳定性越好,用于液压系统时所获得的负载特性也越好。由式(6-43)可知:

(1)节流口的流量刚度与节流口压差成正比,压差越大,刚度就越大。

(2)当节流口压差一定时,刚度与流量成反比,通过节流口的流量越小,刚度也越大。

(3)系数 m 越小,刚度越大。m 大,Δp 变化后对流量的影响就越大,薄壁孔($m=0.5$)比细长孔($m=1$)的流量稳定性受 Δp 变化的影响要小。因此,为了获得较小的系数,应尽量避免采用细长孔节流,即避免使流体在层流状态下流动,而是尽可能使节流口形式接近于薄壁

孔口,也就是说让流体在节流口处的流动处在紊流状态,以获得较好的流量稳定性。

2. 油温变化对流量稳定性的影响

当开口度不变时,若油温升高,油液黏度会降低。对于细长孔,当油温升高使油的黏度降低时,流量 q 就会增加。所以节流通道长时温度对流量的稳定性影响大。而对于薄壁孔,油的温度对流量的影响是较小的,这是由于流体流过薄刃式节流口时为紊流状态,其流量与雷诺数无关,即不受油液黏度变化的影响;节流口形式越接近于薄壁孔,流量稳定性就越好。

3. 阻塞对流量稳定性的影响

流量小时,流量稳定性与油液的性质和节流口的结构都有关。表面上看只要把节流口关得足够小,便能得到任意小的流量。但是油中不可避免有脏物,节流口开得太小就容易被脏物堵住,使通过节流口的流量不稳定。产生堵塞的主要原因是:① 油液中的机械杂质或因氧化析出的胶质、沥青、炭渣等污物堆积在节流缝隙处。② 由于油液老化或受到挤压后产生带电的极化分子,而节流缝隙的金属表面上存在电位差,故极化分子被吸附到缝隙表面,形成牢固的边界吸附层,因而影响了节流缝隙的大小。以上堆积、吸附物增长到一定厚度时,会被液流冲刷掉,随后又重新附在阀口上。这样周而复始,就形成流量的脉动。③ 阀口压差较大时容易产生堵塞现象。

减轻堵塞现象的措施有以下几项。

(1)采用大水力半径的薄刃式节流口。一般通流面积越大,节流通道越短以及水力半径越大时,节流口越不易堵塞。

(2)适当选择节流口前后的压差。一般取 $\Delta p = 0.2 \sim 0.3\ \mathrm{MPa}$。因为压差太大,能量损失大,将会引起流体通过节流口时的温度升高,从而加剧油液氧化变质而析出各种杂质,造成阻塞;此外,当流量相同时,压差大的节流口所对应的开口量小,也易引起阻塞。若压差太小,又会使节流口的刚度降低,造成流量的不稳定。

(3)精密过滤并定期更换油液。在节流阀前设置单独的精滤装置,为了除去铁屑和磨料,可采用磁性过滤器。

(4)构成节流口的各零件的材料应尽量选用电位差较小的金属,以减小吸附层的厚度。选用抗氧化稳定性好的油液,并控制油液温度的升高,以防止油液过快地氧化和极化,都有助于缓解堵塞的产生。

6.4.1.4　节流口的形式与特征

节流口是流量阀的关键部位,节流口形式及其特性在很大程度上决定着流量控制阀的性能。几种常用的节流口如图 6-76 所示。

(1)图 6-76(a)为针阀式节流口。针阀作轴向移动时,调节了环形通道的大小,由此改变了流量。这种结构加工简单。但节流口长度大,水力半径小,易堵塞,流量受油温变化的影响也大,一般用于要求较低的场合。

(2)图 6-76(b)为偏心式节流口。在阀芯上开一个截面为三角形(或矩形)的偏心槽,当转动阀芯时,就可以改变通道大小,由此调节了流量。偏心槽式结构因阀芯受经向不平衡力,高压时应避免采用。

(3)图 6-76(c)为轴向三角槽式节流口。在阀芯端部开有一个或两个斜的三角槽,轴向移动阀芯就可以改变三角槽通流面积从而调节了流量。在高压阀中有时在轴端铣两个斜面来实现节流。轴向三角槽式节流口的水力半径较大。小流量时的稳定性较好。

(4)图6-76(d)为缝隙式节流口。阀芯上开有狭缝,油液可以通过狭缝流入阀芯内孔再经左边的孔流出,旋转阀芯可以改变缝隙的通流面积大小。这种节流口可以作成薄刃结构,从而获得较小的稳定流量,但是阀芯受径向不平衡力,故只适用于低压节流阀中。

(5)图6-76(e)为轴向缝隙式节流口。在套筒上开有轴向缝隙,轴向移动阀芯就可以改变缝隙的通流面积大小。这种节流口可以作成单薄刃或双薄刃式结构,流量对温度不敏感。在小流量时水力半径大,故小流量时的稳定性好,因而可用于性能要求较高的场合(如调速阀中)。但节流口在高压作用下易变形,使用时应改善结构的刚度。

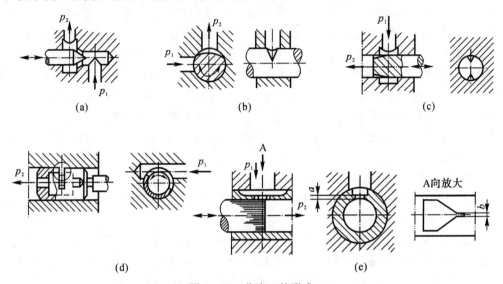

图6-76 节流口的形式

(a)针阀式;(b)偏心式;(c)轴向三角槽式;(d)缝隙式;(e)轴向缝隙式

对比图6-76中所示的各种形状节流口,图(a)的针阀式和图(b)的偏心式由于节流通道较长,故节流口前后压差和温度的变化对流量的影响较大,也容易堵塞,只能用在性能要求不高的地方。而图(e)所示的轴向缝隙式,由于节流口上部铣了一个槽,使其厚度减小到0.07~0.09 mm,成为薄刃式节流口,其性能较好,可以得到较小的稳定流量。

6.4.2 流量负反馈

流量阀的节流面积一定时,节流口压差受负载变化的影响不可避免地要发生变化,由此会导致流量的波动。负载变化引起的流量波动可以通过流量负反馈来加以减小或消除。流量负反馈是增大流量刚度的重要手段。

与压力负反馈一样,流量负反馈控制的核心是要构造一个流量比较器和流量测量传感器。流量测量传感器的作用是将不便于直接比较的流量信号转化为便于比较的物理信号,一般转化为力信号后再进行比较。用于一般流量阀的流量测量方法主要有"压差法"和"位移法"两种。

6.4.2.1 流量的"压差法"测量

如图6-77(a)所示,在主油路中串联一个节流面积 A_0 已调定的液阻 R_q(一般采用薄刃式节流口)作为流量一次传感器,其压力差 p_q 则随负载流量 q_L 而变化,故受控流量 q_L 通过液

阻 R_q 转化成压差 p_q;再设置一个作为流量二次传感的微型对称测压油缸 A,将一次传感器输出的压差 p_q 引入该测压油缸 A 的两腔,即可将流量转化成与之相关的活塞推力 F_q,F_q 即为反馈信号,因此液阻 R_q 和压差测量缸 A 一起构成"压差法"流量传感器。这种流量传感器结构简单,易于实现,其缺点是负载流量 q_L 与一次传感器的输出压差 p_q 之间是非线性关系。

　　流量负反馈与压力负反馈相类似,可用弹簧预压力 $F_{指}$ 作为指令信号,并与流量传感器的反馈力 F_q 共同作用在力比较器上,构成"流量-压差-力负反馈",利用比较信号驱动流量调节阀芯,控制其阀口液阻 R_x 的大小,最终达到流量自动稳定控制之目的。因此,要想补偿流量的波动,还须有调节阀口 R_x 及相应的调控回路,要根据油源的不同,选择不同的回路形式。与压力调节相类似,流量调节也有"压力源串联减压式调节"[见图 6-77(c)]和"流量源并联溢流式调节"[见图 6-77(d)]之分。

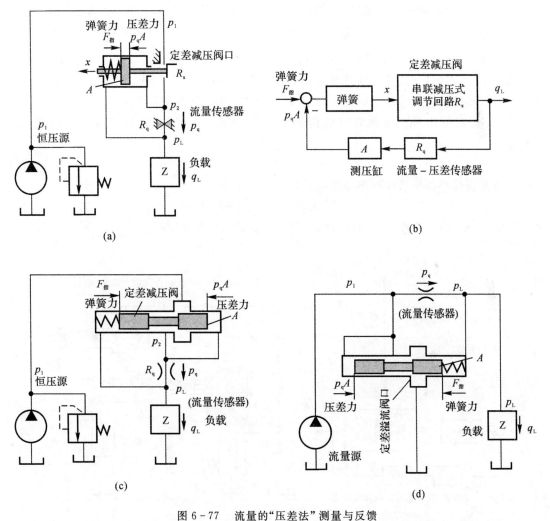

图 6-77　流量的"压差法"测量与反馈

(a)"压差法"流量传感器;(b)控制方框图;(c)压力源串联减压式调节;(d)流量源并联溢流式调节

　　所谓"压力源串联减压式调节"是指系统用压力源(近似恒压源,如定量泵加并溢流阀)供油时,用于流量调节的阀口 R_x 与负载 Z 相串联,构成"R_q-R_x-Z"串联回路,此时阀口 R_x 称为减压阀口。当负载压力 p_L 波动引起负载流量 q_L 变化时,流量传感器 R_q 上的压力差 p_q 也会发生变化,以此为控制依据,调节减压阀口 R_x 开口度,使流量传感器上压力差朝着误差减小的方向变化,从而补偿流量的波动,维持负载流量 q_L 基本恒定。据此原理设计而成的流量阀称为"调速阀"。

"流量源并联溢流式调节"则是指系统用流量源(如定量泵)供油时,用于流量调节的阀口 R_x 应与负载 Z 相并联(此时流量传感器 R_q 与负载 Z 串联),构成并联分流回路才能调节负载流量 q_L 的大小。此时阀口 R_x 称为溢流阀口。当负载压力 p_L 波动引起负载流量 q_L 变化时,流量传感器 R_q 上的压力差 p_q 也会发生变化,以此作为控制信号,调节溢流阀口 R_x 的开口度,使流量传感器上压力差朝着误差减小的方向变化,从而补偿流量的波动,维持负载流量 q_L 基本恒定。据此原理设计而成的流量阀称为"溢流节流阀"。

与压力阀类似,流量阀中流量负反馈也有直动型和先导型之分,但具体结构多为直动型。

6.4.2.2　流量的"位移法"测量

如图 6-78(a)所示为"位移法"流量传感器。与"压差法"相反,本方法是在主油路中串联一个压差 p_q 基本恒定(通过与弹簧预压力平衡而恒定),但节流面积 A_0 可变的节流口 R_q 作为流量的一次传感器。因传感器的压差恒定,故液阻 R_q 及传感器阀芯位移 x_q 将随负载流量 q_L 而变化,受控流量信号相应地转换成传感器的位移信号 x_q。根据节流口流量公式 $q_L = KA_0\Delta p^m$,有

$$A_0 = q_L/(K\Delta p^m) = Cq_L \tag{6-44}$$

若将流量传感器做成线性传感器,令 $A_0 = KA_0 x$,则

$$q_L = (K_0 K\Delta p^m)x_q = C_0 x_q \tag{6-45}$$

式中,C,C_0,K_0 均为常数,即负载流量 q_L 将与传感器的位移成比例。

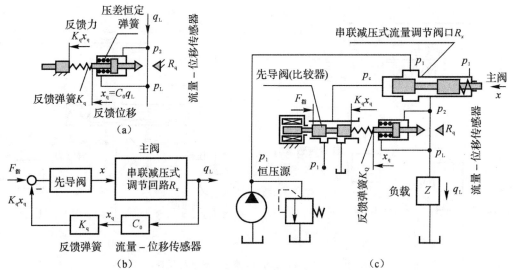

图 6-78　流量的"位移法"测量与反馈

(a)"位移法"流量传感器;(b)控制方框图;(c)串联型"位移法"流量负反馈结构原理图

为了将一次传感器的位移信号转换成便于比较的力信号,再设置一个传感弹簧 K_q 作为

位移-力转换的二次传感器,将一次传感器输出的位移 x_q 联接到该弹簧的一端,将位移 x_q 作为弹簧压缩量,即可将流量 q_L 转换成与之成比例的弹簧压缩力 F_q。F_q 即为反馈。因此,定压差的可变液阻 R_q 和位移测量弹簧一起构成了具有"流量-位移-力负反馈"的所谓"位移法"流量传感器。这种传感器的特点是线性好,但结构复杂,常用于比例流量阀,如图 6-78(c)所示。

"位移法"流量负反馈除传感器不同外,其余部分与"压差法"相同,也有"压力源串联减压式调节"与"流量源并联溢流式调节"两种形式。

6.4.3　节流阀

节流阀是通过改变节流截面面积或节流长度以控制流体流量的阀;将节流阀和单向阀并联则可组合成单向节流阀。节流阀和单向节流阀是简易的流量控制阀,在定量泵液压系统中,节流阀和溢流阀配合,可组成三种节流调速系统,即进油路节流调速系统、回油路节流调速系统和旁路节流调速系统。节流阀没有流量负反馈功能,不能补偿由负载变化所造成的速度不稳定,一般仅用于负载变化不大或对速度稳定性要求不高的场合。

按其功用,具有节流功能的阀有节流阀、单向节流阀、精密节流阀、节流截止阀和单向节流截止阀等;按节流口的结构形式,节流阀有针阀式、沉割槽式、偏心槽式、锥阀式、三角槽式、薄刃式等多种;按其调节功能,又可将节流阀分为简式和可调式两种。

所谓简式节流阀通常是指在高压下调节困难的节流阀,由于其对作用于节流阀芯上的液压力没有采取平衡措施,当在高压下工作时,调节力矩很大,因而必须在无压(或低压)下调节;相反,可调式节流阀在高压下容易调节,它对作用于其阀芯上的液压力采取了平衡措施,因而无论在何种工作状况下进行调节,调节力矩都较小。

对节流阀的性能要求是:

(1)流量调节范围大,流量-压差变化平滑。

(2)内泄漏量小,若有外泄漏油口,外泄漏量也要小。

(3)调节力矩小,动作灵敏。

6.4.3.1　节流阀

节流阀的结构和职能符号如图 6-79 所示。压力油从进油口 P_1 流入,经节流口从 P_2 流出。节流口的形式为轴向三角沟槽式。作用于节流阀芯上的力是平衡的,因而调节力矩较小,便于在高压下进行调节。当调节节流阀的手轮时,可通过顶杆推动节流阀芯向下移动。节流阀芯的复位靠弹簧力来实现;节流阀芯的上下移动改变着节流口的开口量,从而实现对流体流量的调节。

如图 6-80 所示节流阀是一种具有螺旋曲线开口和薄刃式结构的精密节流阀。阀套上开有节流窗口,阀芯 2 与阀套 3 上的窗口匹配后,构成了具有某种形状的薄刃式节流孔口。转动手轮 1(此手轮可用顶部的钥匙来锁定)和节流阀芯后,螺旋曲线相对套筒窗口升高或降低,改变节流面积,即可实现对流量的调节。因而其调节流量受温度变化的影响较小。节流阀芯上的小孔对阀芯两端的液压力有一定的平衡作用,故该阀的调节力矩较小。

6.4.3.2　单向节流阀

图 6-81 所示为单向节流阀的结构图和职能符号,它把节流阀芯分成了上阀芯和下阀芯两部分。当流体正向流动时,其节流过程与节流阀是一样的,节流缝隙的大小可通过手柄进行

调节;当流体反向流动时,靠油液的压力把下阀芯 4 压下,下阀芯起单向阀作用,单向阀打开,可实现流体反向自由流动。

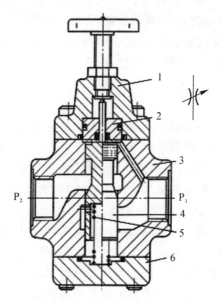

图 6-79　轴向三角槽式节流阀
1—顶盖;2—导套;3—阀体;4—阀芯;5—弹簧;6—底盖

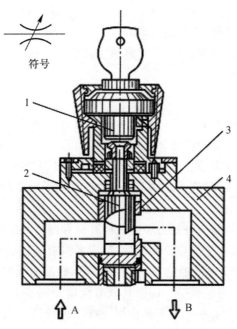

图 6-80　螺旋曲线开口式节流阀
1—手轮;2—阀芯;3—阀套;4—阀体

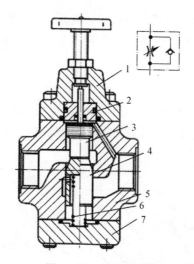

图 6 - 81　单向节流阀

1—顶盖;2—导套;3—上阀芯;4—下阀芯;5—阀体;6—复位弹簧;7—底座

6.4.3.3　行程节流阀

行程节流阀又称减速阀,它是依靠行程挡块或凸轮等机械运动部件推动阀芯以改变节流口通流面积,从而控制通过流量的元件。如图 6 - 82 所示是行程节流阀的结构和图形符号,行程挡块通过滚轮 1 推动阀芯 4 上、下运动。在行程挡块未接触滚轮时,节流口开度最大(常开式)。从进油口 P_1 进入的压力油经节流口后由出油口 P_2 流出,阀的通过流量最大;在行程挡块接触滚轮后,节流口开度随阀芯逐渐下移、逐渐减小,阀的通过流量逐渐减少;当带动挡块的执行器到达行程终点(规定位置)时,挡块将使阀的节流口趋于关闭,通过流量趋于零,执行器逐渐停止运动。泄漏到弹簧腔的油液从泄油口 L 接回油箱。

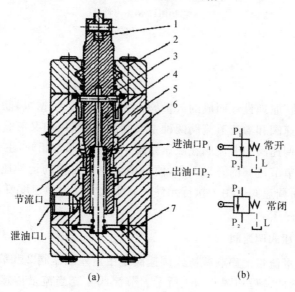

(a)　　　　　(b)

图 6 - 82　行程节流阀

(a)结构图;(b)图形符号

1—滚轮;2—端盖;3—定位销;4—阀芯;5—阀体;6—弹簧;7—螺盖

通过改变行程挡块的结构形状，可以使行程节流阀获得不同的流量变化规律，以满足执行器多种不同运动速度的要求。阀芯结构也可作成节流口开度从零到逐渐开大的形式（常闭式），以使通过阀的流量从小到大变化。

6.4.3.4 单向行程节流阀

单向行程节流阀为行程阀与单向阀组合而成的复合阀（见图6-83）。当压力油从进油口 P_1 流向出油口 P_2 时，起行程节流阀的作用；当压力油反向从出油口 P_2 流向进油口 P_1 时，起单向阀作用。单向阀的压力损失很小。

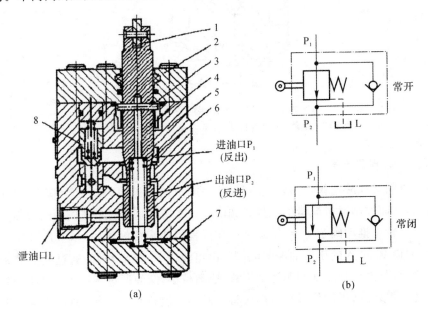

图 6-83 单向行程节流阀
(a)结构图；(b)图形符号
1—滚轮；2—端盖；3—定位销；4—阀芯；5—阀体；6—弹簧；7—螺盖；8—单向阀芯

6.4.4 调速阀

根据"流量负反馈"原理设计而成的流量阀称为调速阀。根据"串联减压式"和"并联溢流式"之差别，又分为调速阀和溢流节流阀两种主要类型，调速阀中又有普通调速阀和温度补偿型调速阀两种结构。调速阀和节流阀在液压系统中的应用基本相同，主要与定量泵、溢流阀组成节流调速系统。调节节流阀的开口面积，便可调节执行元件的运动速度。节流阀适用于一般的节流调速系统，而调速阀适用于执行元件负载变化大而运动速度要求稳定的系统中，也可用于容积节流调速回路中。

6.4.4.1 串联减压式调速阀

采用"压差法"测量流量的串联减压式调速阀是由定差减压阀2和节流阀4串联而成的组合阀，其工作原理及职能符号如图6-84所示。节流阀4充当流量传感器，节流阀口不变时，定差减压阀2作为流量补偿阀口，通过流量负反馈，自动稳定节流阀前后的压差，保持其流量不变。因节流阀（传感器）前后压差基本不变，调节节流阀口面积时，又可以人为地改变流量的大小。

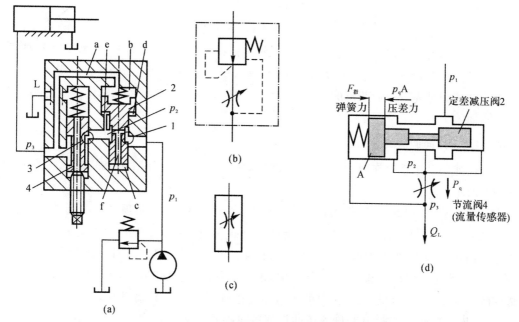

图 6-84　调速阀的工作原理和职能符号

(a)结构原理图;(b)详细图形符号;(c)简化图形符号;(d)反馈原理

1—减压阀阀口;2—定差减压阀;3—节流阀阀口;4—节流阀

设减压阀的进口压力为 p_1,负载串接在调速阀的出口处。节流阀(流量-压差传感器)前、后的压力差(p_2-p_3)代表着负载流量的大小,p_2 和 p_3 作为流量反馈信号分别引到减压阀阀芯两端(压差-力传感器)的测压活塞上,并与定差减压阀芯一端的弹簧(充当指令元件)力相平衡,使减压阀芯平衡在某一位置。减压阀芯两端的测压活塞做得比阀口处的阀芯更粗是为了增大反馈力以克服液动力和摩擦力的不利影响。

当负载压力 p_3 增大时,流经溢流阀的流量有减小的趋势,反馈到减压阀弹簧腔(上腔)的压力变大。由于减压阀芯的惯性,此时阀芯平衡位置未来得及变化,因此减压口的大小不变,反馈到减压阀下腔的压力 p_2 亦不变。p_3 增大而 p_2 不变,使得减压阀芯的平衡状态被打破,阀芯在液压力与弹簧力合力作用下向下移动,减压阀口变大,流经阀口的压力损失 Δp 减小。平衡阀的入口压力 p_1 由溢流阀调定保持不变,阀口入口压力损失 Δp 减小,使得节流阀的入口压力 p_2 也变大,从而使节流阀的压差(p_2-p_3)保持不变;反之亦然。这样就使调速阀的流量恒定不变(不受负载影响)。

液压泵的出口(即调速阀的进口)压力 p_1 由溢流阀调整基本不变,而调速阀的出口压力 p_3 则由液压缸负载 F 决定。油液先经减压阀产生一次压力降,将压力降到 p_2,p_2 经通道 e、f 作用到减压阀的 d 腔和 c 腔;节流阀的出口压力 p_3 又经反馈通道 a 作用到减压阀的上腔 b,当减压阀的阀芯在弹簧力 F_s、油液压力 p_2 和 p_3 作用下处于某一平衡位置时(忽略摩擦力和液动力等),则有

$$p_2A_1+p_2A_2=p_3A+F_s \qquad (6-46)$$

式中,A,A_1 和 A_2 分别为 b 腔、c 腔和 d 腔内压力油作用于阀芯的有效面积,且 $A=A_1+A_2$。

则有
$$p_2 - p_3 = p = F_S/A \qquad (6-47)$$

因为弹簧刚度较低,且工作过程中减压阀阀芯位移很小,可以认为 F_S 基本保持不变,所以节流阀两端压力差($p_2 - p_3$)也基本保持不变,这就保证了通过节流阀的流量稳定。

上述调速阀是先减压后节流的结构。也可以设计成先节流后减压的结构。两者的工作原理基本相同。

6.4.4.2 双向调速阀

双向调速阀功用就是在两个方向可以同时调速,其图形符号如图 6-85 所示,工作原理如图 6-86 所示。

当液压油从 P_1 进入,一路作用在单向阀Ⅳ上,将其关闭,另一路顶开单向阀Ⅰ,到达 a 处又分成两路,一路将单向阀Ⅲ关闭,另一路进入到减压阀的滑阀套的外环槽,进入中心油道。液压油作用在滑阀上,推动滑阀压迫弹簧向右移动,同时液压油又经过滑阀套上的小孔进入滑阀的小头,此力也使滑阀右移,当压力增大时,滑阀右移大,进油口减小,出口压力下降,这样通过滑阀的移动来调节出口压力。出口的压力油经过减压后进入节流阀,从节流阀出来的油进入油道 b,由于单向阀Ⅳ被关闭,则液压油打开单向阀Ⅱ从油道 P_3 流出,进入系统。

在节流套上有小孔,液压油经此小孔进入弹簧腔,作用在减压阀上,当节流口减小时,P_2 压力增加,减压滑阀右移,进油口减小,当节流口开大时,P_2 处压力下降,减压滑阀在弹簧和液压油的作用下推动滑阀左移,使进油口增加。

正向供油油路为
$$P_1 \rightarrow 单向阀Ⅰ \rightarrow a \rightarrow 减压阀 \rightarrow P_2 \rightarrow 节流阀 \rightarrow b \rightarrow 单向阀Ⅱ \rightarrow P_3$$

反向供油时原理相同,油路如下:
$$P_3 \rightarrow 单向阀Ⅲ \rightarrow a \rightarrow 减压阀 \rightarrow P_2 \rightarrow 节流阀 \rightarrow b \rightarrow 单向阀Ⅳ \rightarrow P_1$$

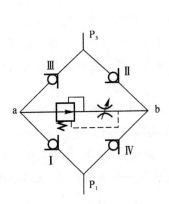

图 6-85 双向调速阀符号

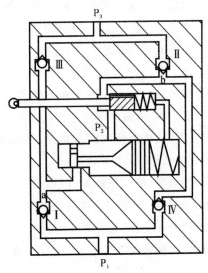

图 6-86 双向调速阀结构原理图

液压油从 P_3 进入减压阀后,压力为 p_2,流入节流阀的进油腔,然后经节流阀节流后,压力

为 p_1,流入系统。出油腔的油液压力(即 p_1)通过阀体上的通油孔,反馈至减压阀芯大端左面的承压面上,其作用面积为 $\pi D^2/4$。经减压阀减压后的油液压力(p_2),通过减压阀套上的通油孔,反馈到减压阀芯小端面承压面和大端面左面承压面上,其总的作用面积为 $\pi D^2/4$。

稳态工作时减压阀芯的受力平衡方程为

$$\frac{p_2 \pi D^2}{4} = \frac{p_1 \pi D^2}{4} + F \qquad (6-48)$$

$$\Delta p = p_2 - p_1 = 4F/(\pi D^2) \qquad (6-49)$$

由于减压弹簧力近似一个常数(因弹簧刚度一般均很小,减压口工作位移量也较小),减压阀承压面积亦是一个常数,所以 Δp 也近似一个常数,与外界负载无关。即当调速节流口开度一定时,流经的流量不受出油腔压力的影响,能近似保持不变。这是因为当外界负载压力 p_1 增加时,$\frac{p_1 \pi D^2}{4} + F > \frac{p_2 \pi D^2}{4}$,使减压阀芯左移,减压口开大,油液流经减压口的节流损失减少,减压后的压力 P_2 也就增大,直至 $p_2 - p_1 =$ 常数。当外界负载压力 p_1 下降时,$\frac{p_1 \pi D^2}{4} + F < \frac{p_2 \pi D^2}{4}$,使减压阀芯向右移,减压口关小,油液流经减压口的节流损失增大,减压后的压力 p_2 也就相应下降,直到 $\Delta p =$ 常数。

当油源压力变化而引起 p_2 变化时,同样可根据上述分析方法进行分析。双向调速阀由于有减压阀的压力补偿作用,不论是出油口压力变化,还是进油口压力发生变化,它都能使节流阀前后油液压差保持不变,从而使流量不改变。减压节流型调速阀调节刚性大,因此适用于执行元件负载变化大,而运动速度稳定性又要求较高的场合。

6.4.4.3　温度补偿调速阀

普通调速阀的流量虽然基本上不受外部载荷变化的影响,但是当流量较小时,节流口的通流面积较小,这时节流孔的长度与通流断面的水力半径的比值相对地增大,因而油的黏度(Viscidity)变化对流量变化的影响也增大,所以当油温升高后油的黏度变小时,流量仍会增大。为了减小温度对流量的影响,常采用带温度补偿的调速阀。

温度补偿调速阀的压力补偿原理部分与普通调速阀相同,据 $q = KA\Delta p^m$ 可知,当 Δp 不变时,由于黏度下降,K 值($m \neq 0.5$ 的孔口)上升,此时只有适当减小节流阀的开口面积,方能保证 q 不变。如图 6-87 所示为温度补偿原理图,在节流阀阀芯和调节螺钉之间放置一个线性膨胀系数较大的聚氯乙烯推杆,当油温升高时,本来流量增加,这时温度补偿杆伸长使节流口变小,从而补偿了油温对流量的影响。在 $20 \sim 60 ℃$ 的温度范围内,流量的变化率超过 10%,最小稳定流量可达 20 mL/min(3.3×10^{-7} m³/s)。

6.4.5　溢流节流阀

溢流节流阀与负载相并联,采用并联溢流式流量负反馈,可以认为它是由定差溢流阀和节流阀并联组成的组合阀。其中节流阀充当流量传感器,节流阀口不变时,通过自动调节起定差作用的溢流口的溢流量来实现流量负反馈,从而稳定节流阀前后的压差,保持其流量不变。与调速阀一样,节流阀(传感器)前后压差基本不变,调节节流阀口时,可以改变流量的大小。溢流节流阀能使系统压力随负载变化,没有调速阀中减压阀口的压差损失,功率损失小,是一种较好的节能元件,但流量稳定性略差一些,尤其在小流量工况下更为明显。因此溢流节流阀一般用于对速度稳定性要求相对较高,且功率较大的进油路节流调速系统。

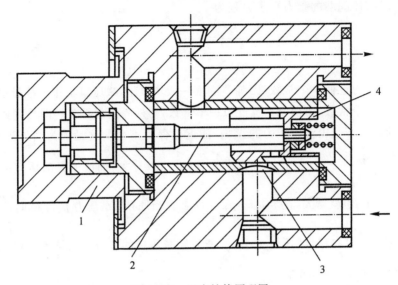

图 6-87　温度补偿原理图
1—手柄;2—温度补偿杆;3—节流口;4—节流阀芯

图 6-88 所示为溢流节流阀的工作原理图和图形符号。溢流节流阀有一个进口 P_1、一个出口 P_2 和一个溢流口 T,因而有时也称之为三通流量控制阀。来自液压泵的压力油 P_1,一部分经节流阀进入执行元件,另一部分则经溢流阀回油箱。节流阀的出口压力为 P_2,P_1 和 P_2 分别作用于溢流阀阀芯的两端,与上端的弹簧力相平衡。节流阀口前后压差即为溢流阀阀芯两端的压差,溢流阀阀芯在液压作用力和弹簧力的作用下处于某一平衡位置。当执行元件负载增大时,溢流节流阀的出口压力 P_2 增加,于是作用在溢流阀阀芯上端的的液压力增大,使阀芯下移,溢流口减小,溢流阻力增大,导致液压泵出口压力 P_1 增大,即作用于溢流阀阀芯下端的液压力随之增大,从而使溢流阀阀芯两端受力恢复平衡,节流阀口前后压差(p_1-p_2)基本保持不变,通过节流阀进入执行元件的流量可保持稳定,而不受负载变化的影响。这种溢流节流阀上还附有安全阀,以免系统过载。

6.4.6　分流阀

分流阀又称为同步阀,它是出口分流阀、集流阀和分流集流阀的总称。

分流阀的作用是使液压系统中由同一个油源向两个以上执行元件供应相同的流量(等量分流),或按一定比例向两个执行元件供应流量(比例分流),以实现两个执行元件的速度保持同步或定比关系。集流阀的作用,则是从两个执行元件收集等流量或按比例的回油量,以实现其间的速度同步或定比关系。分流集流阀则兼有分流阀和集流阀的功能。它们的图形符号如图 6-89 所示。

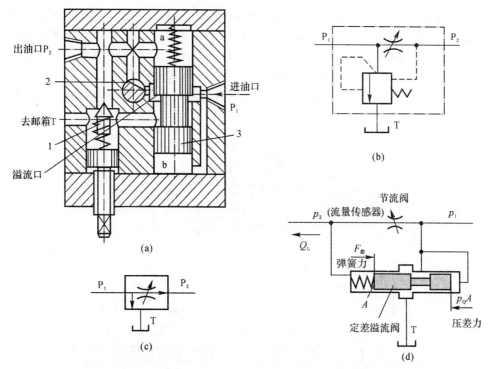

图 6-88　溢流节流阀

(a)结构图；(b)详细符号；(c)简化符号；(d)反馈原理图

1—安全阀；2—节流阀；3—溢流阀

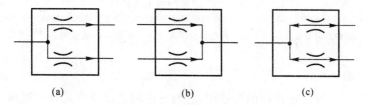

图 6-89　分流集流阀符号

(*a*)分流阀；(b)集流阀；(c)分流集流阀

6.4.6.1　出口分流阀

图 6-90(a)所示为等量分流阀的结构原理图，它可以看作是由两个串联减压式流量控制阀结合为一体构成的。该阀采用"流量-压差-力"负反馈，用两个面积相等的固定节流孔 1、2 作为流量一次传感器，作用是将两路负载流量 q_1、q_2 分别转化为对应的压差值 Δp_1 和 Δp_2。代表两路负载流量 q_1 和 q_2 大小的压差值 Δp_1 和 Δp_2 同时反馈到公共的减压阀芯 6 上，相互比较后驱动减压阀芯来调节 q_1 和 q_2 大小，使之趋于相等。

工作时，设阀的进口油液压力为 p_0，流量为 q_0，进入阀后分两路分别通过两个面积相等的固定节流孔 1,2，分别进入减压阀芯环形槽 a 和 b，然后由两减压阀口(可变节流口)3、4 经出油口 I 和 II 通往两个执行元件，两执行元件的负载流量分别为 q_1、q_2，负载压力分别为 p_3、p_4。如果两执行元件的负载相等，则分流阀的出口压力 $p_3 = p_4$，因为阀中两支流道的尺寸完全对称，所以输出流量亦对称，$q_1 = q_2 = q_0/2$，且 $p_1 = p_2$。当由于负载不对称而出现 $p_3 \neq p_4$，且设

$p_3 > p_4$ 时,分流阀左路出口负载(液阻)增大,压力被憋高,致使 $p_1 > p_2$, $q_1 < q_2$,固定节流孔 $1,2$ 的压差 $\Delta p_1 < \Delta p_2$,此压差反馈至减压阀芯 6 的两端后使阀芯在不对称液压力的作用下左移,使可变节流口 3 增大,节流口 4 减小,从而使 q_1 增大,q_2 减小,直到 $q_1 \approx q_2$,阀芯才在一个新的平衡位置上稳定下来。即输往两个执行元件的流量相等,当两执行元件尺寸完全相同时,运动速度将同步。

根据节流边及反馈测压面的不同布置,分流阀有如图 6-90(b)(c) 所示两种不同的结构。

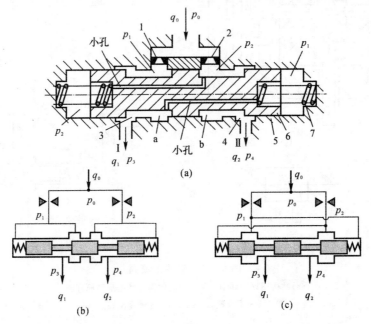

图 6-90　分流阀的工作原理

(a) 结构原理图;(b) 节流边设计在内侧的分流阀;(c) 节流边设计在外侧的分流阀
1,2—固定节流孔;3,4—减压阀的可变节流口;5—阀体;6—减压阀芯;7—弹簧

6.4.6.2　集流阀

如图 6-91 所示为等量集流阀的原理图,它与分流阀的反馈方式基本相同,不同之处如下:

(1) 集流阀装在两执行元件的回油路上,将两路负载的回油流量汇集在一起回油。

(2) 分流阀的两流量传感器共进口压力 p_0,流量传感器的通过流量 q_1(或 q_2)越大,其出口压力 p_1(或 p_2)反而越低;集流阀的两流量传感器共出口 T,流量传感器的通过流量 q_1(或 q_2)越大,其进口压力 p_1(或 p_2)则越高。因此集流阀的压力反馈方向正好与分流阀相反。

(3) 集流阀只能保证执行元件回油时同步。

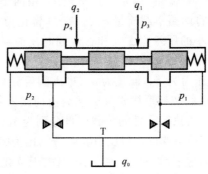

图 6-91　集流阀的工作原理

6.4.6.3　分流集流阀

分流集流阀又称同步阀,它同时具有分流阀和集流阀两者的功能,能保证执行元件进油、回油时均能同步。

如图6-92所示为挂钩式分流集流阀的结构原理图。分流时,因 $p_0 > p_1$(或 $p_0 > p_2$),此压力差将两挂钩阀芯1,2推开,处于分流工况,此时的分流可变节流口由挂钩阀芯1,2的内棱边和阀套5,6的外棱边组成;集流时,因 $p_0 < p_1$(或 $p_0 < p_2$),此压力差将挂钩阀芯1,2合拢,处于集流工况,此时的集流可变节流口是由挂钩阀芯1,2的外棱边和阀套5,6的内棱边组成。

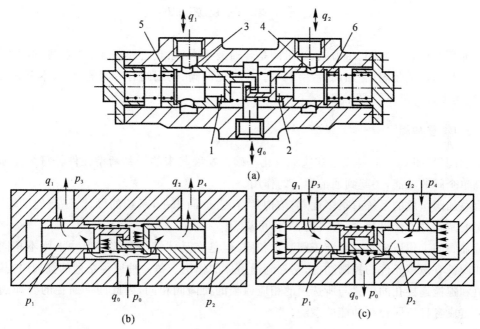

图 6-92　分流集流阀

(a)结构图;(b)分流时的工作原理;(c)集流时的工作原理

1,2—固定节流孔;3,4—可变节流口;5,6—阀芯

6.4.6.4　分流阀精度

分流阀的分流精度高低可用分流误差 ξ 的大小来表示,有

$$\xi = \frac{q_1 - q_2}{q_0/2} \times 100\% \tag{6-50}$$

一般分流阀的分流精度为 $2\%\sim5\%$,其值的大小与进口流量的大小和两出口油液压差的大小有关。分流阀的分流精度还与使用情况有关,如果使用方法适当,可以提高其分流精度,使用方法不适当,会降低分流精度。

影响分流精度的因素有以下几方面:

(1)当固定节流孔的压差太小时,分流效果差,分流精度低。压差大时,分流效果好,也比较稳定。但压差太大又会带来分流阀的压力损失大的问题。希望在保证一定的分流精度下,压力损失尽量小一些。推荐固定节流孔的压差不低于 0.5～1 MPa。

（2）两个可变节流孔处的液动力和阀芯与阀套间的摩擦力不完全相等而产生的分流误差。

（3）阀芯两端弹簧力不相等引起的分流误差。

（4）两个固定节流孔几何尺寸误差带来的分流误差。

必须指出：在采用分流（集流）阀构成的同步系统中，液压缸的加工误差及其泄漏、分流阀之后设置的其它阀的外部泄漏、油路中的泄漏等，虽然对分流阀本身的分流精度没有影响，但对系统中执行元件的同步精度却有直接影响。

6.5 其它液压阀

前面所介绍的方向阀、压力阀、流量阀是普通液压阀，除此之外还有一些特殊的液压阀，如比例阀、伺服阀、插装阀、叠加阀、数字阀等。鉴于比例阀、伺服阀有专门的教材，本节只对叠加阀、插装阀和数字阀作简要介绍。

6.5.1 叠加阀

叠加阀（见图 6-93）是在板式阀集成化基础上发展起来的一种新型元件。每个叠加阀不仅起到单个阀的功能，还起到通油通道的作用。

由叠加阀组成的系统有很多优点：结构紧凑，占地面积小，系统的设计、制造周期短，系统更改时增减元件方便迅速，配置灵活，工作可靠。

叠加阀的工作原理与一般液压阀基本相同，但是在具体结构和连接尺寸上则不相同。每个叠加阀既有液压元件的控制功能，又起到通道体的作用。每一种通径系列的叠加阀，其主油路通道和螺栓连接孔的位置与所选用的相应通径的换向阀相同，因此同一通径的叠加阀都能按要求组成各种不同控制功能的系统。

图 6-93 叠加阀的外形结构及内部结构

叠加阀根据功能可制作成压力控制阀、流量控制阀和方向控制阀三大类，其中方向控制阀仅有单向阀类，主换向阀不属于叠加阀。现对叠加阀作一简单的介绍。

6.5.1.1 　 叠加式溢流阀

先导型叠加式溢流阀由主阀和先导阀两部分组成,如图 6 - 94 所示。阀芯 6 为单向阀式二级同心结构,先导阀为锥阀式结构。图 6 - 94(a)为叠加式溢流阀的结构原理图,该元件的进油口为 P,出油口为 T。油腔 a 与进油口 P 相通,通道 c 与回油口 T 相通,叠加式溢流阀的工作原理与一般的先导型溢流阀相同。图 6 - 94(b)为其职能符号,根据使用情况不同,还有如图 6 - 94(c)所示形式。

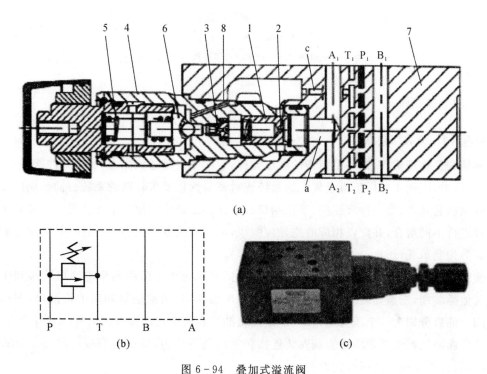

(a)

(b)　　　　　　　　　　　　(c)

图 6 - 94 　 叠加式溢流阀

(a)结构原理图；(b)职能符号；(c)实物图

1—主阀芯；2,3—阻尼孔；4—阀体；5—弹簧；6—单向阀芯；7—阀体；8—油孔

6.5.1.2 　 叠加式调速阀

如图 6 - 95(a)所示为叠加式单向调速阀的结构原理图。其工作原理与一般调速阀基本相同。当压力为 p 的油液从 B 口进入阀体时,经小孔 f 流至单向阀 1 左侧的弹簧腔,油液压力使锥阀式单向阀关闭,压力油经另一通道通入减压阀 5,经控制口后压力降为 p_1 的油液流入节流阀 3,同时压力为 p_1 的油液经阀芯的中心小孔 a 流入阀芯左侧的弹簧腔,作用在大阀芯左侧的环形面积上。油液流经节流阀 3 进入 e 腔,压力降为 p_2,经出油口 B′ 引出,同时 e 腔的油液又经槽 d 进入油腔 c,再经孔道 b 进入减压阀大阀芯右侧的弹簧腔。由于减压阀阀芯受到压力油 p_1、p_2 和弹簧力的作用而处于平衡状态,从而保证了节流阀前后的压力差 $p_1 - p_2$ 为常数,也就保证了通过节流阀的流量基本不变。图 6 - 95(b)为其职能符号。

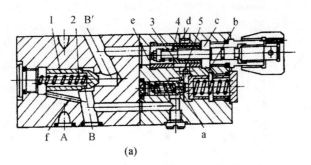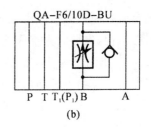

图 6-95　叠加式调速阀

(a)结构原理图；(b)职能符号

1—单向阀；2,4—弹簧；3—节流阀；5—减压阀

6.5.2　插装阀

6.5.2.1　分类与特点

插装阀又称逻辑阀，是一种新型的液压元件，它的特点是通流能力大，密封性能好，动作灵敏、结构简单，因而主要用于流量较大的系统或对密封性能要求较高的系统。插装阀的基本核心元件是插装元件，是一种液控型、单控制口装于油路主级中的液阻单元。将一个或若干个插装元件进行不同组合，并配以相应的先导控制级，可以组成方向控制、压力控制、流量控制或复合控制等控制单元（阀）。

插装阀的分类如图 6-96 所示。其中，二通插装阀为单液阻的两个主油口连接到工作系统或其他插装阀，三通插装阀的三个油口分别为压力油口、负载油口和回油箱油口，四通插装阀的四个油口分别为一个压力油口、一个接油箱油口和两个负载油口。插装阀本身没有阀体，所以插装阀液压系统必须将插装阀安装连接在集成通道块内，按照与集成块的连接方式的不同，插装阀分为盖板式及螺纹式两类。

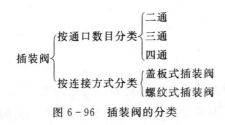

图 6-96　插装阀的分类

插装阀的主流产品是二通盖板式插装阀，其插装元件、插装孔和适应各种控制功能的盖板组件等基本构件标准化、通用化、模块化程度高，具有通流能力大、控制自动化等显著优势，因此成为高压大流量（流量可达 18 000 L/min）领域的主导控制阀品种。三通插装阀从原理而言，由两个液阻构成，故可起到两个插装阀的作用，可以独立控制一个负载腔。但是由于结构的通用化、模块化程度远不及二通插装阀，故应用不太广泛。

螺纹式插装阀原多用于工程机械液压系统，而且往往作为其主要控制阀（如多路阀）的附件形式出现，近 10 余年来在盖板式插装阀技术影响下，逐步在小流量范畴发展成独立体系。

　　盖板式插装阀与螺纹式插装阀的特点比较见表 6－5。插装阀的主要优点是结构简单紧凑,液阻小,通流能力大(通径一般在 16～160 mm,最大可达 250 mm),密封性好,且加工工艺性好,易于实现系列化、标准化等,特别适用于高压、大流量的液压系统。但插装阀组成的系统易产生干扰现象,设计和分析时对其控制油路须给予充分的注意。

表 6－5　盖板式插装阀与螺纹式插装阀的特点比较

特　点	盖板式插装阀	螺纹式插装阀
功能及实现	通过组合插件与阀盖,构成方向、压力、流量等多种控制功能,完整的液压阀功能多依靠先导阀实现	多依靠自身提供完整的液压阀功能,可实现几乎所有方向、压力、流量类型的功能
阀芯形式	多为锥阀式结构,内泄漏非常小,没有卡阻现象,有良好的响应性,能实现高速转换	既有锥阀,也有滑阀
安装连接形式	依靠盖板固连在块体上	依靠螺纹连接在块体上
标准化和互换性	插装孔具有标准,插装元件互换性好,便于维护	
适用范围	16 通径及以上的高压大流量系统	10 通径的高压小流量系统
可靠性	插装阀被直接装入集成块的内腔中,所以减少了泄漏、振动、噪声和配管引起的故障,提高了可靠性	
集成化与成本	液压装置无管集成,省去了管件,可大幅度地缩小安装空间与占地面积,与常规液压装置相比降低了成本	

6.5.2.2　盖板式插装阀

　　盖板式插装阀的结构及图形符号如图 6－97 所示。它由先导控制阀、控制盖板、逻辑单元(由阀套、弹簧、阀芯及密封件组成)和插装块体组成。由于这种阀的插装单元在回路中主要起通、断作用,故又称二通插装阀。

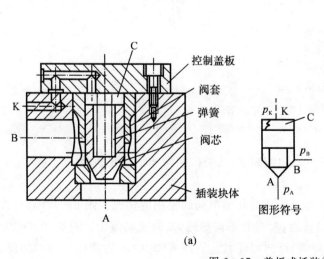
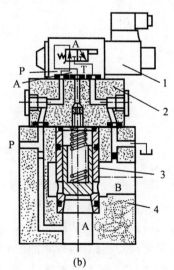

(a)　　　　　　　　　　　　　　　　　　(b)

图 6－97　盖板式插装阀

(a)插装阀逻辑单元;(b)插装阀的组成

1—先导控制阀;2—控制盖板;3—逻辑单元(主阀);4—阀块体

由图 6-98(a)可知不计摩擦力、液动力和阀芯的重力,阀芯上的力平衡关系为

$$\left.\begin{array}{l} p_A A_A + p_B A_B = p_c A_c + F_s \\ p_c A_c > p_A A_A + p_B A_B - F_s \\ p_c A_c < p_A A_A + p_B A_B - F_s \\ p_c A_c = p_A A_A + p_B A_B - F_s \\ \alpha = A_A / A_c \end{array}\right\} \tag{6-51}$$

式中,A_A,A_B,A_c 为阀芯在 A、B、C 腔的承压面积;p_A,p_B,p_c 为 A,B,C 腔的压力;F_s 为弹簧力。

当 $p_c A_c > p_A A_A + p_B A_B - F_s$ 时,阀关闭;

当 $p_c A_c < p_A A_A + p_B A_B - F_s$ 时,阀开启;

而当 $p_c A_c = p_A A_A + p_B A_B - F_s$ 时,阀处于平衡状态。

因此,只要采取适当的方式,控制 C 腔的压力 p_c,就可以控制主油路中 A 腔和 B 腔油液流动的方向和压力;如果控制阀芯开启的高度,就可以控制油液流动的流量。所以插装阀可以构成方向、压力、流量控制功能。

这里,A 腔与 C 腔面积之比 $\alpha = A_A / A_c$ 是一个重要的参数,它对阀的性能有较大的影响。面积比依插装阀的功能不同而不同,一般在 1:1~1:2 之间。

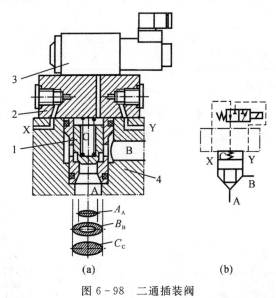

图 6-98 二通插装阀

1—插装组件;2—控制盖板;3—先导控制阀;4—集成块体

插装阀与各种先导阀组合,便可组成方向控制阀、压力控制阀和流量控制阀。

1. 方向控制功能

(1)单向阀的功能如图 6-99 所示为二通插装阀做单向阀使用的情况。图 6-99(a)与普通单向阀功能相同,控制油腔 C 与 B 口连通,A 与 B 单向导通,反向流动截止。图 6-99(b)为控制油腔 C 与 A 口连通,B 与 A 单向导通,反向流动截止。图 6-99 (c)为液控单向阀功能,先导控制油路 K 失压时(图示位置),即为单向阀功能;当先导控制油路 K 有压时,控制油腔 C 失压,可使 B 口反向与 A 口导通。

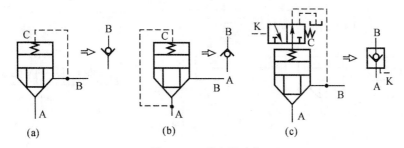

图 6 - 99　单向阀功能

(a)单向阀；(b)单向阀；(c)液控单向阀

(2)换向阀功能用小型的电磁换向阀做先导阀与插装阀组合,通过对电磁换向阀的控制,可组合成不同通数、位数的换向阀。图 6 - 100 所示为由两个插装组件和一个先导阀(二位四通电磁换向阀)组成了二位三通电液换向阀功能。先导阀断电(图示状态),插装阀 1 关闭,P口封闭,插装阀 2 的控制腔失压,A 口通 T 口;先导阀通电时,插装阀 1 的控制腔失压,P 口通A 口,插装阀 2 关闭,T 口封闭。

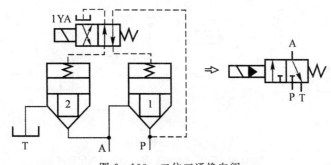

图 6 - 100　二位三通换向阀

如图 6 - 101 所示为用两个小型的二位三通电磁阀控制四个插装组件,可组成四位四通电液换向阀功能。当 1YA 和 2YA 都不通电时,此时油口 P,A,B,T 处于封闭状态,互不相通,相当于 O 型中位机能;当 1YA 和 2YA 同时通电,此时油口 P,A,B,T 全部相通.相当于 H 型中位机能;当 1YA 通电,2YA 不通电,此时油口 P、A 相通,油口 B,T 相通;当 1YA 不通电,2YA 通电,此时油口 P、B 相通,油口 A、T 相通。如果每一个插装组件的控制油路均用一个二位三通电磁换向阀单独先导控制,电磁阀通电,主阀开启,电磁阀断电,主阀关闭,那么四个先导电磁阀按不同组合通电,可以实现主阀的 12 个换向位置(各个位置的机能不同)。

2.压力控制阀功能

用小型的直动式溢流阀作先导阀来控制插装组件,采用不同的控制油路,就可组成各种用途的压力控制阀。作压力控制阀的插装组件,须内设(在阀芯中)或外设(在控制油路上)一阻尼孔,且面积比 α 较小(1：1～1：1.1),以适应压力阀控制原理的需要。

如图 6 - 102(a)所示为由先导溢流阀和内设阻尼孔的插装组件组成的溢流阀,其工作原理与普通的先导式溢流阀相同。

如图 6 - 102(b)所示为由外设阻尼孔的插装组件和先导溢流阀组成的先导式顺序阀。其工作原理与普通的先导式顺序阀相同。

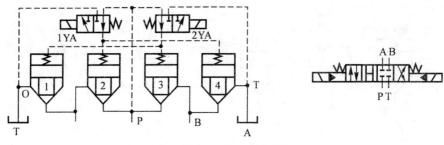

图 6-101　四位四通换向阀

如图 6-102(c)所示的插装阀芯是常开的滑阀结构,B 口为进口,A 口为出口,A 口压力经内设阻尼孔与 C 腔和先导压力阀相通。当 A 口压力上升达到或超过先导压力阀的调定压力时,先导压力阀开启,在阻尼孔压差作用下,滑阀芯上移,关小阀口,控制出口压力为一定值,所以构成了先导式定值减压阀的功能。

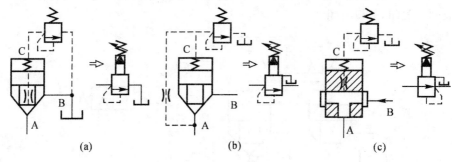

图 6-102　压力控制阀功能
(a)先导式溢流阀;(b)先导式顺序阀;(c)先导式定值减压阀

3. 流量控制阀功能

作流量控制阀的插装组件在锥阀芯的下端带有台肩尾部,其上开有三角形或梯形节流槽;在控制盖板上装有行程调节器(调节螺杆),以调节阀芯行程的大小,即控制节流口的开口大小,从而构成节流阀,如图 6-102(a)所示。

将插装式节流阀前串接一插装式定差减压阀,减压阀芯两端分别与节流阀进出口相通,就构成了调速阀,如图 6-103(b)所示。和普通调速阀的原理一样,利用减压阀的压力补偿功能来保证节流阀进出口压差基本为定值,使通过节流阀的流量不受负载压力变化的影响。

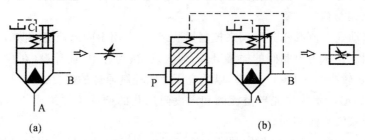

图 6-103　流量控制阀功能
(a)节流阀;(b)调速阀

6.5.2.3　螺纹式插装阀

1. 特点与功能类别

如前所述,螺纹式插装阀早先多见于工程机械液压系统,且往往作为多路换向阀等主要控制阀的附件。近十几年来,在盖板式插装阀技术影响下,逐步在小流量液压领域发展为独立体系。与盖板式二通插装阀相比较,螺纹式插装阀在功能实现、阀芯形式、安装连接形式及适用范围等方面具有不同的特点(两者的详细比较请见表 6-5)。而螺纹式插装阀的显著特点之一是多依靠自身提供完整的液压阀功能。螺纹式插装阀几乎可实现所有方向、压力、流量阀类的功能。螺纹式插装阀及其对应的腔孔有二通、三通、三通短型及四通功能,即阀和阀的腔孔有两个油口、三个油口(三个油口中一个用作控制油口即为三通短型)及四个油口,如图 6-104 所示。图 6-105 列举了装入相同腔孔中的各种螺纹式插装阀。

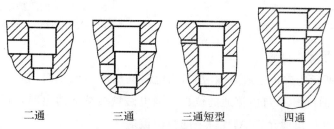

二通　　三通　　三通短型　　四通

图 6-104　二通、三通、三通短型及四通螺纹式插装阀的阀块功能油口布置

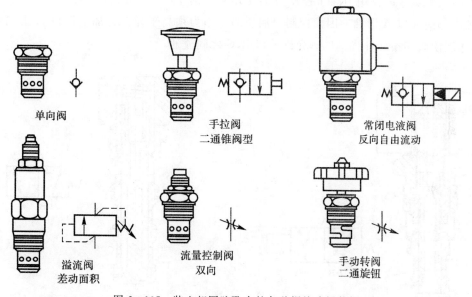

单向阀

手拉阀
二通锥阀型

常闭电液阀
反向自由流动

溢流阀
差动面积

流量控制阀
双向

手动转阀
二通旋钮

图 6-105　装入相同腔孔中的各种螺纹式插装阀

2. 方向控制螺纹式插装阀

(1)单向阀与液控单向阀。

如图 6-106 所示为单向阀,通过更换不同刚度的弹簧 3 可改变单向阀的开启压力。

如图 6-107 所示为液控单向阀,控制活塞 2 的面积一般为阀座面积的 4 倍。当控制口压力至少是弹簧腔压力的 1/4 加上弹簧力折算的油液压力时,液流可以反向(C→V)流动。

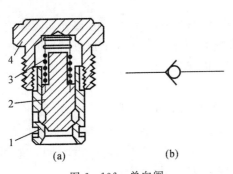

图 6-106 单向阀

(a)结构图；(b)图形符号

1—阀套；2—阀芯；3—弹簧；4—阀盖

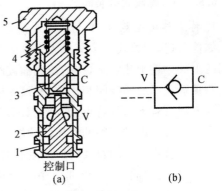

图 6-107 液控单向阀

(a)结构图；(b)图形符号

1—阀套；2—控制活塞；3—阀芯；4—弹簧；5—阀盖

(2)二位三通方向控制阀。

如图 6-108 所示为二位三通电磁滑阀，当电磁铁线圈 B 断电时，弹簧 5 的作用力将阀芯（滑阀）2 推至图示油口 B，C 自由流通的位置。当电磁铁线圈 6 通电时，电磁铁推动阀芯至它的第二个位置，封闭 C 口而允许 A，B 口之间自由流通。

如图 6-109 所示为弹簧复位二位三通液控滑阀，阀芯（滑阀）2 有两个位置，而且是弹簧偏置的。当弹簧 3 的作用力高于控制口油压作用力时，油口 C 被封闭，油口 A，B 之间流通。弹簧腔内部向油口 A 泄油。因而控制口油压的作用力须高于弹簧力加上油口 A 上的油压作用力，才能使阀切换，封闭油口 A，允许油口 B，C 之间流通。

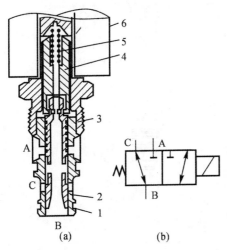

图 6-108 二位三通电磁滑阀

(a)结构图；(b)图形符号

1—阀套；2—阀芯（滑阀）；3—阀盖；

4—衔铁；5—弹簧；6—线圈

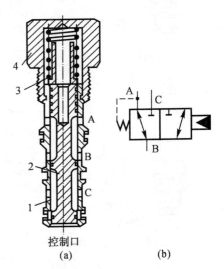

图 6-109 弹簧复位二位三通液控滑阀

(a)结构图；(b)图形符号

1-阀套；2—阀芯（滑阀）；3—弹簧；4—阀盖

3. 压力控制螺纹式插装阀

(1)溢流阀。图6-110为插装式溢流阀。插装式溢流阀的构成与传统的溢流阀类同,此处,直动式溢流阀的阀芯1与先导式溢流阀的主阀芯3均为滑阀式结构,而先导式溢流阀的导阀芯5为球阀式结构。先导式溢流阀的工作原理属于传统的系统压力间接检测方式。

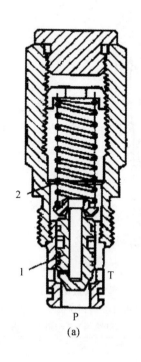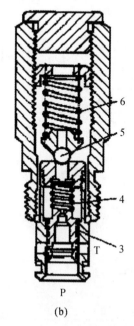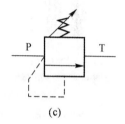

图6-110　插装式溢流阀

(a)直动式;(b)先导式;(c)图形符号

1—直动式阀芯;2—直动式调压弹簧;3—先导式主阀芯;4—先导式复位弹簧;5—先导阀芯;6—先导式调压弹簧

(2)三通减压阀。图6-111为滑阀型先导式三通减压阀。它由阀套1、滑阀式主阀芯2、球阀式先导阀芯4等构成,其工作原理与传统的三通减压阀相同,可实现P→A→A→T方向的流通。通过主阀芯2的下部面积,实现输出压力的内部反馈,以保持输出压力始终与输入信号相对应。当二次压力油口进油时,实现二次压力油口至T口的溢流阀功能。

(3)顺序阀。图6-112为滑阀式直动顺序阀。当一次压力未达到调压弹簧3设定的压力值时,一次压力油口P被封闭,顺序油口通油口T和油箱;当一次压力达到阀的设定值时,阀芯2抬起,实现一次油口和顺序油口间基本无节流的流动。

(4)卸荷阀。图6-113为滑阀式外控卸荷阀。当外控压力未达到调压弹簧3设定的压力值时,压力油口P与油口T间封闭;当外控压力达到阀的设定值时,阀芯2抬起,开度最大,系统卸荷。

4. 流量控制螺纹式插装阀

(1)针式节流阀。图6-114为针式节流阀。通过调节手柄3调节节流阀口的开度获得不同流量,沿两个方向都能节制流量,但阀中没有压力补偿器,故阀的通过流量会因阀口前后压差变化而变化。

(2)压力补偿型流量调节阀。图6-115为由两个螺纹式插装阀组成的二通流量控制阀。常规的可调节流阀1与定差减压阀2(压力补偿器)两者串联运行,其工作原理与常规二通调速阀相同。其通过流量由阀1调节,阀2用于保证节流阀前后压差及流量的恒定。

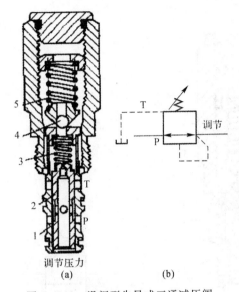

图6-111 滑阀型先导式三通减压阀

(a)结构图;(b)图形符号

1—阀套;2—主阀芯(滑阀);3—复位弹簧;

4—先导阀芯(球阀);5—调压弹簧

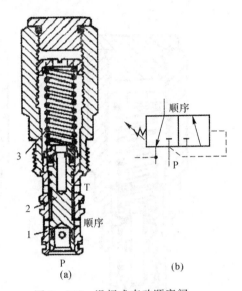

图6-112 滑阀式直动顺序阀

(a)结构图;(b)图形符号

1—阀套;2—阀芯(滑阀);3—调压弹簧

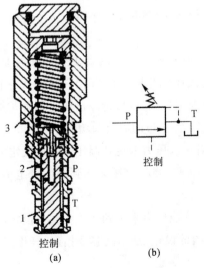

图6-113 滑阀式外控卸荷阀

(a)结构图;(b)图形符号

1—阀套;2—阀芯(滑阀);3—调压弹簧

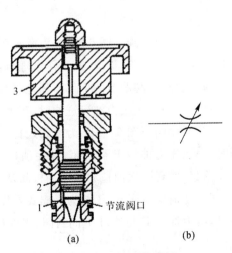

图6-114 针式节流阀

(a)结构图;(b)图形符号

1—阀套;2—阀芯(针阀);3—调节手柄

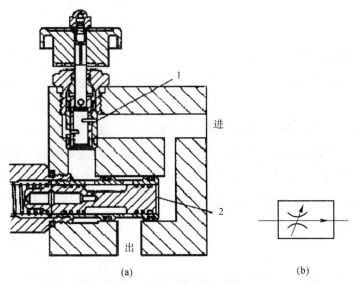

图 6-115　两个螺纹式插装阀组成二通流量控制阀

(a)结构图；(b)图形符号

1—可调节流阀；2—定差减压阀(压力补偿器)

(3)分流集流阀。图 6-116 为压力补偿的不可调分流集流阀,它能按规定的比例分流或集流而不受系统负载或油源压力变化的影响。图 6-116(a)为阀的中立位置；图 6-116(b)为分流工况,当压力油进入系统压力油口时,固定节流孔产生的压差将左右阀芯拉开到端部勾在一起。两个阀芯一起工作以补偿负载压力的变化。图 6-116(c)为集流工况,固定节流孔产生的背压将左右两个阀芯推拢在一起。

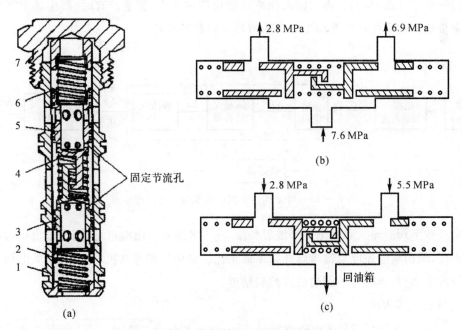

图 6-116　压力补偿的不可调分流集流阀

1—阀套；2,4,6—弹簧；3,5—阀芯；7—阀盖

6.5.3 数字阀

6.5.3.1 功用、特点及分类

电液数字控制阀(简称"数字阀")是用数字信号直接控制液流的压力、流量和方向的阀类。与电液伺服阀和比例阀相比,数字阀的突出特点是,可直接与计算机接口,不需 D/A 转换器,结构简单、价廉、抗污染能力强,操作维护更简单;而且数字阀的输出量准确、可靠地由脉冲频率或宽度调节控制,抗干扰能力强;可得到较高的开环控制精度等,所以得到了较快发展。在计算机实时控制的电液系统中,已部分取代伺服阀或比例阀。根据控制方式的不同,电液数字阀可分为增量式数字阀和脉宽调制(PWM)式高速开关数字阀两大类。

6.5.3.2 增量式电液数字阀

1. 基本工作原理

增量式数字阀是采用由脉冲数字调制演变而成的增量控制方式,以步进电机作为电气-机械转换器,驱动液压阀芯工作,因此又称步进式数字阀。增量式数字阀控制系统工作原理框图如图 6-117 所示。微型计算机发出脉冲序列经驱动器放大后使步进电机工作。步进电机是一个数字元件,根据增量控制方式工作。增量控制方式是由脉冲数字调制法演变而成的一种数字控制方法,是在脉冲数字信号的基础上,使每个采样周期的步数在前一采样周期的步数上,增加或减少一些步数,而达到需要的幅值;步进电机转角与输入的脉冲数成比例,步进电机每得到一个脉冲信号,便得到与输入脉冲数成比例的转角,每个脉冲使步进电机沿给定方向转动一固定的步距角,再通过机械转换器(丝杆-螺母副或凸轮机构)使转角转换为轴向位移,使阀口获得一相应开度,从而获得与输入脉冲数成比例的压力、流量。有时,阀中还设置用以提高阀的重复精度的零位传感器和用以显示被控量的显示装置。

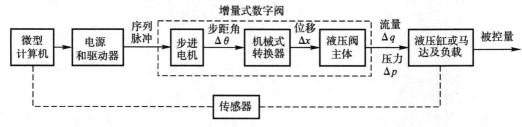

图 6-117　增量式数字阀控制系统工作原理框图

增量式数字阀的输入和输出信号波形如图 6-118 所示。由图可见,阀的输出量与输入脉冲数成正比,输出响应速度与输入脉冲频率成正比。对应于步进电机的步距角,阀的输出量有一定的分辨率,它直接决定了阀的最高控制精度。

2. 电液数字压力阀

图 6-119 为先导型增量式电液数字溢流阀,液压部分由二节同心式主阀和锥阀式导阀两

部分组成,阀中采用了三阻尼器(13、15、16)液阻网络,在实现压力控制功能的同时,有利于提高主阀的稳定性;该阀的电气-机械转换器为混合式步进电机,步距角小,转矩-频率特性好并可断电自定位;采用凸轮机构作为阀的机械转换器。结合图 6-119(a)(c)对其工作原理简要说明如下:单片微型计算机发出需要的脉冲序列,经驱动器放大后使步进电机工作,每个脉冲使步进电机沿给定方向转动一个固定的步距角,再通过凸轮 3 和调节杆 6 使转角转换为轴向位移,使导阀中调节弹簧 19 获得一压缩量,从而实现压力调节和控制。被控压力由 LED 显示器显示。每次控制开始及结束时,由零位传感器 22 控制溢流阀阀芯回到零位,以提高阀的重复精度,工作过程中,可由复零开关复零。该阀额定压力 16 MPa,额定流量 63 L/min,调压范围 0.5~16 MPa,调压当量 0.16 MPa/脉冲,重复精度不大于 0.1%。

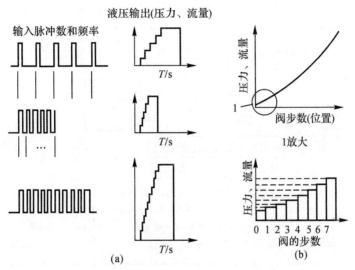

图 6-118　增量式数字阀的输入和输出信号波形图
(a)脉冲速率与液压输出的关系;(b)输入输出特性

3. 电液数字流量阀

如图 6-120 所示为增量式电液数字流量阀。步进电机 1 的转动通过滚珠丝杆 2 转化为轴向位移,带动节流阀阀芯 3 移动,控制阀口的开度,从而实现流量调节。该阀的阀口由相对运动的阀芯 3 和阀套 4 组成,阀套上有两个通流孔口,左边一个为全周开口,右边为非全周开口,阀芯移动时先打开右边的节流口,得到较小的控制流量;阀芯继续移动,继而则打开左边阀口,流量增大,这种结构使阀的控制流量可达 3 600 L/min。阀的液流流入方向为轴向,流出方向与轴线垂直,这样可抵消一部分阀开口流量引起的液动力,并使结构较紧凑。连杆 5 的热膨胀,可起温度补偿作用,减小温度变化引起流量的不稳定。阀上的零位移传感器 6 用于在每个控制周期终了控制阀芯回到零位,以保证每个工作周期有相同的起始位置,提高阀的重复精度。

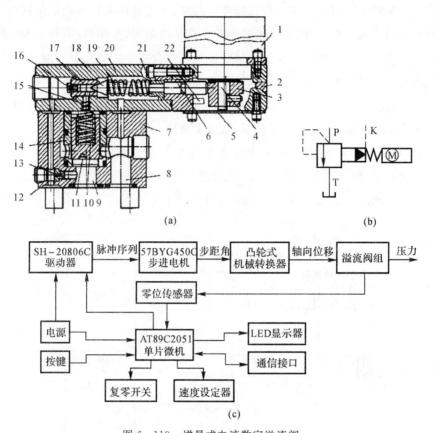

图 6-119　增量式电液数字溢流阀

(a)结构图；(b)图形符号；(c)控制原理方块图

1—步进电机；2—支架；3—凸轮；4—电机轴；5—盖板；6—调节杆；

7—阀体；8—出油口 T；9—进油口 P；10—复位弹簧；11—主阀芯；12—遥控口；13,15,16—阻尼；

14—阀套；17—导阀座 18—导阀芯；19—调节弹簧；20—阀盖；21—弹簧座；22—零位传感器

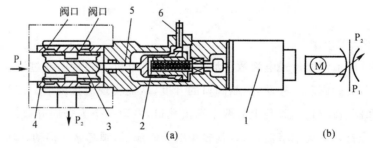

图 6-120　步进电机直接驱动的增量式数字流量阀

(a)结构图；(b)图形符号

1—步进电机；2—滚珠丝杆；3—节流阀阀芯；4—阀套；5—连杆；6—零位移传感器

6.5.3.3　脉宽调制式高速开关数字阀

1. 基本工作原理

脉宽调制式高速开关数字阀(简称"高速开关数字阀")的控制信号是一系列幅值相等，而在每一周期内宽度不同的脉冲信号。脉宽调制式高速开关数字阀控制系统的工作原理框图如图 6-121 所示。微机输出的数字信号通过脉宽调制放大器调制放大后使电气-机械转换器工作，从而驱动液压阀工作。由于作用于阀上的信号为一系列脉冲，所以液压阀只有与之相对应的快速切换的开和关两种状态，而以开启时间的长短来控制流量或压力。高速开关数字阀中液压阀的结构与其他阀不同，它是一个快速切换的开关，只有全开和全闭两种工作状态。电气-机械转换器主要是指力矩马达和各种电磁铁。

　　脉宽调制式高速开关数字阀有二位二通和二位三通两种，两者又各有常开和常闭两类。按照阀芯结构形式不同，有滑阀式、锥阀式和球阀式等。

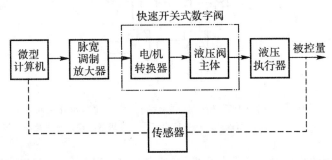

图 6-121　脉宽调制式高速开关数字阀控制系统工作原理框图

2.滑阀式高速开关数字阀

　　如图 6-122 所示为电磁铁驱动的滑阀式二位三通高速开关数字阀。电磁铁断电时，弹簧 1 把阀芯 2 保持在 A 口和 T 口相通位置上；电磁铁通电时，衔铁 3 通过推杆使阀芯左移，P 口与 A 口相通。

　　滑阀式高速开关阀容易获得液压力平衡和液动力补偿，可以在高压大流量下工作，可以多位多通，但这会加长工作行程，影响快速性，加工精度要求高，而密封性较差，因泄漏会影响控制精度。

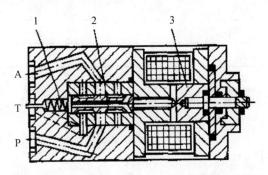

图 6-121　电磁铁驱动的滑阀式二位三通高速开关数字阀
1—弹簧；2—阀芯；3—衔铁

3.球阀式高速开关数字阀

　　如图 6-123 所示力矩马达驱动的球阀式二位三通高速开关阀，其驱动部分为力矩马达，根据线圈通电方向不同，衔铁 2 顺时针或逆时针方向摆动，输出力矩和转角。液压部分有先导级球阀 4,7 和功率级球阀 5,6。若脉冲信号使力矩马达通电时，衔铁顺时针偏转，先导级球阀 4 向下运动，关闭压力油口 P，L_2 腔与回油腔 T 接通，功率级球阀 5 在液压力作用下向上运动，工作腔 A 与 P 相通。与此同时，球阀 7 受 P 作用于上位，L_1 腔与 P 腔相通，球阀 6 向下关闭，断开 P 腔与 T 腔通路。反之,如力矩马达逆时针偏转时,情况正好相反,工作腔 A 则与 T 腔相通。

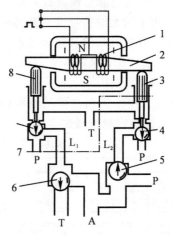

图 6-123　力矩马达驱动的球阀二位三通高速开关阀
1—绕圈锥阀芯;2—衔铁;3,8—推杆;4,7—先导级球阀;5,6—功率级球阀

现有高速开关阀的响应时间通常在几毫秒(见表 6-6),若用压电晶体等特殊材料作电气-机械转换器,则阀的响应时间不到 1 ms。当选择合适的控制信号频率时,阀的通断引起的流量或压力波动经主阀或系统执行器衰减,不至于影响系统的输出,系统将按平均流量或压力工作。

表 6-6　现有脉宽调制式高速开关数字阀的响应时间

结构形式	压力/MPa	流量/(L·min⁻¹)	响应(切换)时间/ms	耗电功率/W
电磁铁滑阀	7～20	10～13	3～6	15
电磁铁锥阀	3～20	4～20	2～3.4	15
电磁铁球阀	10	2.5～3.5	1～5	15～300
力矩马达球阀	20	1.2	0.8	140
压电晶体滑阀	5	0.65	0.5	400

6.6　液压阀的选择与使用

6.6.1　液压阀的选择

任何一个液压系统,正确地选择液压阀,是保证系统设计合理、性能优良、安装简便、维修容易和保证系统正常工作的重要条件。除按系统的功能需要选择各种类型的液压阀,还需考虑额定压力、通过流量、安装形式、操纵方式、结构特点以及经济性等因素。

首先根据系统的功能要求,确定液压阀的类型。根据实际安装情况,选择不同的连接方式,例如管式或板式连接等。然后,根据系统设计的最高工作压力选择液压阀的额定压力,根据通过液压阀的最大流量选择液压阀的流量规格。如溢流阀应按液压泵的最大流量选取,流量阀应按回路控制的流量范围选取,其最小稳定流量应小于调速范围所要求的最小稳定流量。应尽量选择标准系列的通用产品。

6.6.2　液压阀的安装

液压阀的安装形式有管式、板式、叠加式、插装式等多种形式,形式不同,安装的方法和要求也有所不同。其共性的要求如下:

(1)安装时检查各种液压阀的合格证,以及是否有异常情况。检查板式阀安装平面的平直度和安装密封件的沟槽的加工尺寸和质量是否有缺陷。

(2)按设计规定和要求安装。

(3)安装时要特别注意液压阀的进油口、出油口、控制油口和泄油口的位置,严禁错装。

(4)安装时要注意密封件的选择和质量。

(5)安装时要保持清洁,不能戴着手套安装、不能用纤维品擦拭安装结合面,防止纤维类脏物进入阀内,影响阀的正常工作。

(6)安装时要检查应该堵住的油孔是否堵住,如溢流阀的远程控制口等。

6.6.3　液压阀常见故障的分析和排除方法

液压阀是用来控制液压系统的压力、流量和方向的元件。如果某一液压阀出现故障,将对液压系统的正常工作和系统稳定性、精确性、可靠性、寿命等造成极大的影响。

液压阀产生故障的原因有:元件选择不当、元件设计不佳、零件加工精度差和装配质量差、弹簧刚度不能满足要求或密封件质量差。另外还有油液过脏和油温过高等因素。

液压阀在液压系统中的作用非常重要,故障种类很多。只要掌握各类阀的工作原理,熟悉它们结构特点,分析故障原因,查找故障不会有太大困难。表 6-7～表 6-9 分别列举了压力控制阀、流量控制阀、方向控制阀常见故障的分析和排除方法。

表 6-7　压力控制阀常见故障的分析和排除方法

故障现象		故障原因	排除方法
溢流阀	无压力	主阀故障(阀芯阻尼孔堵塞、阀芯卡死、复位弹簧损坏等)	清洗阀,更换油液、阀芯、复位弹簧等
		先导阀故障(调压弹簧坏或未装、无阀芯等)	更换调压弹簧、阀芯等
		远程控制阀故障或控制油路故障	检查远程控制阀、控制油路
		液压泵故障(电气线路故障、泵损坏等)	修理液压泵、检查电气线路
	压力突然下降	主阀故障(阻尼孔堵塞、密封件损坏、阀芯和阀体配合不良造成阀芯卡死)等	清洗阀,更换油液、阀芯,更换密封件等
		先导阀故障(阀芯卡住、调压弹簧断等)	更换调压弹簧、阀芯等
	压力波动大	主阀芯和阀体配合不良,动作不灵活、调压弹簧弯曲变形等	检修阀芯、更换弹簧
	压力升不高	主阀故障(阀芯卡死、阀芯和阀体不配合、密封性差、有泄漏等)	更换阀芯、修配、更换密封等
		先导阀故障(弹簧坏或不合适、阀芯和阀座密封性差等)	更换弹簧、阀芯等
		远程控制阀故障(泄漏、油路故障等)	检修远程控制阀

续 表

故障现象		故障原因	排除方法
减压阀	不起减压作用	泄漏口不通、阀芯卡死等	清洗、更换阀芯
	压力不稳定	主阀芯和阀体配合不良,动作不灵活、调压弹簧弯曲等	检修阀芯、更换弹簧
	无二次压力	主阀芯卡死、进油路不通、阻尼孔堵塞等	修理、清洗、更换阀芯
顺序阀	不起顺序作用	主阀芯卡死、先导阀卡死、阻尼孔堵、弹簧调整不当或损坏等	检修、清洗、更换弹簧
	调定压力不符合要求	调压弹簧调整不当或弹簧损坏、阀芯卡死等	重新调整、更换弹簧、修理和过滤、更换油液
压力继电器	不发信号	微动开关损坏、阀芯卡死、进油路堵塞、电气线路故障等	更换微动开关、清洗、修理、检查电气线路
	灵敏度差	摩擦阻力大、装配不良、阀芯移动不灵活等	调整、重新装配、清洗、修理

表6-8 流量控制阀常见故障的分析和排除方法

故障现象		故障原因	排除方法
节流阀	节流阀不出油	脏油液堵塞节流口、阀芯和阀套配合不良造成阀芯卡死、弹簧弯曲变形或刚度不合适等	检查油液、清洗阀,检修,更换弹簧
		系统不供油	检查油路
	执行元件速度不稳定	节流阀节流口、阻尼孔有堵塞现象,阀芯动作不灵敏等	清洗阀、过滤或更换油液
		系统中有空气	排除空气
		泄漏过大	更换阀芯
		节流阀的负载变化大,系统设计不当,阀的选择不合适	选用调速阀或重新设计回路
调速阀	不出油	脏油液堵塞节流口、阀芯和阀套配合不良造成阀芯卡死、弹簧弯曲变形或刚度不合适等	检查油液、清洗阀,检修,更换弹簧
	执行元件速度不稳定	系统中有空气	排除空气
		定差式减压阀阀芯卡死、阻尼孔堵塞、阀芯和阀体装配不当等	清洗调速阀、重新修理
		油液脏堵塞阻尼孔、阀芯卡死	清洗阀、过滤油液
		单向调速阀的单向阀密封不好	修理单向阀

表 6-9　方向控制阀常见故障的分析和排除方法

故障现象		故障原因	排除方法
普通单向阀	正向通油阻力大	弹簧刚度不合适	更换弹簧
	反向有泄漏	弹簧变形或损坏	更换弹簧
		阀口密封性不好	修配,使之配合良好
		阀芯卡死	清洗、修理
液控单向阀	双向通油时反向不通	控制压力无、过低	检查、调整控制压力
		控制阀芯卡死	清洗、修配、使之移动灵活
	单向通油时反向有泄漏	阀口密封性不好	修配、使之配合良好
		弹簧变形或损坏	更换弹簧
		锥阀与阀座不同心、锥面与阀座接触不均匀	检修或更换
		阀芯卡死	修配使之配合良好
换向阀	主阀芯不运动	电磁铁故障	见下面电磁铁部分
		先导阀故障(弹簧弯曲、阀芯和阀体配合有误差)使阀芯卡死	更换弹簧
		主阀芯卡死(阀芯和阀体几何精度差、配合过紧、阀芯表面有杂质或毛刺)	修理
		液控阀故障(无控制油、油路被堵、控制油压过小、有泄漏)	检查油路
		油液过脏使阀芯卡死、油温过高、油液变质	过滤、更换油液
		弹簧不合要求(过硬、变形、断裂等)	更换弹簧
	冲击与振动	固定螺钉松动	紧固螺钉
		大通径电磁换向阀电磁铁规格大	采用电液换向阀
		换向控制力过大	调整
电磁铁	交流电磁铁烧毁	线圈绝缘不良.电压过高或过低	检查电源
		衔铁移动不到位(阀芯卡死、推杆过长)	清洗阀,修配推杆
		换向频率过高	降低频率
	电磁铁吸力不足	电压过低	检查电源
	换向时产生噪声	吸合不良(衔铁吸合端面有污物或凹凸不平)	清洗、修理修配
		推杆过长或过短	

思考与练习

1. 直动式溢流阀的弹簧腔如果不和回油腔接通,将出现什么现象? 如果先导式溢流阀的远程控制口当成泄油口接回油箱,液压系统会产生什么现象? 如果先导式溢流阀的阻尼孔被堵,将会出现什么现象? 用直径较大的通孔代替阻尼孔,先导式溢流阀的工作情况如何?

2. 如图 6-124 所示液压系统,各溢流阀的调整压力分别为 $p_1=7$ MPa, $p_2=5$ MPa, $p_3=3$ MPa, $p_4=2$ MPa,问当系统的负载趋于无穷大时,电磁铁通电和断电的情况下,液压泵出口压力各为多少?

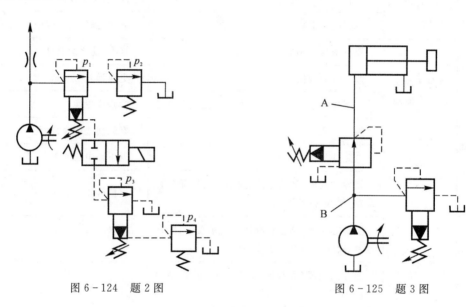

图 6-124　题 2 图　　　　　图 6-125　题 3 图

3. 如图 6-125 所示回路,溢流阀的调整压力为 5 MPa。减压阀的调整压力为 2 MPa,负载压力为 1 MPa,其他损失不计。试求:

(1)活塞运动期间和碰到死挡铁后管路中 A,B 处的压力值。

(2)如果减压阀的泄油口在安装时未接油箱,当活塞碰到挡铁后 A,B 处的压力值。

4. 由结构原理图和符号图,说明溢流阀、顺序阀、减压阀的不同特点。

5. 为什么调速阀能够使执行元件的运动速度稳定?

6. 节流阀的最小稳定流量有什么意义? 影响其数值的主要因素有哪些?

7. 流量阀的节流口为什么通常采用薄壁小孔而不采用细长孔?

8. 简述调速阀和溢流节流阀的工作原理,二者在结构原理上和使用性能上有何区别?

9. 单向阀和普通节流阀是否都可以做背压阀使用? 它们的功用有何不同?

10. 换向阀的控制方式由哪几种?

11. 何为换向阀的"位"与"通"? 画出 O 型、H 型、P 型、M 型中位机能的将号,并简述它们的工作特点。

12. 如图 6-126 所示的减压回路,已知液压缸无杆腔、有杆腔的面积分别为 100×10^{-4} m²,

50×10^{-4} m^2,最大负载 $F_1 = 14\,000$ N,$F_2 = 4\,250$ N,背压 $p = 0.15$ MPa,节流阀的压差 $\Delta p = 0.2$ MPa,试求:

(1)A,B,C 各点压力(忽略管路阻力)。

(2)液压泵和液压阀 1,2,3 应选多大的额定压力?

(3)若两缸的进给速度分别为 $v_1 = 3.5 \times 10^{-2}$ m/s,$v_2 = 4 \times 10^{-2}$ m/s,液压泵和各液压阀的额定流量应选多大?

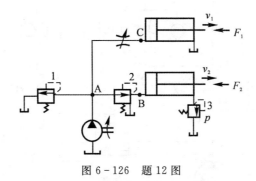

图 6 - 126　题 12 图

13. 在如图 6 - 127 所示中,已知液压缸无杆腔活塞面积 $A = 100$ cm^2,液压泵的供油量 $q_p = 63$ L/min,溢流阀的调整压力 $p_y = 5$ MPa,问负载分别为 $F = 10$ kN 和 $F = 56$ kN 时,液压缸的工作压力 p 为多少?液压缸的运动速度和溢流阀的溢流量为多少?(不计一切损失)

14. 如图 6 - 128 所示液压系统,已知两液压缸无杆腔面积皆为 $A_1 = 40$ cm^2,有杆腔面积皆为 $A_2 = 20$ cm^2,负载大小不同,其中 $R_1 = 12\,000$ N,$R_2 = 8\,000$ N,溢流阀的调整压力 $p_y = 35 \times 10^5$ Pa,液压泵的流量 $q_p = 32$ L/min。节流阀开口不变,通过节流阀的流量 $q = C \cdot a \cdot \sqrt{\dfrac{2}{\rho} \Delta p}$,设 $C = 0.62$,$\rho = 900$ kg/m^3,$a = 0.05$ cm ,求各液压缸活塞运动速度。

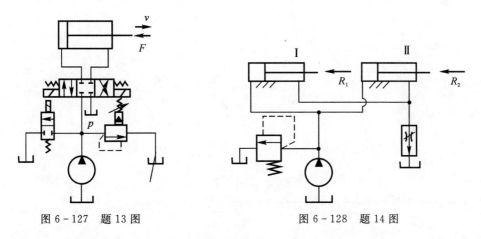

图 6 - 127　题 13 图　　　　　　图 6 - 128　题 14 图

15. 如图所示的液压系统,可完成的工作循环为"快进—工进—快退—原位停止泵卸荷",若工进速度 $v = 5.6$ cm/min,液压缸直径 $D = 40$ mm,活塞杆直径 $d = 25$ mm,节流阀的最小流量为 50 mL/min,问系统是否可以满足要求?若不能满足要求应做何改进?

16. 用 4 个插装组件和 4 个二位三通电磁换向阀组成一个四通换向阀,每一个插装组件均用一个二位三通电磁换向阀单独先导控制,电磁阀通电。主阀开启,电磁阀断电,主阀关闭,四个先导电磁阀按不同组合通电,可以实现主阀的 12 个换向位置,试画出回路图和与电磁铁通电状态相对应的换向机能。

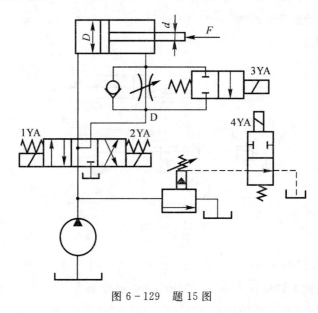

图 6-129　题 15 图

第7章 辅助装置

液压系统中的辅助装置,如蓄能器、滤油器、油箱、热交换器、管件等,对系统的工作稳定性、工作寿命、噪声和温升等都有直接影响,必须予以重视。其中油箱需根据系统要求自行设计,其它辅助装置则做成标准件,供设计时选用。

7.1 蓄 能 器

7.1.1 蓄能器的功用和分类

1. 功用

蓄能器的功用主要是储存油液压力能,并在需要时释放出来。液压系统中蓄能器的功能如下。

(1)在短时间内供应大量压力油液。实现周期性动作的液压系统(见图7-1),在系统不需大量油液时,可以把液压泵输出的多余压力油液储存在蓄能器内,到需要时再由蓄能器快速释放给系统,这样系统可选用流量等于循环周期内平均流量q_m的液压泵,以减小电动机功率消耗,降低系统温升。

(2)维持系统压力。在液压泵停止向系统提供油液的情况下,蓄能器能把储存的压力油供给系统,补偿系统泄漏或充当应急油源,使系统在一段时间内维持系统压力,避免停电或系统发生故障时油源突然中断而造成机件损坏。

(3)减小液压冲击或压力脉动。蓄能器能吸收压力冲击或压力脉动,大大减小其幅值。

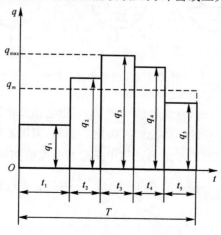

图7-1 液压系统中的流量供应图

2. 分类

蓄能器主要有弹簧式和充气式两大类,其中充气式又包括气瓶式、活塞式和皮囊式三种。此外还有一种重力式蓄能器,但体积庞大,结构笨重,反应迟钝,现在工业上已很少应用。

7.1.2 容量计算

蓄能器容量的大小和它的用途有关。下面以皮囊式蓄能器为例进行说明。

蓄能器用于储存和释放压力能时(见图7-2),蓄能器的容积 V_A 是由其充气压力 p_A、工作中要求输出的油液体积 V_w、系统最高工作压力 p_1 和最低工作压力 p_2 决定的。由气体定律有

$$p_A V_A^n = p_1 V_1^n = p_2 V_2^n = \text{const} \tag{7-1}$$

式中,V_1 和 V_2 分别为气体在最高和最低压力下的体积;n 为指数。n 值由气体工作条件决定:当蓄能器用来补偿泄漏、保持压力时,它释放能量的速度是缓慢的,可以认为气体在等温条件下工作,$n=1$;当蓄能器用来大量提供油液时,它释放能量的速度是很快的,可以认为气体在绝热条件下工作,$n=1.4$。由于 $V_w = V_1 - V_2$,则由式(7-1)可得

$$V_A = \frac{V_w \left(\dfrac{1}{p_A}\right)^{\frac{1}{n}}}{\left[\left(\dfrac{1}{p_2}\right)^{\frac{1}{n}} - \left(\dfrac{1}{p_1}\right)^{\frac{1}{n}}\right]} \tag{7-2}$$

p_A 值理论上可与 p_2 相等,但为了保证系统压力为 p_2 时蓄能器还有能力补偿泄漏,宜使 $p_A < p_2$,一般对折合型皮囊取 $p_A = (0.8 \sim 0.85) p_2$,波纹型皮囊取 $p_A = (0.6 \sim 0.65) p_2$。此外,如能使皮囊工作时的容腔在其充气容腔 $1/3 \sim 2/3$ 的区段内变化,就可使它更为经久耐用。

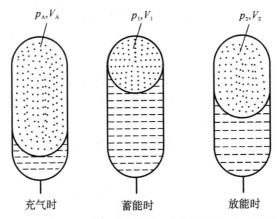

图7-2 皮囊式蓄能器储存和释放能量的工作过程

蓄能器用于吸收液压冲击时,蓄能器的容积 V_A 可以近似地由其充气压力 p_A、系统中允许的最高工作压力 p_1 和瞬时吸收的液体动能来确定。例如,当用蓄能器吸收管道突然关闭时的液体动能为 $\rho A l v^2 / 2$ 时,由于气体在绝热过程中压缩所吸收的能量为

$$\int_{V_A}^{V_1} p \, dv = \int_{V_A}^{V_1} p_A (V_A/v)^{1.4} \, dv = \frac{p_A V_A}{0.4} \left[(p_1/p_A)^{0.268} - 1\right] \tag{7-3}$$

故得

$$V_A = \frac{\rho A l V^2}{2} \left(\frac{0.4}{p_A} \right) \left[\frac{1}{\left(\frac{p_1}{p_A} \right)^{0.286} - 1} \right] \tag{7-4}$$

式(7-4)未考虑油液压缩性和管道弹性,式中 p_A 的值常取系统工作压力的90%。蓄能器用于吸收液压泵压力脉动时,它的容积与蓄能器动态性能及相应管路的动态性能有关。

7.1.3　使用和安装

蓄能器在液压回路中的安装位置随其功用而不同:吸收液压冲击或压力脉动时宜放在冲击源或脉动源附近;补油保压时宜放在尽可能接近执行元件的位置。

使用蓄能器须注意以下几点:

(1)充气式蓄能器中应使用惰性气体(一般为氮气),允许工作压力视蓄能器结构形式而定,例如,皮囊式为 3.5~32 MPa。

(2)不同的蓄能器各有其适用的工作范围,例如,皮囊式蓄能器的皮囊强度不高,不能承受很大的压力波动,且只能在 -20~70℃ 的温度范围内工作。

(3)皮囊式蓄能器原则上应垂直安装(油口向下),只有在空间位置受限制时才允许倾斜或水平安装。

(4)装在管路上的蓄能器须用支板或支架固定。

(5)蓄能器与管路系统之间应安装截止阀,供充气、检修时使用。蓄能器与液压泵之间应安装单向阀,防止液压泵停车时蓄能器内储存的压力油液倒流。

7.2　滤　油　器

7.2.1　功用和类型

1. 功用

滤油器的功用是过滤混在液压油液中的杂质,以降低进入系统中油液的污染度,保证系统正常地工作。

2. 类型

滤油器按其滤芯材料的过滤机制来分,有表面型滤油器、深度型滤油器和吸附型滤油器三种。

(1)表面型滤油器。整个过滤作用是由一个几何面来实现的。滤下的污染杂质被截留在滤芯元件靠油液上游的一面。在这里,滤材料具有均匀的标定小孔,可以滤除比小孔尺寸大的杂质。由于污染杂质积聚在滤芯表面上,因此它很容易被阻塞住。编网式滤芯、线隙式滤芯属于这种类型。

(2)深度型滤油器。这种滤芯材料为多孔可透性材料,内部具有曲折迂回的通道。大于表面孔径的杂质直接被截留在外表面,较小的污染杂质进入滤材内部,撞到通道壁上,由于吸附作用而得到滤除。滤材内部曲折的通道也有利于污染杂质的沉积。纸芯、毛毡、烧结金属、陶瓷和各种纤维制品等属于这种类型。

(3)吸附型滤油器。这种滤芯材料把油液中的有关杂质吸附在其表面上。磁心即属于此类。

常见的滤油器式样及其特点见表 7 – 1。

表 7 – 1 常见的滤油器及其特点

类 型	名称及结构简图	特点说明
表面型		1. 过滤精度与铜丝网层数及网孔大小有关。在压力管路上常用 100 目,150 目,200 目(每英寸长度上孔数)的铜丝网,在液压泵吸油管路上常采用 20～40 目铜丝网 2. 压力损失不超过 0.004 MPa 3. 结构简单,通流能力大,清洗方便,但过滤精度低
表面型		1. 滤芯由绕在心架上的一层金属线组成,依靠线间微小间隙来挡住油液中杂质的通过 2. 压力损失约为 0.03～0.06 MPa 3. 结构简单,通流能力大,过滤精度高,但滤芯材料强度低,不易清洗 4. 用于低压管道中,当用在液压泵吸油管上时,它的流量规格宜选得比泵大
深度型		1. 结构与线隙式相同,但滤芯为平纹或波纹的酚醛树脂或木浆微孔滤纸制成的纸心。为了增大过滤面积,纸心常制成折叠形 2. 压力损失约为 0.01～0.04 MPa 3. 过滤精度高,但堵塞后无法清洗,必须更换纸芯 4. 通常用于精过滤
深度型		1. 滤芯由金属粉末烧结而成,利用金属颗粒间的微孔来挡住油中杂质通过。改变金属粉末的颗粒大小,就可以制出不同过滤精度的滤芯 2. 压力损失约为 0.03～0.2 MPa 3. 过滤精度高,滤芯能承受高压,但金属颗粒易脱落,堵塞后不易清洗 4. 适用于精过滤
吸附型	磁性滤油器	1. 滤芯由永久磁铁制成,能吸住油液中的铁屑、铁粉、可带磁性的磨料 2. 常与其它形式滤芯合起来制成复合式滤油器 3. 对加工钢铁件的机床液压系统特别适用

7.2.2　滤油器的主要性能指标

1. 过滤精度

过滤精度表示滤油器对各种不同尺寸污染颗粒的滤除能力,常用绝对过滤精度、过滤比和过滤效率等指标来评定。

绝对过滤精度是指通过滤芯的最大坚硬球状颗粒的尺寸(y),它反映了过滤材料中最大通孔尺寸,以 μm 表示,可以用试验的方法进行测定。

过滤比(β_x 值)是指滤油器上游油液单位容积中大于某给定尺寸的颗粒数与下游油液单位容积中大于同一尺寸的颗粒数之比,即对于某一尺寸 x 的颗粒来说,其过滤比 β_x 的表达式为

$$\beta_x = N_u/N_d \tag{7-5}$$

式中,N_u 为上游油液中大于某一尺寸 x 的颗粒浓度;N_d 为下游油液中大于同一尺寸 x 的颗粒浓度。

由式(7-5)可得,β_x 愈大,过滤精度愈高。当过滤比的数值达到 75 时,即被认为是滤油器的绝对过滤精度。过滤比能确切地反映滤油器对不同尺寸颗粒污染物的过滤能力,它已被国际标准化组织采纳作为评定滤油器过滤精度的性能指标。一般要求系统的过滤精度要小于运动副间隙的一半。此外,工作压力越高,对过滤精度要求越高,其推荐值见表 7-2。

表 7-2　过滤精度推荐值表

系统类别	润滑系统	传动系统			伺服系统
工作压力 /MPa	$0 \sim 3.5$	$\leqslant 14$	$14 < p < 21$	$\geqslant 21$	21
过滤精度 /μm	100	$25 \sim 50$	25	10	5

过滤效率 E_c 可以由过滤比 β_x 值直接换算出来,有

$$E_c = (N_u - N_d)/N_u = 1 - 1/\beta_x \tag{7-6}$$

2. 压降特性

液压回路中的滤油器对油液流动来说是一种阻力,因而油液通过滤芯时必然要出现压力降。一般来说,在滤芯尺寸和流量一定的情况下,滤芯的过滤精度越高,压力降越大;在流量一定的情况下,滤芯的有效过滤面积越大,压力降越小;油液的黏度越大,流经滤芯的压力降也愈大。

滤芯所允许的最大压力降,应以不致使滤芯发生结构性破坏为原则。在高压系统中,滤芯在稳定状态下工作时承受到的仅仅是本身的压力降,这就是为什么有些纸质滤芯亦能在高压系统中使用的原因。油液流经滤芯时的压力降,大部分是通过试验或经验公式来确定的。

3. 纳垢容量

纳垢容量指滤油器在压力降达到其规定限定值之前可以滤除并容纳的污染物数量,这项性能指标可以用多次通过性试验来确定。滤油器的纳垢容量越大,使用寿命越长,所以它是反映滤油器寿命的重要指标。一般来说,滤芯尺寸越大,即过滤面积越大,纳垢容量就越大。增大过滤面积,可以使纳垢容量成比例地增加。

滤油器过滤面积 A 的表达式为

$$A = q\mu/a\Delta p \tag{7-7}$$

式中,q 为滤油器的额定流量,L/min;μ 为油液的黏度,Pa·s;Δp 为压力降,Pa;a 为滤油器单位面积通过能力,L/cm²,由实验确定。在 20℃ 时,特种滤网的 $a=0.003\sim0.006$ L/cm;纸质滤芯的 $a=0.035$ L/cm;线隙式滤芯的 $a=10$ L/cm;一般网式滤芯的 $a=2$ L/cm。式(7-7)清楚地说明了过滤面积与油液的流量、黏度、压降和滤芯形式的关系。

7.2.3 选用和安装

1. 选用

滤油器按其过滤精度(滤去杂质的颗粒大小)的不同,分为粗过滤器、普通过滤器、精密过滤器和特精过滤器四种,它们分别能滤去大于 100 μm,10~100 μm,5~10 μm 和 1~5 μm 大小的杂质。

选用滤油器时,要考虑以下几点:

(1)过滤精度应满足预定要求。

(2)能在较长时间内保持足够的通流能力。

(3)滤芯具有足够的强度,不因液压的作用而损坏。

(4)滤芯抗腐蚀性能好,能在规定的温度下持久地工作。

(5)滤芯清洗或更换简便。

因此,滤油器应根据液压系统的技术要求,按过滤精度、通流能力、工作压力、油液黏度、工作温度等条件选定其型号。

2. 安装

滤油器在液压系统中的安装位置通常有以下几种:

(1)安装在泵的吸油口处或吸油路上,一般安装表面型滤油器,目的是滤去较大的杂质微粒以保护液压泵,此外滤油器的过滤能力应为泵流量的两倍以上,压力损失小于 0.02 MPa。

(2)安装在泵的出口油路上,此处安装滤油器的目的是用来滤除可能侵入阀类等元件的污染物,其过滤精度应为 10~15 μm,且能承受油路上的工作压力和冲击压力,压力降应小于 0.35 MPa,同时应安装安全阀以防滤油器堵塞。

(3)安装在系统的回油路上,这种安装起间接过滤作用,一般与过滤器并连安装一背压阀,当过滤器堵塞达到一定压力值时,背压阀打开。

(4)安装在系统分支油路上。

(5)单独过滤系统,大型液压系统可专设一液压泵和滤油器组成独立过滤回路。

液压系统中除了整个系统所需的滤油器外,还常常在一些重要元件(如伺服阀、精密节流阀等)的前面单独安装一个专用的精滤油器来确保它们的正常工作。

7.3 油 箱

7.3.1 功用和结构

1. 功用

油箱的功用主要是储存油液,此外还起着散发油液中热量(在周围环境温度较低的情况下则是保持油液中的热量)、释出混在油液中的气体、沉淀油液中污物等作用。

2. 结构

液压系统中的油箱有整体式和分离式两种。整体式油箱利用主机的内腔作为油箱,这种油箱结构紧凑,各处漏油易于回收,但增加了设计和制造的复杂性,维修不便,散热条件不好,且会使主机产生热变形。分离式油箱单独设置,与主机分开,减少了油箱发热和液压源振动对主机工作精度的影响,因此得到了普遍的采用。

油箱的典型结构如图 7-3 所示。由图可见,油箱内部用隔板 7、9 将吸油管 1 与回油管 4 隔开。顶部、侧部和底部分别装有滤油网 2、液位计 6 和放油阀 8,安装液压泵及其驱动电机的安装板 5 则固定在油箱顶面上。

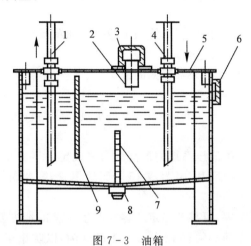

图 7-3　油箱
1—吸油管;2—滤油网;3—盖;4—回油管;5—油箱上盖;6—液位计;7,9—隔板;8—放油阀

此外,近年来又出现了充气式的闭式油箱,它不同于开式油箱之处,在于油箱是整个封闭的,顶部有一充气管,可送入 0.05~0.07 MPa 过滤纯净的压缩空气。空气或者直接与油液接触,或者被输入到蓄能器式的皮囊内不与油液接触。这种油箱的优点是改善了液压泵的吸油条件,但它要求系统中的回油管、泄油管承受背压。油箱本身还须配置安全阀、电接点压力表等元件以稳定充气压力,因此它只在特殊场合下使用。

7.3.2　设计时的注意事项

1. 油箱的有效容积

一般油面高度为油箱高度 80% 时的容积称为有效容积,该值应根据液压系统发热、散热平衡的原则来计算,这项计算在系统负载较大、长期连续工作时是必不可少的。但对于一般情况来说,油箱的有效容积可以按液压泵的额定流量 q_p(L/min) 估算出来。例如,适用于一些固定式机械的估算式为

$$V = \xi q_p \tag{7-8}$$

式中,V 为油箱的有效容积,L;ξ 为与系统压力有关的经验值,低压系统中 $\xi = 2 \sim 4$,中压系统中 $\xi = 5 \sim 7$,高压系统中 $\xi = 10 \sim 12$。

2. 油管布置

吸油管和回油管应尽量相距远些,两管之间要用隔板隔开,以增加油液循环距离,使油液有足够的时间分离气泡、沉淀杂质、消散热量。隔板高度最好为箱内油面高度的 3/4。吸油管

入口处要装粗滤油器。滤油器的通油能力不得小于泵的额定流量。滤油器与回油管管端在油面最低时仍应淹没在油中,防止吸油时卷吸空气或回油冲入油箱时搅动油面而混入气泡。

吸油管的连接处必须保证严格密封,否则泵在工作时会吸进空气,使系统产生振动和噪声,甚至无法吸油。为了减小吸油阻力,避免吸油困难,吸油管路要尽量短,拐弯要少,否则会产生气蚀现象。

回油管管端宜斜切 45°,以增大出油口截面积,减慢出口处油流速度,此外,应使回油管斜切口面对箱壁,以利于油液散热。为避免回油时冲击液面引起气泡,回油管必须插入油液内,管口末端距离底面最小距离为管径的 2 倍,管口加工成 45°并面向箱壁,使高温油液迅速流向易于散热的箱壁。

为避免油温迅速上升,溢流阀的回油管须单独接回油箱或与主回油管相通(亦可与冷却器相接),不允许和泵的进油管直接连通。

为保证控制阀正常工作,具有外部泄漏的减压阀、电磁阀等的泄油口与回油管连通时,不得有背压,否则应单独接回油箱。

回油管水平放置时,要有 3/1 000~5/1 000 的坡度。管路较长时,每隔 500 mm 的距离应固定一个管夹。

压力油管的安装必须根据液压系统的最高压力来确定。压力小于 2.5 MPa 时,选用焊接钢管;压力大于 2.5 MPa 时,推荐用 10 号或 15 号无缝钢管,需要防锈、防腐的场合,可选用不锈钢管,超高压时,选用合金钢管。

压力油管的安装必须牢固、可靠和稳定。容易产生振动的地方要加木块或橡胶衬垫进行减振。平行或交叉的管道之间必须有 12 mm 以上的间隙,以防止相互干扰与振动。在系统管道的最高部位必须设有排气装置,以便启动时放掉油管中的空气。

橡胶软管是应用于两个有相对运动部件之间的连接。由于软管不能在高温下工作,安装时应远离热源。安装软管应注意:弯曲半径应大于 10 倍外径,至少应在离接头 6 倍直径以外处弯曲,避免急转弯;软管长度必须有一定的余量,工作时比较松弛,不允许端部接头和软管间受拉伸;软管不得有扭转现象,软管的弯曲同软管接头的安装应在同一运动平面内。

3. 防止污染

为了防止油液污染,油箱上各盖板、管口处都要妥善密封。注油器上要加滤油网。防止油箱出现负压而设置的通气孔上须装空气滤清器。空气滤清器的容量至少应为液压泵额定流量的 2 倍。油箱内回油集中部分及清污口附近宜装设一些磁性块,以去除油液中的铁屑和带磁性颗粒。

4. 易于散热

为了易于散热和便于对油箱进行搬移及维护保养,按规定,箱底离地至少应在 150 mm 以上。箱底应适当倾斜,在最低部位处设置螺堵或放油阀,以便排放污油。箱体上注油口一侧的侧板上必须设置液位计,滤油器的安装位置应便于装拆,箱内各处应便于清洗。

5. 安装方式

油箱中安装热交换器,必须考虑好它的安装位置,以及测温、控制等措施。

6. 油箱厚度

分离式油箱一般用 3.5~4 mm 厚的钢板焊成。箱壁愈薄,散热愈快,有资料建议 100 L 容量的油箱箱壁厚度取 1.5 mm,400 L 以下的取 3 mm,400 L 以上的取 6 mm,箱底厚度大于箱壁,箱盖厚度应为箱壁的 4 倍。大尺寸油箱要加焊角板、肋板,以增加刚性。当液压泵及其驱动电机和其它液压件都要装在油箱上时,油箱顶盖要相应地加厚。

7. 防锈措施

油箱内壁应涂上耐油防锈的涂料。外壁如涂上一层极薄的黑漆（厚度不超过 0.025 mm），会有很好的辐射冷却效果。

7.4　热交换器

液压系统的工作温度一般希望保持在 30～50℃ 的范围之内,最高不超过 65℃,最低不低于 15℃。液压系统如依靠自然冷却仍不能使油温控制在上述范围内时,须安装冷却器;反之,如环境温度太低无法使液压泵启动或正常运转时,须安装加热器。

7.4.1　冷却器

液压系统中的冷却器,最简单的是蛇形管冷却器（见图 7-4）,它直接装在油箱内,冷却水从蛇形管内部通过,带走油液中热量。这种冷却器结构简单,但冷却效率低,耗水量大。

液压系统中用得较多的冷却器是强制对流式多管冷却器（见图 7-5）。油液从进油口 5 流入,从出油口 3 流出;冷却水从进水口 6 流入,通过多根水管

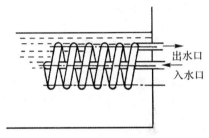

图 7-4　蛇形管冷却器

后由出水口 1 流出。油液在水管外部流动时,它的行进路线因冷却器内设置了隔板而加长,因而增加了热交换效果。还有一种翅片管式冷却器,水管外面增加了许多横向或纵向的散热翅片,大大扩大了散热面积和热交换效果。图 7-6 所示为翅片管式冷却器的一种形式,它是在圆管或椭圆管外嵌套上许多径向翅片,其散热面积可达光滑管的 8～10 倍。椭圆管的散热效果一般比圆管更好。

液压系统亦可以用汽车上的风冷式散热器来进行冷却。这种用风扇鼓风带走流入散热器内油液热量的装置不须另设通水管路,结构简单,价格低廉,但冷却效果较水冷式差。液压系统采用冷媒机进行油液的冷却也是目前常采用的一种方式。

冷却器一般应安放在回油管或低压管路上。如溢流阀的出口,系统的主回油路上或单独的冷却系统。

冷却器所造成的压力损失一般约为 0.01～0.1 MPa。

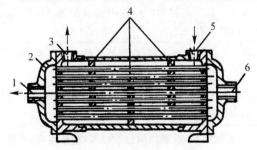

图 7-5　多管式冷却器

1—出水口;2—端盖;3—出油口;4—隔板

5—进油口;6—进水口

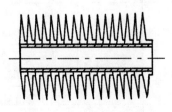

图 7-6　翅片管式冷却器

7.4.2 加热器

液压系统的加热一般常采用结构简单、能按需要自动调节最高和最低温度的电加热器。这种加热器的安装方式是用法兰盘横装在箱壁上，发热部分全部浸在油液内。加热器应安装在箱内油液流动处，以有利于热量的交换。由于油液是热的不良导体，单个加热器的功率容量不能太大，以免其周围油液过度受热后发生变质现象。

7.5 管 件

7.5.1 油管

液压系统中使用的油管种类很多，有钢管、铜管、尼龙管、塑料管、橡胶管等，须按照安装位置、工作环境和工作压力来正确选用。液压系统中油管的特点及其适用范围见表7-3。

油管的规格尺寸（管道内径和壁厚）可由下式算出 d,δ 后，查阅有关的标准选定。

$$d = 2\sqrt{\frac{q}{\pi v}} \qquad (7-9)$$

$$\delta = \frac{pdn}{2\sigma_b} \qquad (7-10)$$

式中，d 为油管内径；q 为管内流量；v 为管中油液的流速，吸油管中取 0.5～1.5 m/s，高压管取 3.5～5 m/s（压力高的取大值，低的取小值，例如：压力在 6 MPa 以上的取 5 m/s，在 3～6 MPa 之间的取 4 m/s，在 3 MPa 以下的取 2.5～3 m/s；管道较长的取小值，较短的取大值；油液黏度大时取小值），回油管中取 1.5～3.5 m/s，短管及局部收缩处取 5～7 m/s；δ 为油管壁厚；p 为管内工作压力；n 为安全系数，对钢管来说，当 $p < 7$ MPa 时取 $n=8$，当 7 MPa $< p <$ 16.5 MPa 时取 $n=6$，当 $p > 16.5$ MPa 时取 $n=4$；σ_b 为管道材料的抗拉强度。

表7-3 液压系统中使用的油管

种 类		特点和适用场合
硬管	钢管	能承受高压，价格低廉，耐油，抗腐蚀，刚性好，但装配时不能任意弯曲；常在装拆方便处用作压力管道，中、高压用无缝管，低压用焊接管
	紫铜管	易弯曲成各种形状，但承压能力一般不超过 6.5～10 MPa，抗振能力较弱，又易使油液氧化；通常用在液压装置内配接不便之处
软管	尼龙管	乳白色半透明，加热后可以随意弯曲成形或扩口，冷却后又能定形不变，承压能力因材质而异
	塑料管	质轻耐油，价格便宜，装配方便，但承压能力低，长期使用会变质老化，只宜用作压力低于 0.5 MPa 的回油管、泄油管等
	橡胶管	高压管由耐油橡胶夹几层钢丝编织网制成，钢丝网层数越多，耐压越高，价格较高，用作中、高压系统中两个相对运动件之间的压力管道，低压管由耐油橡胶夹帆布制成，可用作回油管道

　　油管的管径不宜选得过大,以免使液压装置的结构庞大;但也不能选得过小,以免使管内液体流速加大,系统压力损失增加或产生振动和噪声,影响正常工作。

　　在保证强度的情况下,管壁可尽量选得薄些。薄壁易于弯曲,规格较多,装接较易,采用它可减少管接头数目,有助于解决系统泄漏问题。

7.5.2　管接头

　　管接头是油管与油管、油管与液压件之间的可拆式连接件,它必须具有装拆方便、连接牢固、密封可靠、外形尺寸小、通流能力大、压降小、工艺性好等各项条件。

　　管接头的种类很多,其规格品种可查阅有关手册。液压系统中油管与管接头的常见连接方式见表7-4。管路旋入端用的连接螺纹采用国家标准米制锥螺纹(ZM)和普通细牙螺纹(M)。

　　锥螺纹依靠自身的锥体旋紧和采用聚四氟乙烯等进行密封,广泛用于中、低压液压系统;细牙螺纹密封性好,常用于高压系统,但要采用组合垫圈或O形圈进行端面密封,有时也可用紫铜垫圈。

　　液压系统中的泄漏问题大部分都出现在管系中的接头上,为此对管材的选用,接头形式的确定(包括接头设计、垫圈、密封、箍套、防漏涂料的选用等),管系的设计(包括弯管设计、管道支承点和支承形式的选取等)以及管道的安装(包括正确的运输、储存、清洗、组装等)都要慎审从事,以免影响整个液压系统的使用质量。

　　国外对管子材质、接头形式和连接方法上的研究工作从未间断。最近出现一种用特殊的镍钛合金制造的管接头,它能使低温下受力后发生的变形在升温时消除,即把管接头放入液氮中用心棒扩大其内径,然后取出来迅速套装在管端上,便可使它在常温下得到牢固、紧密的结合。这种"热缩"式的连接已在航空和其他一些加工行业中得到了应用,它能保证在40～55 MPa的工作压力下不出现泄漏。

表 7-4　液压系统中常用的管接头

名　称	结构简图	特点和说明
焊接式管接头	球形头	1.连接牢固,利用球面进行密封,简单可靠。 2.焊接工艺必须保证质量,必须采用厚壁钢管,装拆不便
卡套式管接头	油管　卡套	1.用卡套卡住油管进行密封,轴向尺寸要求不严,装拆简便。 2.对油管径向尺寸精度要求较高,为此要采用冷拔无缝钢管
扩口式管接头	油管　管套	1.用油管管端的扩口在管套的压紧下进行密封,结构简单。 2.适用于钢管、薄壁钢管、尼龙管和塑料管等低压管道的连接

续 表

名　称	结构简图	特点和说明
扣压式 管接头		1. 用来连接高压软管。 2. 在中、低压系统中应用
固定铰 接管接头	螺钉 组合垫圈 接头体 组合垫圈	1. 是直角接头，可以随意调整布管方向，安装方便，占空间小。 2. 接头与管子的连接方法，除本图卡套式外，还可用焊接式。 3. 中间有通油孔的固定螺钉把两个组合垫圈压紧在接头体上进行密封

7.6　密 封 装 置

密封是解决液压系统泄漏问题最重要、最有效的手段。液压系统如果密封不良，可能出现不允许的外泄漏，外漏的油液将会污染环境；还可能使空气进入吸油腔，影响液压泵的工作性能和液压执行元件运动的平稳性（爬行现象）；泄漏严重时，系统容积效率过低，甚至工作压力达不到要求值。若密封过度，虽可防止泄漏，但会造成密封部分的剧烈磨损，缩短密封件的使用寿命，增大液压元件内的运动摩擦阻力，降低系统的机械效率。因此，合理地选用和设计密封装置在液压系统的设计中十分重要。

7.6.1　对密封装置的要求

（1）在工作压力和一定的温度范围内，应具有良好的密封性能，并随着压力的增加能自动提高密封性能。

（2）密封装置和运动件之间的摩擦力要小，摩擦因数要稳定。

（3）抗腐蚀能力强，不易老化，工作寿命长，耐磨性好，磨损后在一定程度上能自动补偿。

（4）结构简单，使用、维护方便，价格低廉。

7.6.2　密封装置的类型和特点

密封按其工作原理可分为非接触式密封和接触式密封。前者主要指间隙密封，后者指密封件密封。

1. 间隙密封

间隙密封是靠相对运动件配合面之间的微小间隙来进行密封的，常用于柱塞、活塞或阀的圆柱配合副中，一般在阀芯的外表面开有几条等距离的均压槽，它的主要作用是使径向压力分布均匀，减少液压卡紧力，同时使阀芯在孔中对中性好，以减小间隙的方法来减少泄漏。同时均压槽所形成的阻力，对减少泄漏也有一定的作用。均压槽一般宽 0.3~0.5 mm，深为 0.5~

1.0 mm。圆柱面配合间隙与直径大小有关,对于阀芯与阀孔一般取 0.005～0.017 mm。

这种密封的优点是摩擦力小,缺点是磨损后不能自动补偿,主要用于直径较小的圆柱面之间,如液压泵内的柱塞与缸体之间,滑阀的阀芯与阀孔之间的配合。

2. O 形密封圈

O 形密封圈一般用耐油橡胶制成,其横截面呈圆形,它具有良好的密封性能,内外侧和端面都能起密封作用,结构紧凑,运动件的摩擦阻力小,制造容易,拆装方便,成本低,且高低压均可以用,所以在液压系统中得到广泛的应用。

图 7-7 所示为 O 形密封圈的结构和工作情况。图 7-7(a)所示为其截面图;图 7-7(b)所示为装入密封沟槽的情况,δ_1,δ_2 为 O 形圈装配后的预压缩量,通常用压缩率 W 表示,即 $W=[(d_0-h)/d_0]\times100\%$,对于固定密封、往复运动密封和回转运动密封,应分别达到 15%～20%,10%～20% 和 5%～10%,才能取得满意的密封效果。当油液工作压力超过 10 MPa 时,O 形圈在往复运动中容易被油液压力挤入间隙而损坏[见图 7-7(c)],为此要在它的侧面安装 1.2～1.5 mm 厚的聚四氟乙烯挡圈,单向受力时在受力侧的对面安装一个挡圈见图 7-7(d);双向受力时则在两侧各放一个见图 7-7(e)。

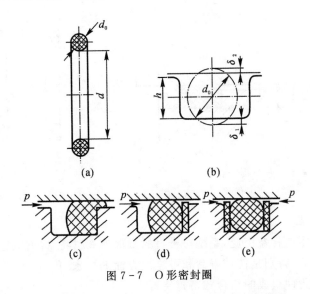

图 7-7　O 形密封圈

O 形密封圈的安装沟槽,除矩形外,也有 V 形、燕尾形、半圆形、三角形等,实际应用中可查阅有关手册及国家标准。

3. 唇形密封圈

唇形密封圈根据截面的形状可分为 Y 形、V 形、U 形和 L 形等。其工作原理如图 7-8 所示。液压力将密封圈的两唇边 h_1 压向形成间隙的两个零件的表面。这种密封作用的特点是能随着工作压力的变化自动调整密封性能,压力越高则唇边被压得越紧,密封性越好;当压力降低时唇边压紧程度也随之降低,从而减少了摩擦阻力和功率消耗,除此之外,还能自动补偿唇边的磨损,保持密封性能不降低。

目前,液压缸中普遍使用如图 7-9 所示的所谓小 Y 形密封圈作为活塞和活塞杆的密封。其中图 7-9(a)所示为轴用密封圈,图 7-9(b)所示为孔用密封圈。这种小 Y 形密封圈的特点是断面宽度和高度的比值大,增加了底部支承宽度,可以避免摩擦力造成的密封圈翻转和扭曲。

在高压和超高压情况下(压力大于 25 MPa)V 形密封圈也有应用,V 形密封圈的形状如图 7-10 所示。它由多层涂胶织物压制而成,通常由压环、密封环和支承环三个圈叠在一起使用,此时已能保证良好的密封性,当压力更高时,可以增加中间密封环的数量,这种密封圈在安装时要预压紧,所以摩擦阻力较大。

唇形密封圈安装时应使其唇边开口面对压力油,使两唇张开,分别贴紧在机件的表面上。

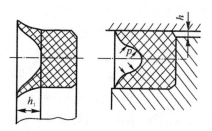

图 7-8 唇形密封圈的工作原理

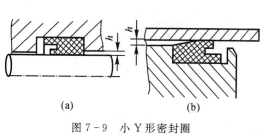

图 7-9 小 Y 形密封圈

(a)轴用;(b)孔用

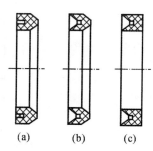

图 7-10 V 形密封圈

(a)支承环;(b)密封环;(c)压环

4.组合式密封装置

随着液压技术应用的日益广泛,系统对密封的要求越来越高,普通的密封圈单独使用已不能很好地满足密封性能,特别是使用寿命和可靠性方面的要求,因此,研究和开发了由包括密封圈在内的两个以上元件组成的组合式密封装置。

图 7-11(a)所示为 O 形密封圈与截面为矩形的聚四氟乙烯塑料滑环组成的组合密封装置。其中,滑环 2 紧贴密封面,O 形圈 1 为滑环提供弹性预压力,在介质压力等于零时构成密封,由于密封间隙靠滑环,而不是 O 形圈,因此摩擦阻力小而且稳定,可以用于 40 MPa 的高压;往复运动密封时,速度可达 15 m/s;往复摆动与螺旋运动密封时,速度可达 5 m/s。矩形滑环组合密封的缺点是抗侧倾能力稍差,在高低压交变的场合下工作容易漏油。图 7-11(b)所示为由支持环 2 和 O 形圈 1 组成的轴用组合密封,由于支持环与被密封件之间为线密封,其工作原理类似唇边密封。支持环采用一种经特别处理的化合物,具有极佳的耐磨性、低摩擦和保形性,不存在橡胶密封低速时易产生的"爬行"现象。某工作压力可达 80 MPa。

组合式密封装置由于充分发挥了橡胶密封圈和滑环(支持环)的长处,因此不仅工作可靠,摩擦力低而稳定,而且使用寿命比普通橡胶密封提高近百倍,在工程上的应用日益广泛。

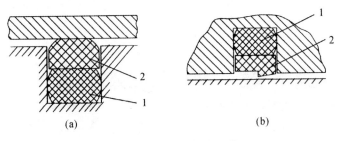

(a)　　　　　　　　　(b)

图 7 - 11　组合式密封装置

5. 回转轴的密封装置

回转轴的密封装置型式很多,图 7 - 12 所示为一种耐油橡胶制成的回转轴用密封圈,它的内部有直角形圆环铁骨架支撑着,密封圈的内边围着一条螺旋弹簧,把内边收紧在轴上来进行密封。这种密封圈主要用作液压泵、液压马达和回转式液压缸的伸出轴的密封,以防止油液漏到壳体外部,它的工作压力一般不超过 0.1 MPa,最大允许线速度为 4～8 m/s,须在有润滑的情况下工作。

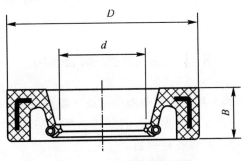

图 7 - 12　回转轴用密封圈
1—O 形圈;2—滑环;3—被密封件

思考与练习

1.蓄能器的主要作用有哪些?

2.选用过滤器时应考虑哪些问题?

3.液压系统常用管路有哪些? 钢管一般用在什么情况下?

4.安装 O 形密封圈时为什么要在 O 形圈的侧面安放一个或两个挡圈?

5.Y 形密封圈如何起密封作用? 安装时应注意什么问题?

6.液压系统中油箱的主要作用有哪些? 油箱通常有哪几种类型?

第8章 液压基本回路

液压系统在不同的使用场合,有着不同的组成形式。但不论实际的液压系统多么复杂,它总是由一些基本回路所组成的。所谓的液压基本回路,就是由相关液压元件组成的,能实现某种特定功能的典型油路。它是从一般的实际液压系统中归纳、综合、提炼出来的,具有一定的代表性。熟悉和掌握基本回路的组成、工作原理、性能特点及其应用,是分析和设计液压系统的重要基础。

液压基本回路按其在液压系统中的功能可分为压力控制回路、速度控制回路、方向控制回路和多缸动作回路等类型。

8.1 压力控制回路

压力控制回路是用压力阀来控制和调节液压系统主油路或某一支路的压力,以满足执行元件速度换接回路所需的力或力矩的要求。利用压力控制回路可实现对系统进行调压(稳压)、减压、增压、卸荷、保压与平衡等各种控制。

8.1.1 调压回路

当液压系统工作时,液压泵应向系统提供所需压力的液压油,同时又能节省能源,减少油液发热,提高执行元件运动的平稳性。因此,应设置调压或限压回路。当液压泵一直工作在系统的调定压力时,就要通过溢流阀调节并稳定液压泵的工作压力。在变量泵系统中或旁路节流调速系统中用溢流阀(当安全阀用)限制系统的最高安全压力。当系统在不同的工作时间内需要有不同的工作压力,可采用二级或多级调压回路。

1. 单级调压回路

如图 8-1(a)所示,通过液压泵 1 和溢流阀 2 的并联连接,即可组成单级调压回路。通过调节溢流阀的压力,可以改变泵的输出压力。当溢流阀的调定压力确定后,液压泵就在溢流阀的调定压力下工作。从而实现了对液压系统进行调压和稳压控制。

如果将液压泵 1 改换为变量泵,这时溢流阀将作为安全阀来使用,液压泵的工作压力低于溢流阀的调定压力,这时溢流阀不工作。当系统出现故障,液压泵的工作压力上升时,一旦压力达到溢流阀的调定压力,溢流阀将开启,并将液压泵的工作压力限制在溢流阀的调定压力下,使液压系统不致因压力过载而受到破坏,从而保护了液压系统。

2. 二级调压回路

图 8-1(b)所示为二级调压回路,该回路可实现两种不同的系统压力控制。由先导型溢

流阀 2 和直动式溢流阀 4 各调定一级,当二位二通电磁阀 3 处于图示位置时系统压力由阀 2 调定,当阀 3 得电后处于下位时,系统压力由阀 4 调定,需要注意,阀 4 的调定压力一定要小于阀 2 的调定压力,否则不能实现调压功能;当系统压力由阀 4 调定时,先导型溢流阀 2 的先导阀口关闭,但主阀开启,液压泵的溢流流量经主阀回油箱,这时阀 4 亦处于工作状态,并有油液通过。应当指出:若将阀 3 与阀 4 对换位置,则仍可进行二级调压,并且在二级压力转换点上获得比图 8-1(b)所示回路更为稳定的压力转换。

3. 多级调压回路

图 8-1(c)所示为三级调压回路,三级压力分别由溢流阀 1,2 和 3 调定,当电磁铁 1YA, 2YA 失电时,系统压力由主溢流阀调定。当 1YA 得电时,系统压力由阀 2 调定。当 2YA 得电时,系统压力由阀 3 调定。在这种调压回路中,阀 2 和阀 3 的调定压力要低于主溢流阀的调定压力,而阀 2 和阀 3 的调定压力之间则不需要存在一定的关系。当阀 2 或阀 3 工作时,阀 2 或阀 3 相当于阀 1 上的另一个先导阀。

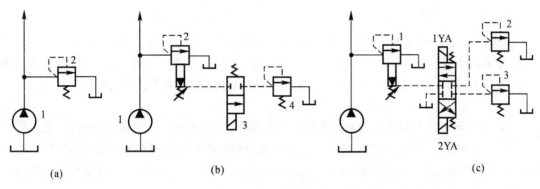

(a)　　　　　　　　　　(b)　　　　　　　　　　(c)

图 8-1　调压回路

8.1.2　减压回路

当泵的输出压力是高压而局部回路或支路要求低压时,可以采用减压回路,如液压系统中的定位、夹紧,以及液压元件的控制油路等,它们往往要求比主油路较低的压力。减压回路较为简单,一般是在所需低压的支路上串接减压阀。采用减压回路虽能方便地获得某支路稳定的低压,但压力油经减压阀口时会产生压力损失,这是它的缺点。

最常见的减压回路为通过定值减压阀与主油路相连,如图 8-2(a)所示。回路中的单向阀为主油路压力降低(低于减压阀调整压力)时防止油液倒流,起短时保压作用,减压回路中也可以采用类似两级或多级调压的方法获得两级或多级减压。图 8-2(b)所示为利用先导型减压阀 2 的远控口接一远控溢流阀 3,则可由阀 2、阀 3 各调定一种低压。需要注意,阀 3 的调定压力值一定要低于阀 2 的调定减压值。

为了使减压回路工作可靠,减压阀的最低调整压力不应小于 0.5 MPa,最高调整压力至少应比系统压力小 0.5 MPa。当减压回路中的执行元件需要调速时,调速元件应放在减压阀的后面,以避免减压阀泄漏(指由减压阀泄油口流回油箱的油液)对执行元件的速度产生影响。

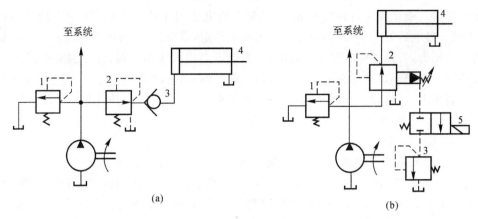

图 8-2 减压回路

8.1.3 增压回路

如果系统或系统的某一支油路需要压力较高但流量又不大的压力油,而采用高压泵又不经济,或者根本就没有必要增设高压力的液压泵时,就常采用增压回路,这样不仅易于选择液压泵,而且系统工作较可靠,噪声小。增压回路中提高压力的主要元件是增压缸或增压器。

1. 单作用增压缸的增压回路

图 8-3(a)所示为利用增压缸的单作用增压回路,当系统在图示位置工作时,系统的供油压力 p_1 进入增压缸的大活塞腔,此时在小活塞腔即可得到所需的较高压力 p_2;当二位四通电磁换向阀右位接入系统时,增压缸返回,辅助油箱中的油液经单向阀补入小活塞腔。因而该回路只能间歇增压,称之为单作用增压回路。

2. 双作用增压缸的增压回路

图 8-3(b)所示的采用双作用增压缸的增压回路,能连续输出高压油,在图示位置,液压泵输出的压力油经换向阀 5 和单向阀 1 进入增压缸左端大、小活塞腔,右端大活塞腔的回油通油箱,右端小活塞腔增压后的高压油经单向阀 4 输出,此时单向阀 2、3 被关闭。当增压缸活塞移到右端时,换向阀得电换向,增压缸活塞向左移动。同理,左端小活塞腔输出的高压油经单向阀 3 输出,这样,增压缸的活塞不断往复运动,两端便交替输出高压油,从而实现了连续增压。

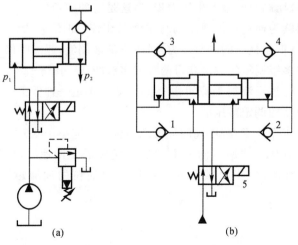

(a)   (b)

图 8-3 增压回路

8.1.4　卸荷回路

在液压系统工作中,有时执行元件短时间停止工作,不需要液压系统传递能量,或者执行元件在某段工作时间内保持一定的力,而运动速度极慢,甚至停止运动,在这种情况下,不需要液压泵输出油液,或只需要很小流量的液压油,于是液压泵输出的压力油全部或绝大部分从溢流阀流回油箱,造成能量的无谓消耗,引起油液发热,使油液加快变质,而且还影响液压系统的性能及泵的寿命。为此,需要采用卸荷回路,卸荷回路的功用是指在液压泵驱动电动机不频繁启闭的情况下,使液压泵在功率输出接近于零的情况下运转,以减少功率损耗,降低系统发热,延长泵和电动机的寿命。因为液压泵的输出功率为其流量和压力的乘积,所以两者任一近似为零,功率损耗即近似为零。因此液压泵的卸荷有流量卸荷和压力卸荷两种,前者主要是使用变量泵,使变量泵仅为补偿泄漏而以最小流量运转,此方法比较简单,但泵仍处在高压状态下运行,磨损比较严重;压力卸荷的方法是使泵在接近零压下运转。

常见的压力卸荷方式有以下几种:

1. 换向阀卸荷回路

M 型,H 型和 K 型中位机能的三位换向阀处于中位时,泵即卸荷,图 8 - 4 所示为采用 M 型中位机能的电液换向阀的卸荷回路,这种回路切换时压力冲击小,但回路中必须设置单向阀,以使系统能保持 0.3 MPa 左右的压力,供操纵控制油路之用。

2. 用先导溢流阀控制的两级调压回路

图 8 - 1(b)中若去掉远程调压阀 4,使先导型溢流阀的远程控制口直接与二位二通电磁阀相连,便构成一种用先导型溢流阀的卸荷回路,如图 8 - 5 所示。这种卸荷回路卸荷压力小,切换时冲击也小。

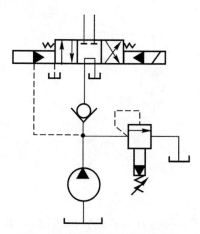

图 8 - 4　M 型中位机能卸荷回路

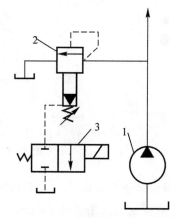

图 8 - 5　溢流阀远控口卸荷

1—液压泵;2—溢流阀;3—电磁阀

8.1.5　保压回路

在液压系统中,常要求液压执行机构在一定的行程位置上停止运动或在有微小的位移下稳定地维持住一定的压力,这就要采用保压回路。最简单的保压回路是密封性能较好的液控

单向阀的回路,但是,阀类元件的泄漏使得这种回路的保压时间不能维持太久。常用的保压回路有以下几种:

1. 利用液压泵的保压回路

利用液压泵的保压回路也就是在保压过程中,液压泵仍以较高的压力(保压所需压力)工作。此时,若采用定量泵则压力油几乎全经溢流阀流回油箱,系统功率损失大,易发热,故只在小功率的系统且保压时间较短的场合下才使用;若采用变量泵,在保压时泵的压力较高,但输出流量几乎等于零,因而,液压系统的功率损失小,这种保压方法能随泄漏量的变化而自动调整输出流量,因此其效率也较高。

2. 利用蓄能器的保压回路

如图8-6(a)所示的回路,当主换向阀在左位工作时,液压缸向前运动且压紧工件,进油路压力升高至调定值,压力继电器动作使二通阀通电,泵卸荷,单向阀自动关闭,液压缸则由蓄能器保压。当缸压力不足时,压力继电器复位使泵重新工作。保压时间的长短取决于蓄能器容量,调节压力继电器的工作区间即可调节缸中压力的最大值和最小值。图8-6(b)所示为多缸系统中的保压回路,这种回路当主油路压力降低时,单向阀关闭,支路由蓄能器保压补偿泄漏,压力继电器的作用是当支路压力达到预定值时发出信号,使主油路开始动作。

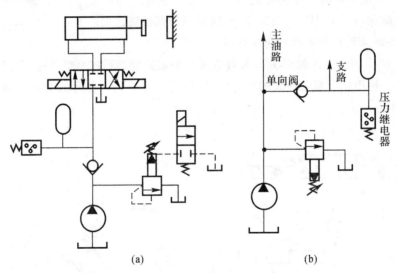

(a)   (b)

图8-6 利用蓄能器的保压回路

3. 自动补油保压回路

图8-7所示为采用液控单向阀和电接触式压力表的自动补油式保压回路,其工作原理是:当1YA得电,换向阀右位接入回路,液压缸上腔压力上升至电接触式压力表的上限值时,上触点接电,使电磁铁1YA失电,换向阀处于中位,液压泵卸荷,液压缸由液控单向阀保压。当液压缸上腔压力下降到预定下限值时,电接触式压力表又发出信号,使1YA得电,液压泵再次向系统供油,使压力上升。当压力达到上限值时,上触点又发出信号,使1YA失电。因此,这一回路能自动地使液压缸补充压力油,使其压力能长期保持在一定范围内。

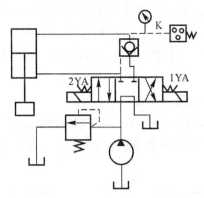

图 8-7　自动补油保压回路

8.1.6　平衡回路

　　平衡回路的功用在于防止垂直或倾斜放置的液压缸和与之相连的工作部件因自重而自行下落。图 8-8(a)所示为采用单向顺序阀的平衡回路,当 1YA 得电后活塞下行时,回油路上就存在着一定的背压;只要将这个背压调节到能支承住活塞和与之相连的工作部件自重,活塞就可以平稳地下落。当换向阀处于中位时,活塞就停止运动,不再继续下移。这种回路当活塞向下快速运动时功率损失大,锁住时活塞和与之相连的工作部件会因单向顺序阀和换向阀的泄漏而缓慢下落,因此它只适用于工作部件重量不大、活塞锁住时定位要求不高的场合。图 8-8(b)为采用液控顺序阀的平衡回路。当活塞下行时,控制压力油打开液控顺序阀,背压消失,因而回路效率较高;当停止工作时,液控顺序阀关闭以防止活塞和工作部件因自重而下降。这种平衡回路的优点是只有上腔进油时活塞才下行,比较安全可靠;缺点是活塞下行时平稳性较差。这是因为活塞下行时,液压缸上腔油压降低,将使液控顺序阀关闭。当顺序阀关闭时,因活塞停止下行,使液压缸上腔油压升高,又会打开液控顺序阀。因此液控顺序阀始终工作于启闭的过渡状态,因而影响工作的平稳性。这种回路适用于运动部件质量不很大、停留时间较短的液压系统中。

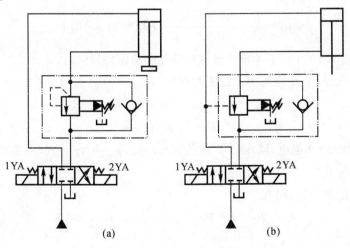

(a)　　　　　　　　　　　　(b)

图 8-8　采用顺序阀的平衡回路

【例 8-1】 如图 8-9 所示液压系统,液压缸的有效面积 $A_1 = A_2 = 100$ cm²,缸 Ⅰ 负载 $F_L = 35\,000$ N,缸 Ⅱ 运动时负载为零。不计摩擦阻力、惯性力和管路损失。溢流阀、顺序阀和减压阀的调整压力分别为 40×10^5 Pa、30×10^5 Pa 和 20×10^5 Pa。求在下列三种工况下 A,B,C 三点的压力:

(1)液压泵启动后,两换向阀处于中位;

(2)1YA 通电,液压缸 Ⅰ 活塞运动时以及活塞运动到终端后;

(3)1YA 断电,2YA 通电,液压缸 Ⅱ 活塞运动时以及活塞碰到固定挡块时。

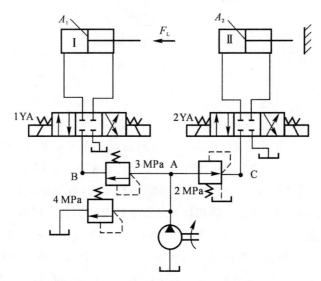

图 8-9 采用顺序阀的平衡回路

解 (1)液压泵启动后,两换向阀处于中位时,顺序阀处于打开状态;减压阀的先导阀打开,减压阀口关小,A 点压力变高,溢流阀打开,则有

$$p_A = 40 \times 10^5 \text{ Pa}, \quad p_B = 40 \times 10^5 \text{ Pa}, \quad p_C = 20 \times 10^5 \text{ Pa}$$

(2)1YA 通电,液压缸 Ⅰ 活塞移动时,有

$$p_B = \frac{F_L}{A_1} = \frac{35\,000}{100 \times 10^{-4}} (\text{Pa}) = 35 \times 10^5 \text{ Pa}$$

$p_A = p_B = 35 \times 10^5$ Pa(不考虑油液流经顺序阀的压力损失),$p_C = 20 \times 10^5$ Pa。

活塞运动终点后,B、A 点压力至溢流阀打开,有

$$p_A = p_B = 40 \times 10^5 \text{ Pa}$$
$$p_C = 20 \times 10^5 \text{ Pa}$$

(3)1YA 断电,2YA 通电,液压缸 Ⅱ 的活塞运动时,$p_C = 0$,$p_A = 0$(不考虑油液流红减压阀的压力损失),$p_B = 0$。

活塞碰到固定挡块后,则有

$$p_C = 20 \times 10^5 \text{ Pa}, \quad p_A = p_B = 40 \times 10^5 \text{ Pa}$$

8.2　速度控制回路

速度控制回路主要分为调速回路和速度变换回路。

8.2.1　调速回路

调速是指调节执行元件的运动速度。改变执行元件运动速度的方法,可从其速度表达式中寻求。

从液压马达的工作原理可知,液压马达的转速 n 由输入流量 q 和液压马达的排量 V 决定,即 $n=q/V$,液压缸的运动速度 v 由输入流量 q 和液压缸的有效作用面积 A 决定,即 $v=q/A$。

通过上面的关系可以知道,要想调节液压马达的转速 n_m 或液压缸的运动速度 v,可通过改变输入流量 q、改变液压马达的排量 V_m 和改变缸的有效作用面积 A 等方法来实现。由于液压缸的有效面积 A 是定值,只有通过改变流量 q 的大小来调速,而改变输入流量 q,可以通过采用流量阀或变量泵来实现,改变液压马达的排量 V_m,可通过采用变量液压马达来实现,因此,调速回路主要有以下三种方式:

(1)节流调速回路。由定量泵供油,用流量阀调节进入或流出执行机构的流量来实现调速。

(2)容积调速回路。用调节变量泵或变量马达的排量来调速。

(3)容积节流调速回路。用限压变量泵供油,由流量阀调节进入执行机构的流量,并使变量泵的流量与调节阀的调节流量相适应来实现调速。此外还可采用几个定量泵并联,按不同速度需要,启动一个泵或几个泵供油实现分级调速。

8.2.1.1　节流调速回路

在节流调速回路中,执行元件可以是液压缸,也可以是液压马达,这里以液压缸为例。根据节流阀在回路中的位置不同,节流调速回路有三种基本形式,即进油路节流调速、回油路节流调速和旁油路节流调速。

1. 进油路节流调速回路

如图 8-10(a)所示,节流阀串联在液压泵和液压缸之间。液压泵输出的油液,一部分经节流阀进入液压缸工作腔而推动活塞移动,多余的油液则经溢流阀流回油箱,溢流是这种调速回路能够正常工作的必要条件。由于溢流阀有溢流,泵的出口压力就是溢流阀的调定压力并基本保持定值。调节节流阀的通流面积,即可调节通过节流阀的流量,从而调节液压缸的运动速度。

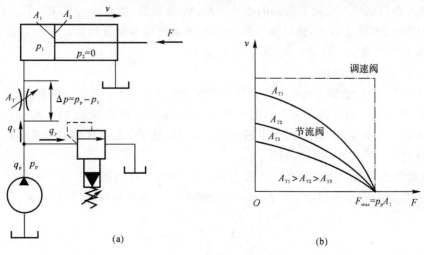

(a)　　　　　　　　　　(b)

图 8-10　进油路节流调速回路

(1)速度负载特性。当活塞以稳定的速度运动时,作用在活塞上的力平衡方程为

$$p_1 A_1 = p_2 A_2 + F \tag{8-1}$$

式中,p_1,p_2 分别为液压缸进油腔和回油腔的压力,由于回油腔通油箱,所以 $p_2 \approx 0$;F 为液压缸的负载;A_1,A_2 分别为液压缸无杆腔和有杆腔的有效作用面积。

因此

$$p_1 = \frac{F}{A_1} \tag{8-2}$$

因为液压泵的供油压力 p_p 为定值,所以节流阀两端的压力差为

$$\Delta p = p_\text{p} - p_1 = p_\text{p} - \frac{F}{A_1} \tag{8-3}$$

经节流阀进入液压缸的流量为

$$q_1 = K A_\text{T} \Delta p^m = K A_\text{T} \left(p_\text{p} - \frac{F}{A_1} \right)^m \tag{8-4}$$

故活塞的运动速度为

$$v = \frac{q_1}{A_1} = \frac{K A_\text{T}}{A_1} \left(p_\text{p} - \frac{F}{A_1} \right)^m \tag{8-5}$$

式(8-5)即为进油路节流调速回路的速度负载特性方程,它反映了速度 v 和负载 F 的关系。若以活塞运动速度 v 为纵坐标,负载 F 为横坐标,将式(8-5)按不同节流阀通流面积 A_T 作图,则可得一组曲线,即为该回路的速度负载特性曲线,如图 8-10(b)所示。

由式(8-5)和图 8-10(b)可以看出:

1)液压缸的运动速度 v 和节流阀通流面积 A_T 成正比,调节 A_T 可实现无级调速,这种回路的调速范围较大(最高速度与最低速度之比可高达 100)。

2)当 A_T 调定后,速度随负载的增大而减小,故这种调速回路的速度负载特性软,即速度刚性差。其重载区域比轻载区域的速度刚度差。

3)在相同的负载条件下,节流阀通流面积大的比小的速度刚性差,即速度高时的速度刚性差。

根据以上分析,这种调速回路在轻载、低速时有较高的速度刚度,故适用于低速、轻载的场合,但这种情况下功率损失较大,效率较低。

(2)最大承载能力。无论节流阀的通流面积 A_T 为何值,当 $F = p_\text{p} A_1$ 时,节流阀两端的压力差 Δp 为零,活塞停止运动,此时液压泵输出的流量全部经溢流阀流回油箱。因此,此时的 F 值就是该回路的最大承载能力值,即 $F_\text{max} = p_\text{p} A_1$。

2. 回油路节流调速回路

如图 8-11 所示,把节流阀串联在液压缸的回油路上,借助于节流阀控制液压缸的排油量 q_2 来实现速度调节。由于进入液压缸的流量 q_1 受回油路排出流量 q_2 的限制,所以用节流阀来调节液压缸的排油量 q_2,也就调节了进油量 q_1,定量泵多余的油液仍经溢流阀流回油箱,从而使泵出口的压力稳定在调整值不变。

(1)速度负载特性。类似式(8-5)的推导过程,由液压缸活塞上的力平衡方程(p_2 不等于 0)和经过节流阀的流量方程($\Delta p = p_2$),可得出液压缸的速度负载特性为

$$v = \frac{q_2}{A_2} = \frac{K A_\text{T}}{A_2} \left(p_\text{p} \frac{A_1}{A_2} - \frac{F}{A_2} \right)^m \tag{8-6}$$

式中，A_1，A_2 为液压缸无杆腔和有杆腔的有效面积；F 为液压缸的外负载；A_T 为节流阀通流面积；p_p 为溢流阀的调定压力。

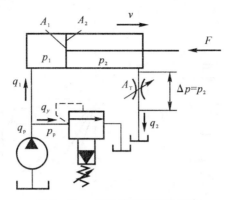

图 8 - 11　回油路节流调速回路

　　比较式(8 - 6)和式(8 - 5)可以发现，回油路节流调速和进油路节流调速的速度负载特性基本相同。若对于双出杆缸，则两种节流调速回路的速度负载特性完全一样。因此，对进油节流调速回路的一些分析完全适用于回油路节流调速回路。

　　(2) 最大承载能力。回油路节流调速的最大承载能力与进油路节流调速相同，即 $F_{max} = p_p A_1$。

　　从以上分析可知，进、回油路节流调速回路有许多相同之处，但它们也有下述不同之处：

　　1)承受负值负载的能力不同。对于回油节流调速，具有承受负值负载(与活塞运动方向相同的负载)的能力；而对于进油节流调速，由于回油腔没有背压，在负值负载作用下，会出现失控而造成前冲，因而不能承受负值负载。

　　2)停车后的启动性能不同。对于回油节流调速，停止工作后液压缸油腔内的油液会流回油箱。当重新启动泵向液压缸供油时，液压泵输出的流量会全部进入液压缸，从而造成活塞前冲现象；而在进油节流调速回路中，进入液压缸的流量总是受到节流阀的限制，故活塞前冲很小，甚至没有前冲。

　　3)实现压力控制的方便性不同。在进油节流调速回路中，进油腔的压力将随负载而变化。当工作部件碰到死挡铁停止时，其压力升高并能达到溢流阀的调定压力，利用这一压力变化值，可方便地用来实现压力控制；但在回油节流调速中，只有回油腔的压力才会随负载而变化。当工作部件碰到死挡铁后，其压力降为零，虽然可用这一压力变化来实现压力控制，但其可靠性低，故一般均不采用。

　　4)运动平稳性不同。在回油节流调速回路中，由于有背压存在，因此运动的平稳性较好，进油节流调速回路能获得更低的稳定速度。

　　为了提高回路的综合性能，实际中较多的是采用进油路调速，并在回油路上加背压阀，以提高运动的平稳性。

　　3. 旁油路节流调速回路

　　如图 8 - 12 所示，将节流阀装在与执行元件并联的支路上。用节流阀调节流回油箱的流量，从而控制了进入液压缸的流量，调节节流阀的通流面积，就可调节活塞的运动速度。在这里，正常工作时溢流阀不打开而作安全阀用，起过载保护作用，其调整压力为最大负载所需压力的 1.1～1.2 倍。

旁油路节流调速回路,宜用在负载变化小,对运动平稳性要求低的高速、大功率场合,例如一些设备的主运动传动系统、输送机械的液压系统等。

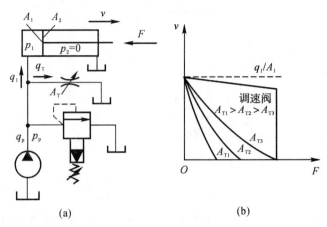

图 8-12 旁路节流调速回路

4. 用调速阀的节流调速回路

在上述节流阀的三种调速回路中,都存在着相同的问题:当节流开口调定时,通过它的流量受工作负载变化的影响,不能保持执行元件运动速度的稳定。因此,只适用于负载变化不大和速度稳定性要求不高的场合。在负载变化较大而又要求速度稳定时,这些调速回路就不能满足要求。由于工作负载的变化,要使速度稳定,就要采用压力补偿的办法来保证节流阀前后的压力差不变,从而使流量稳定。对于节流阀进行压力补偿的方法有两种。一种是将定差减压阀与节流阀串联成一个复合阀,由定差减压阀保持节流阀前后压力差不变,这种组合的阀称为调速阀;另一种是将差压式溢流阀和节流阀并联成一个组合阀,由溢流阀保证节流阀前后压力差不变,这种组合阀称为旁通型调速阀(有时也称它为溢流节流阀)。

(1)调速阀及其应用。调速阀的工作原理图如图 8-13 所示。调速阀是在节流阀 2 前面串联一个定差减压阀 1 组合而成。液压泵输出油液的压力为 p_1(由溢流阀调定并保持稳定),流经减压阀到节流阀前的压力为 p_2,节流阀后的压力为 p_3,节流阀前后的压力油分别作用在减压阀阀芯的两端。若忽略摩擦力和液动力,当阀芯在弹簧力 F_s、油液压力 p_2 和 p_3 作用下处于某一平衡位置时,则有

$$p_2A_1 + p_2A_2 = p_3A + F_s \tag{8-7}$$

式中,A,A_1 和 A_2 分别为 b,c 和 d 腔内的压力油作用于阀芯的有效面积,且 $A = A_1 + A_2$。故

$$p_2 - p_3 = \frac{F_s}{A} \tag{8-8}$$

因为弹簧刚度较低,且工作过程中减压阀阀芯位移很小,可认为 F_s 基本保持不变,故节流阀两端压力差($p_2 - p_3$)也基本不变,使通过节流阀的流量稳定。换而言之,将调速阀流量调定后,无论出口压力 p_3 还是进口油压力 p_1 如何发生变化,由于减压阀的自动调节作用,节流阀前后压力差总是保持稳定,从而使通过调速阀的流量基本保持不变。图 8-13(b)(c)为其图形符号。

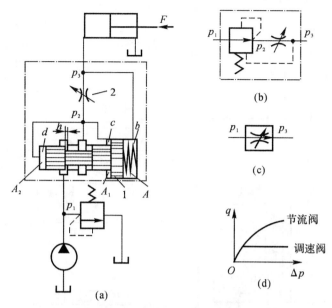

图 8-13　调速阀工作原理图

1—减压阀；2—节流阀

图 8-13(d) 表示通过节流阀和调速阀的流量 q 随阀进、出油口两端的压力差 Δp 的变化规律。从图上可以看出，节流阀的流量随压力差变化较大，而调速阀在压力差大于一定数值后，流量基本上保持恒定。当压力差很小时，由于减压阀阀芯被弹簧推至最左端，减压阀阀口全开，不起减压作用，故这时调速阀的性能与节流阀相同。因此，为使调速阀正常工作，就必须有一最小压力差，此压力差在一般调速阀中为 0.5 MPa，在高压调速阀中为 1 MPa。

调速阀装在进油路、回油路或旁油路上，都可以达到改善速度负载特性，使速度稳定性提高的目的。旁油路节流调速回路比前两种调速回路的刚度差，主要是受泵的泄漏影响而致。旁油路节流调速回路的承载能力也有了很大的提高，不受活塞速度的影响。然而，所有性能上的改进都是以加大整个流量控制阀前后的压力差为代价的。因此，采用调速阀的调速回路，其功率损失比节流阀调速回路还要大些。

(2)旁通型调速阀。旁通型调速阀(也称做溢流节流阀)也是一种压力补偿型节流阀，图 8-14所示为其工作原理图及其图形符号。它接在进油路，也能保持速度稳定。液压泵输出的油液一部分经节流阀 4 进入液压缸左腔，推动活塞向右移动；另一部分经溢流阀 3 的溢流口流回油箱，溢流阀阀芯上端的 a 腔同节流后的油液相通，其压力为 p_2，p_2 取决于负载 F。节流阀前的油液压力为 p_1，它同 b 腔及下端的 c 腔相通。当液压缸在某一负载下工作时，溢流阀阀芯处于某一平衡位置，若负载增加，则 p_2 升高，a 腔的压力也相应升高，阀芯向下移动，溢流开口减小，溢流阻力增加，使泵的供油压力 p_1 也随之增大，从而使节流阀4前后的压力差 p_1-p_2。基本保持不变；如果负载减小，则 p_2 减小，溢流阀的自动调节作用将使 p_1 也减小，$\Delta p = p_1 - p_2$ 仍能保持基本不变。

当溢流阀阀芯处于某一位置时，阀芯在其上下的油压力和弹簧力 F_s(不计阀芯自重、摩擦力、液动力)作用下处于平衡状态，则有

$$p_1 A = p_2 A + F_s \qquad\qquad (8-9)$$

即

$$\Delta p = p_1 - p_2 = \frac{F_s}{A} \qquad\qquad (8-10)$$

式中,A 为阀芯有效承压面积。

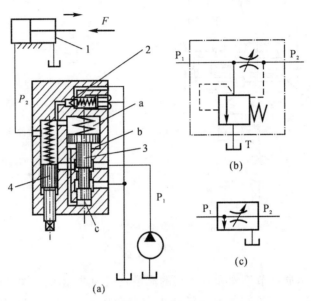

图 8-14　旁通型调速阀(溢流节流阀)
1—液压缸;2—安全阀;3—溢流阀;4—节流阀

　　由于弹簧刚度较小,且负载变化时,阀 3 的位移很小,故可以认为 F_s 基本保持不变,从而使 Δp 基本不变,通过节流阀的流量将不受负载变化的影响。图中的锥阀 2 是安全阀,平时关闭,只有当负载增加到使 p_2 超过安全阀弹簧的调整压力时,它才打开,溢流阀阀芯上的 a 腔经安全阀 2 通油箱,溢流阀 3 向上移动,溢流阀开口口增大,液压泵输出的油液经溢流阀全部溢流回油箱,从而防止系统过载。调速阀和旁通型调速阀都有压力补偿作用,使通过流量不受负载变化的影响。

8.2.1.2　容积调速回路

　　容积调速回路是用改变泵或马达的排量来实现调速的。其主要优点是功率损失小(没有节流损失和溢流损失)且其工作压力随负载变化,因此效率高、油液温升小,适用于高速、大功率调速系统。其缺点是变量泵和变量马达的结构较复杂,成本较高。

　　根据调节对象不同,容积调速有三种形式,分别为变量泵和定量执行元件组成的调速回路、定量泵和变量执行元件组成的调速回路及变量泵和变量执行元件组成的调速回路。

　　按油路循环方式不同,容积调速回路有开式回路和闭式回路两种。开式回路中泵从油箱吸油,执行机构的回油直接回到油箱,油箱容积大,油液能得到较充分冷却,但空气和脏物易进入回路。闭式回路中,液压泵将油输出进入执行机构的进油腔,又从执行机构的回油腔吸油。闭式回路结构紧凑,只需很小的补油箱,但冷却条件差。为了补偿工作中油液的泄漏,一般设补油泵,补油泵的流量为主泵流量的 $10\% \sim 15\%$。压力调节为 $3 \times 10^5 \sim 10 \times 10^5$ Pa。

1. 变量泵和定量执行元件组成的容积调速回路

这种调速回路可由变量泵与液压缸或变量泵与定量液压马达组成。其回路原理图如图 8 − 15 所示,图 8 − 15(a)为变量泵与液压缸所组成的开式容积调速回路,图 8 − 15(b)为变量泵与定量液压马达组成的闭式容积调速回路。

其工作原理是:图 8 − 15(a)中活塞 5 的运动速度 v 由变量泵 1 调节,2 为安全阀,4 为换向阀,6 为背压阀。图 8 − 15(b)所示为采用变量泵 3 来调节液压马达 5 的转速,安全阀 4 用以防止过载,低压辅助泵 1 用以补油,其补油压力由低压溢流阀 6 来调节。

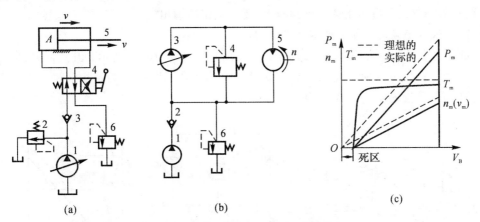

图 8 − 15　变量泵定量马达容积调速回路

(a)开式回路;(b)闭式回路;(c)闭式回路的特性曲线

(a)1—变量泵;2—安全阀;3—单向阀;4—换向阀;5—液压缸活塞;6—背压阀

(b)1—低压辅助泵;2—单向阀;3—变量泵;4—安全阀;5—液压马达;6—低压溢流阀

其主要工作特性有以下三点:

(1)速度特性。当不考虑回路的容积效率时,执行机构的速度 n_m 或 (V_m) 与变量泵的排量 V_B 的关系为

$$n_m = n_B V_B / V_m \qquad\qquad (8 − 11)$$

或

$$V_m = n_B V_B / A \qquad\qquad (8 − 12)$$

式(8 − 11)和式(8 − 12)表明:因马达的排量 V_m 和缸的有效工作面积 A 是不变的,当变量泵的转速 n 不变,则马达的转速 n_B(或活塞的运动速度)与变量泵的排量成正比,是一条通过坐标原点的直线,如图 8 − 15(c)中虚线所示。实际上回路的泄漏是不可避免的,在一定负载下,需要一定流量才能启动和带动负载。因此其实际的 n_m(或 V_m)与 V_B 的关系如实线所示。这种回路在低速下承载能力差,速度不稳定。

(2)转矩和功率特性。当不考虑回路的损失时,液压马达的输出转矩 T_m(或缸的输出推力 F)为 $T_m = V_m \Delta p / 2\pi$(或 $F = A(p_B − p_0)$)。它表明当泵的输出压力 p_B 和吸油路(也即马达或缸的排油)压力 p_0 不变时,马达的输出转矩 T_m 或缸的输出推力 F 理论上是恒定的,与变量泵的 V_B 无关。但实际上由于泄漏和机械摩擦等的影响,也存在一个"死区",如图 8 − 15(c)所示。

此回路中执行机构的输出功率为

$$P_m = (p_B − p_0)q_B = (p_B − p_0)n_B V_B \qquad\qquad (8 − 13)$$

或

$$P_m = n_m T_m = V_B n_B T_m / V_B \qquad (8-14)$$

式(8-13)和式(8-14)表明：马达或缸的输出功率 P_m 随变量泵的排量 V_B 的增减而线性地增减。其理论与实际的功率特性亦见图8-15(c)。

(3)调速范围。这种回路的调速范围，主要决定于变量泵的变量范围，其次是受回路的泄漏和负载的影响。采用变量叶片泵可达 $10:1$，变量柱塞泵可达 $20:1$。

综上所述，变量泵和定量液动机所组成的容积调速回路为恒转矩输出，可正反向实现无级调速，调速范围较大。适用于调速范围较大，要求恒扭矩输出的场合。

2. 定量泵和变量马达组成的容积调速回路

定量泵与变量马达容积调速回路如图8-16所示。图8-16(a)所示为开式回路：由定量泵1、变量马达2、安全阀3、换向阀4组成；图8-16(b)为闭式回路：1,2为定量泵和变量马达，3为安全阀，4为低压溢流阀，5为补油泵。

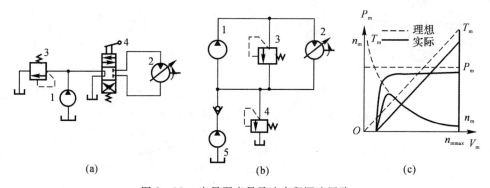

图8-16　定量泵变量马达容积调速回路
(a)开式回路；(b)闭式回路；(c)工作特性
(a)1—定量泵；2—变量马达；3—安全阀；4—换向阀
(b)1—定量泵；2—变量马达；3—安全阀；4—低压溢流阀；5—补油泵

此回路是由调节变量马达的排量 V_m 来实现调速。

(1)速度特性。在不考虑回路泄漏时，液压马达的转速 n_m 为

$$n_m = q_B / V_m \qquad (8-15)$$

式中，q_B 为定量泵的输出流量。可见变量马达的转速 n_m 与其排量 V_m 成反比，当排量 V_m 最小时，马达的转速 n_m 最高。其理论与实际的特性曲线如图8-16(c)中虚、实线所示。

由上述分析和调速特性可知：此种用调节变量马达的排量的调速回路，如果用变量马达来换向，在换向的瞬间要经过"高转速—零转速—反向高转速"的突变过程，故不宜用变量马达来实现平稳换向。

(2)转矩与功率特性。

液压马达的输出转矩为

$$T_m = V_m (p_B - p_0) / 2\pi \qquad (8-16)$$

液压马达的输出功率为

$$P_m = 2\pi n_m T_m = q_B (p_B - p_0) \qquad (8-17)$$

式(8-16)和式(8-17)表明：马达的输出转矩 T_m 与其排量 V_m 成正比；而马达的输出功率

P_m 与其排量 V_m 无关,若进油压力 p_B 与回油压力 p_0 不变时,$P_m = C$,故此种回路属恒功率调速。其转矩特性和功率特性如图 8－16(c) 所示。

综上所述,定量泵变量马达容积调速回路,由于不能用改变马达的排量来实现平稳换向,调速范围比较小(一般为 3 ~ 4),因而较少单独应用。

3. 变量泵和变量马达组成的容积调速回路

这种调速回路是上述两种调速回路的组合,其调速特性也具有两者的特点。图 8－17 所示为采用双向变量泵和双向变量马达的容积调速回路。

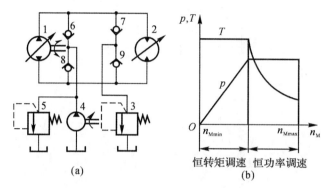

图 8－17　变量泵和变量马达的容积调速回路

1—变量泵;2—变量马达;3—安全阀;4—辅助泵;5—溢流阀;6,7,8,9—单向阀

一般工作部件都在低速时要求有较大的转矩,因此,这种系统在低速范围内调速时,先将液压马达的排量调为最大(使马达能获得最大输出转矩),然后改变泵的输油量,当变量泵的排量由小变大,直至达到最大输油量时,液压马达转速亦随之升高,输出功率随之线性增加,此时液压马达处于恒转矩状态;若要进一步加大液压马达转速,则可将变量马达的排量由大调小,此时输出转矩随之降低,而泵则处于最大功率输出状态不变,故液压马达亦处于恒功率输出状态。

8.2.1.3　容积节流调速回路

容积节流调速回路的基本工作原理是采用压力补偿式变量泵供油、调速阀(或节流阀)调节进入液压缸的流量并使泵的输出流量自动地与液压缸所需流量相适应。

常用的容积节流调速回路有:限压式变量泵与调速阀等组成的容积节流调速回路以及变压式变量泵与节流阀等组成的容积调速回路。

1. 限压式变量泵和调速阀组成的容积节流调速回路

如图 8－18 所示为限压式变量泵与调速阀组成的调速回路工作原理和工作特性图。在图示位置,活塞 4 快速向右运动,泵 1 按快速运动要求调节其输出流量 q_{max},同时调节限压式变量泵的压力调节螺钉,使泵的限定压力 p_C 大于快速运动所需压力,如图 8－18(b) 中 A′ 段。当换向阀 3 通电,泵输出的压力油经调速阀 2 进入缸 4,其回油经背压阀 5 回油箱。调节调速阀 2 的流量 q_1 就可调节活塞的运动速度 v,由于 $q_1 < q_B$,压力油迫使泵的出口与调速阀进口之间的油压升高,即泵的供油压力升高,泵的流量便自动减小到 $q_B \approx q_1$ 为止。

这种调速回路的运动稳定性、速度负载特性、承载能力和调速范围均与采用调速阀的节流调速回路相同。图 8－18(b) 所示为其调速特性,由图可知,此回路只有节流损失而无溢流损失。

当不考虑回路中泵和管路的泄漏损失时,回路的效率为

$$\eta = [p_1 - p_2(A_2/A_1)]q_1/(p_B q_1) = [p_1 - p_2(A_2/A_1)]/p_B \qquad (8-18)$$

式(8-18)表明:泵的输油压力 p_B 调得低一些,回路效率就可 c 高一些,但为了保证调速阀的正常工作压差,泵的压力应比负载压力 p_1 至少大 5×10^5 Pa。当此回路用于"死档铁停留"、压力继电器发讯实现快退时,泵的压力还应调高些,以保证压力继电器可靠发讯,故此时的实际工作特性曲线如图8-18(b)中 A′B′C′ 所示。此外,当 p_c 不变时,负载越小,p_1 便越小,回路效率越低。

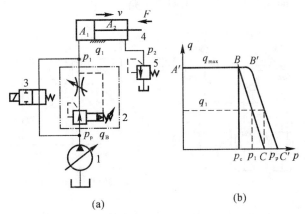

图 8-18　限压式变量泵与调速阀调速回路

(a) 工作原理;(b) 调速特性

1—变量泵;2—调泵阀;3—电磁换向阀;4—液压缸;5—背压阀

综上所述:限压式变量泵与调速阀等组成的容积节流调速回路,具有效率较高、调速较稳定、结构较简单等优点。目前已广泛应用于负载变化不大的中、小功率的液压系统中。

容积节流调速回路由变量泵供油,用流量阀改变进入液压缸的流量,以实现工作速度的调节,这时泵的供油量自动地与液压缸所需的流量相适应。这种回路的特点是效率高、发热小(比节流调速回路),速度稳定性(比容积调速回路)好。它常用在调速范围大的中、小功率场合。

2. 差压式变量泵和节流阀组成的容积节流调速回路

如图 8-19 所示为差压式变量泵和节流阀组成的容积节流调速回路。差压式变量泵和限压式变量泵不同,后者泵的流量由泵的出口压力来控制,而前者则用节流阀两端的压力差来控制。这种回路在工作时,节流阀前后的压力差作用在叶片泵定子两侧的控制活塞和柱塞上,液压泵通过控制活塞和柱塞的作用,来保证节流阀前后的压力差不变,使通过节流阀的流量保持稳定。系统保证了泵的输出流量始终与节流阀的调节流量相适应。若节流阀开口调大时,泵出口压力就会降低,偏心距 e 增大,泵的输油量也增大;若节流阀开口减小,则泵的输油量就减小,从而起到调速作用。

在该回路中,节流阀前后的压力差基本不变,通过节流阀的流量也基本不变,故活塞的运动速度是稳定的。

如图 8-19 所示为差压式变量泵和节流阀的容积节流调速回路,4 是背压阀,6 是安全阀,5 是固定阻尼小孔,用以防止变量泵定子移动过快而发生振荡。

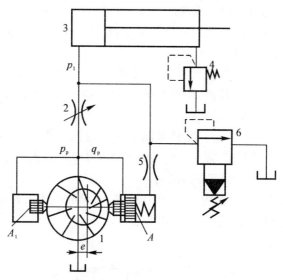

图 8 - 19　差压式变量泵和节流阀的容积节流调速回路

1—变量泵定子；2—节流阀；3—液压缸；4—背压阀；5—固定阻尼孔；6—安全阀

8.2.1.4　调速回路的比较和选用

(1)调速回路的比较(见表 8 - 1)。

表 8 - 1　调速回路的比较

回路类型 主要性能		节流调速回路				容积调速回路	容积节流调速回路	
		用节流阀		用调速阀			限压式	稳流式
		进回油路	旁油路	进回油路	旁油路			
机械特性	速度 稳定性	较差	差	好		较好	好	
	承载能力	较好	较差	好		较好	好	
调速范围		较大	小	较大		大	较大	
功率特性	效率	低	较高	低	较高	最高	较高	高
	发热	大	较小	大	较小	最小	较小	小
适用范围		小功率、轻载的中、低压系统				大功率、重载、高速的 中、高压系统	中、小功率的 中压系统	

(2)调速回路的选用。调速回路的选用主要考虑以下问题：

1)执行机构的负载性质、运动速度和速度稳定性等要求：负载小，且工作中负载变化也小的系统可采用节流阀节流调速；在工作中负载变化较大且要求低速稳定性好的系统，宜采用调速阀的节流调速或容积节流调速；负载大、运动速度高、油的温升要求小的系统，宜采用容积调速回路。

一般来说，功率在 3 kW 以下的液压系统宜采用节流调速；3～5 kW 范围宜采用容积节流调速;功率在 5 kW 以上的宜采用容积调速回路。

2)工作环境要求:处于温度较高的环境下工作,且要求整个液压装置体积小、质量轻的情况,宜采用闭式回路的容积调速。

3)经济性要求:节流调速回路的成本低,功率损失大,效率也低;容积调速回路因变量泵、变量马达的结构较复杂,所以价钱高,但其效率高、功率损失小;而容积节流调速则介于两者之间。因此需综合分析选用哪种回路。

【例 8 - 2】 在如图 8 - 20 所示的调速阀节流调速回路中,已知:$q_p = 25$ L/min,$A_1 = 100$ cm²,$A_2 = 50$ cm²,F 由零增至 30 000 N 时活塞向右移动速度基本无变化,$v = 20$ cm/min,如调速阀要求的最小压差 $\Delta p_{min} = 0.5$ MPa,试问:

1)溢流阀的调整压力 p_y 是多少(不计调压偏差)? 泵的工作压力是多少?

2)液压缸可能达到的最高工作压力是多少?

3)回路的最高效率是多少?

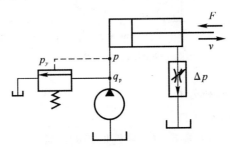

图 8 - 20 调速阀节流调速回路

解 (1)溢流阀应保证回路在 $F = F_{max} = 30\,000$ N 时仍能正常工作,根据液压缸受力平衡关系,有

$$p_p A_1 = p_2 A_2 + F_{max} = \Delta p_{min} A_2 + F_{max}$$
$$p_p = 3.25 \text{ MPa}$$

进入液压缸大腔的流量为

$$q_1 = A_1 v = \frac{100 \times 20}{10^3}(\text{L/min}) = 2\text{L/min}$$

由于 $q_1 \leq q_p$,溢流阀处于正常溢流状态,所以泵的工作压力 $p_p = p_y = 3.23$ MPa。

(2) 当 $F = F_{min} = 0$,液压缸小腔中压力达到最大值,由液压缸受力平衡式 $p_p A_1 = p_{2max} A_2$,故

$$p_{2max} = \frac{A_1}{A_2} p_p = \frac{100}{50} \times 3.25(\text{MPa}) = 6.5 \text{ MPa}$$

(3)$F = F_{max} = 30\,000$ N,回路的效率最高,有

$$\eta = \frac{Fv}{p_p q_p} = \frac{30\,000 \times \frac{20}{10^2}}{3.25 \times 10^6 \times \frac{25}{10^3}} = 0.074 = 7.4\%$$

8.2.2 速度变换回路

速度变换回路是使执行元件从一种速度变换到另一种速度的回路。

1. 增速回路

增速回路是指在不增加液压泵流量的前提下,提高执行元件速度的回路。

(1)自重充液增速回路。

图 8 - 20(a)所示为自重充液增速回路,常用于质量大的立式运动部件的大型液压系统(如大型液压机)。当换向阀右位接通油路时,由于运动部件的自重,活塞快速下降,其下降速度由单向节流阀控制。若活塞下降速度超过液压泵供油流量所提供的速度,液压缸上腔将产生负压,通过液控单向阀 1(亦称充液阀)从高位油箱 2(亦称充液油箱)向液压缸上腔补油;当运动部件接触到工件,负载增加时,液压缸上腔压力升高,液控单向阀关闭,此时仅靠液压泵供油,活塞运动速度降低。回程时,换向阀左位接通油路,压力油进入液压缸下腔,同时打开液控单向阀,液压缸上腔回油一部分进入高位油箱,一部分经换向阀返回油箱。

自重充液增速回路的液压泵按低速加载时的工况选择,快速时利用自重,不需增设辅助的动力源,回路构成简单。但活塞下降速度过快时液压缸上腔吸油不充分,为此高位油箱可用加压油箱或蓄能器代替,实现强制充液。

(2)差动连接增速回路。

如图 8 - 20(b)所示为差动连接增速回路。电磁铁 1YA 通电时,活塞向右运动;而当 1YA,3YA 同时通电时,压力油进入液压缸左右两腔,形成差动连接。由于无杆腔工作面积大于有杆腔工作面积,故活塞仍向右运动,此时有效工作面积减小(相当于活塞杆的面积),活塞推力减小,而运动速度增加。2YA 通电、3YA 断电时,活塞向左返回。差动连接可以提高活塞向右运动的速度(一般是空载情况下),缩短工作循环时间,是实现液压缸快速运动的一种简单经济的办法。

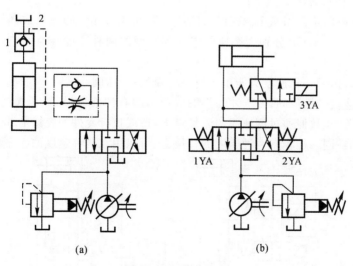

图 8 - 20　增速回路

(a)自重充液增速回路;(b)差动连接增速回路

2. 减速回路

减速回路是使执行元件由快速转换为慢速的回路。常用的方法是靠节流阀或调速阀来减速,用行程阀或电气行程开关控制换向阀的通断将快速转换为慢速。

图 8-21(a)所示为用行程阀控制的减速回路。当液压缸的回油路上并联接入行程阀 2 和单向调速阀 3,活塞向右运动时,活塞杆上的挡铁 1 碰到行程阀的滚轮之前,活塞快速运动;挡铁碰上滚轮并压下行程阀的顶杆后,行程阀 2 关闭,液压缸的回油只能通过调速阀 3 排回油箱,活塞做慢速运动。向左返回时不管挡铁是否压下行程阀的顶杆,液压油均可通过单向阀进入液压缸有杆腔,活塞快速退回。在图 8-21(b)所示回路中,是将电气行程开关 2 的电气信号转给二位二通电磁换向阀 4,其他原理同图 8-21(a)。

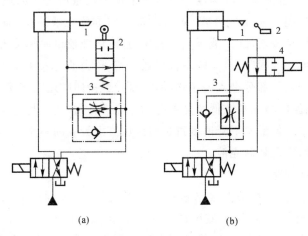

(a)   (b)

图 8-21 减速回路

(a)行程阀控制;(b)行程开关控制

1—挡铁;2—行程阀;3—调速阀;4—换向阀

3. 两种速度转换回路

两种速度转换回路常用两个调速阀串联或并联在执行元件的进油或回油路上,用换向阀进行转换。图 8-22(a)(b)分别为调速阀串联和并联的两种速度转换回路,其电磁铁动作顺序见表 8-2。

调速阀串联时,后一种速度只能小于前一种速度;调速阀并联时,两种速度可以分别调整,互不影响,但在速度转换瞬间,由于才切换的调速阀刚有油液通过,减压阀尚处于最大开口位置,来不及反应关小,致使通过调速阀的流量过大,造成执行元件的突然前冲。因此,并联调速阀的回路很少用在同一行程有两种速度的转换上,可以用在两种速度的程序预选上。

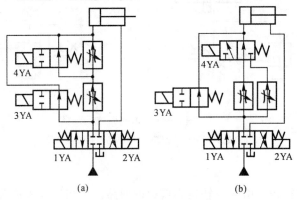

(a)   (b)

图 8-22 两种速度转换回路

(a)调速阀串联;(b)调速阀并联

表 8 - 2　电磁铁动作顺序表

	1YA	2YA	3YA	4YA
快进	+	−	−	−
一工进	+	−	+	−
二工进	+	−	+	+
快退	−	+	−	−
停止	−	−	−	−

8.3　方向控制回路

方向控制回路的作用是控制液压系统中液流的通、断及流动方向的,进而达到控制执行元件运动、停止及改变运动方向的目的。

8.3.1　换向回路

运动部件的换向,一般可采用各种换向阀来实现。在容积调速的闭式回路中,也可以利用双向变量泵控制油流的方向来实现液压缸(或液压马达)的换向。

依靠重力或弹簧返回的单作用液压缸,可以采用二位三通换向阀进行换向,如图 8 - 23 所示。双作用液压缸的换向,一般都可采用二位四通(或五通)及三位四通(或五通)换向阀来进行换向,按不同用途还可选用各种不同的控制方式的换向回路。

电磁换向阀的换向回路应用最为广泛,尤其在自动化程度要求较高的液压系统中被普遍采用,这种换向回路曾多次出现于上面许多回路中,这里不再赘述。对于流量较大和换向平稳性要求较高的场合,电磁换向阀的换向回路已不能适应上述要求,往往采用手动换向阀或机动换向阀作先导阀,而以液动换向阀为主阀的换向回路,或者采用电液动换向阀的换向回路。

图 8 - 24 所示为手动转阀(先导阀)控制液动换向阀的换向回路。回路中用辅助泵 2 提供低压控制油,通过手动先导阀 3(三位四通转阀)来控制液动换向阀 4 的阀芯移动,实现主油路的换向,当转阀 3 在右位时,控制油进入液动阀 4 的左端,右端的油液经转阀回油箱,使液动换向阀 4 左位接入工件,活塞下移。当转阀 3 切换至左位时,即控制油使液动换向阀 4 换向,活塞向上退回。当转阀 3 在中位时,液动换向阀 4 两端的控制油通油箱,在弹簧力的作用下,其阀芯恢复到中位、主泵 1 卸荷。

在液动换向阀的换向回路或电液动换向阀的换向回路中,控制油液除了用辅助泵供给外,在一般的系统中也可以把控制油路直接接入主油路。但是,当主阀采用 M 型或 H 型中位机能时,必须在回路中设置背压阀,保证控制油液有一定的压力,以控制换向阀阀芯的移动。

在工程机械等不需要自动换向的场合,常常采用手动换向阀来进行换向。

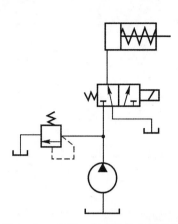

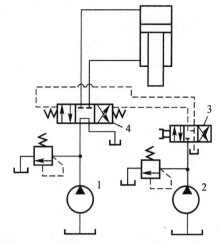

图 8-23 采用二位三通换向阀使单
作用缸换向的问路

图 8-24 先导阀控制液动换向阀的换向回路

1—主泵；2—辅助泵；3—转阀；4—液动换向阀

8.3.2 锁紧回路

为了使工作部件能在任意位置上停留，以及在停止工作时，防止在受力的情况下发生移动，可以采用锁紧回路。

采用 O 型或 M 型机能的三位换向阀，当阀芯处于中位时，液压缸的进、出口都被封闭，可以将活塞锁紧，这种锁紧回路由于受到滑阀泄漏的影响，锁紧效果较差。

图 8-25 所示是采用液控单向阀的锁紧回路。在液压缸的进、回油路中都串接液控单向阀（又称液压锁），活塞可以在行程的任何位置锁紧。其锁紧精度只受液压缸内少量的内泄漏影响，因此，锁紧精度较高。采用液控单向阀的锁紧回路，换向阀的中位机能应使液控单向阀的控制油液卸压（换向阀采用 H 型或 Y 型），此时，液控单向阀便立即关闭，活塞停止运动。假如采用 O 型机能，在换向阀中位时，由于液控单向阀的控制腔压力油被闭死而不能使其立即关闭，直至由换向阀的内泄漏使控制腔泄压后，液控单向阀才能关闭，影响其锁紧精度。

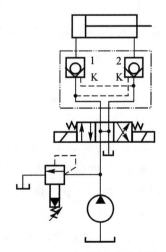

8.3.3 浮动回路

浮动回路与锁紧回路相反，它是将执行元件的进、回油路连通或同时接回油箱，使之处于无约束的浮动状态。这样，在外力作用下执行元件仍可运动。

图 8-25 采用液控单向阀的
锁紧回路

利用三位四通换向阀的中位机能（Y 型或 H 型）就可实现执行元件的浮动，如图 8-26(a) 所示。如果是液压马达（或双活塞杆缸）也可用二位二通换向阀将进、回油路直接连通实现浮动，如图 8-26(b) 所示。

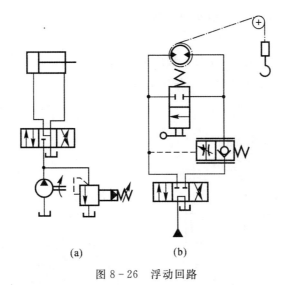

图 8 - 26 浮动回路

(a)采用三位四通换向阀中位机能的浮动回路;(b)采用二位二通换向阀的浮动回路

8.4 多缸动作回路

在多缸液压系统中,往往需要按照一定的要求顺序动作。顺序动作回路按其控制方式不同,分为压力控制、行程控制和时间控制三类,其中前两类用得较多。

8.4.1 用压力控制的顺序动作回路

压力控制就是利用油路本身的压力变化来控制液压缸的先后动作顺序,它主要利用压力继电器和顺序阀来控制顺序动作。

1. 用压力继电器控制的顺序回路

如图 8 - 27 所示为夹紧、进给系统,要求的动作顺序是先将工件夹紧,然后动力滑台进行切削加工,动作循环开始时,二位四通电磁阀处于图示位置,液压泵输出的压力油进入夹紧缸的右腔,左腔回油,活塞向左移动,将工件夹紧。夹紧后,液压缸右腔的压力升高,当油压超过压力继电器的调定值时,压力继电器发出讯号,指令电磁阀的电磁铁 2DT、4DT 通电,进给液压缸动作。油路中要求先夹紧后进给,工件没有夹紧则不能进给,这一严格的顺序是由压力继电器保证的。压力继电器的调整压力应比减压阀的调整压力低 $3 \times 10^5 \sim 5 \times 10^5$ Pa。

2. 用顺序阀控制的顺序动作回路

图 8 - 28 是采用两个单向顺序阀的压力控制顺序动作回路。其中单向顺序阀 4 控制两液压缸前进时的先后顺序,单向顺序阀 3 控制两液压缸后退时的先后顺序。当电磁换向阀通电时,压力油进入液压缸 1 的左腔,右腔经阀 3 中的单向阀回油,此时由于压力较低,顺序阀 4 关闭,缸 1 的活塞先动。当液压缸 1 的活塞运动至终点时,油压升高,达到单向顺序阀 4 的调定压力时,顺序阀开启,压力油进入液压缸 2 的左腔,右腔直接回油,缸 2 的活塞向右移动。当液压缸 2 的活塞右移达到终点后,电磁换向阀断电复位,此时压力油进入液压缸 2 的右腔,左腔

经阀 4 中的单向阀回油,使缸 2 的活塞向左返回,到达终点时,压力油升高打开顺序阀 3 再使液压缸 1 的活塞返回。

这种顺序动作回路的可靠性,在很大程度上取决于顺序阀的性能及其压力调整值。顺序阀的调整压力应比先动作的液压缸的工作压力高 $8\times10^5\sim10\times10^5$ Pa,以免在系统压力波动时,发生误动作。

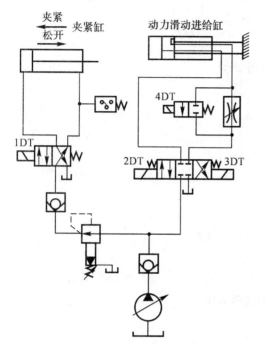

图 8-27　压力继电器控制的顺序回路

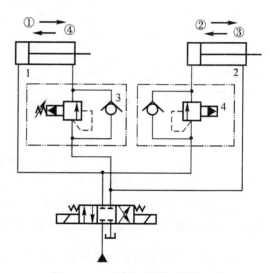

图 8-28　顺序阀控制的顺序回路

8.4.2　用行程控制的顺序动作回路

行程控制顺序动作回路是利用工作部件到达一定位置时,发出讯号来控制液压缸的先后动作顺序,它可以利用行程开关、行程阀或顺序缸来实现。图 8-29 所示为利用电气行程开关发讯来控制电磁阀先后换向的顺序动作回路。其动作顺序是:按起动按钮,电磁铁 1DT 通电,缸 1 活塞右行,当挡铁触动行程开关 2XK,使 2DT 通电,缸 2 活塞右行,缸 2 活塞右行至行程终点,触动 3XK,使 1DT 断电,缸 1 活塞左行,而后触动 1XK,使 2DT 断电,缸 2 活塞左行。至此完成了缸 1、缸 2 的全部顺序动作的自动循环。采用电气行程开关控制的顺序回路,调整行程大小和改变动作顺序都比较方便,且可利用电气互锁使动作顺序可靠。

8.4.3　同步回路

使两个或两个以上的液压缸,在运动中保持相同位移或相同速度的回路称为同步回路。在一泵多缸的系统中,尽管液压缸的有效工作面积相等,但是由于运动中所受负载不均衡,摩擦阻力也不相等,泄漏量的不同以及制造上的误差等,不能使液压缸同步动作。同步回路的作用就是为了克服这些影响,补偿它们在流量上所造成的变化。

1. 串联缸的同步回路

图 8-30 所示为串联液压缸的同步回路。图中第一个液压缸回油腔排出的油液,被送入第二个液压缸的进油腔。如果串联油腔活塞的有效面积相等,便可实现同步运动。这种回路两缸能承受不同的负载,但泵的供油压力要大于两缸工作压力之和。

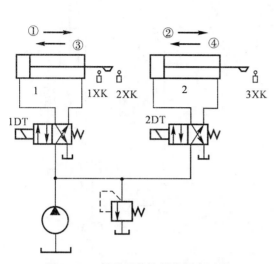

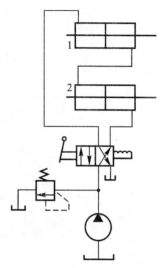

图 8-29　行程开关控制的顺序回路　　　　图 8-30　串联液压缸的同步回路

由于泄漏和制造误差,影响了串联液压缸的同步精度,当活塞往复多次后,会产生严重的失调现象,为此要采取补偿措施。如图 8-31 所示是两个单作用缸串联,并带有补偿装置的同步回路。为了达到同步运动,缸 1 有杆腔 A 的有效面积应与缸 2 无杆腔 B 的有效面积相等。在活塞下行的过程中,如液压缸 1 的活塞先运动到底,触动行程开关 1XK 发讯,使电磁铁 1DT 通电,此时压力油便经过二位三通电磁阀 3、液控单向阀 5,向液压缸 2 的 B 腔补油,使缸 2 的活塞继续运动到底。如果液压缸 2 的活塞先运动到底,触动行程开关 2XK,使电磁铁 2DT 通电,此时压力油便经二位三通电磁阀 4 进入液控单向阀的控制油口,液控单向阀 5 反向导通,使缸 1 能通过液控单向阀 5 和二位三通电磁阀 3 回油,使缸 1 的活塞继续运动到底,对失调现象进行补偿。

2. 流量控制式同步回路

(1)用调速阀控制的同步回路。

如图 8-32 所示为两个并联的液压缸,分别用调速阀控制的同步回路。两个调速阀分别调节两缸活塞的运动速度,当两缸有效面积相等时,则流量也调整得相同;若两缸面积不等时,则改变调速阀的流量也能达到同步的运动。

用调速阀控制的同步回路,结构简单,并且可以调速,但是由于受到油温变化以及调速阀性能差异等影响,同步精度较低,一般在 5%～7% 左右。

(2)用电液比例调速阀控制的同步回路。

图 8-33 所示为用电液比例调整阀实现同步运动的回路。回路中使用了一个普通调速阀 1 和一个比例调速阀 2,它们装在由多个单向阀组成的桥式回路中,并分别控制着液压缸 3 和 4 的运动。当两个活塞出现位置误差时,检测装置就会发出讯号,调节比例调速阀的开度,使

缸 4 的活塞跟上缸 3 活塞的运动而实现同步。

这种回路的同步精度较高,位置精度可达 0.5 mm,已能满足大多数工作部件所要求的同步精度。比例阀性能虽然比不上伺服阀,但优点是费用低,系统对环境适应性强,因此,用它来实现同步控制被认为是一个新的发展方向。

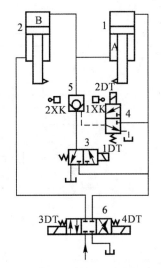

图 8-31　采用补偿措施的串联液压缸同步回路

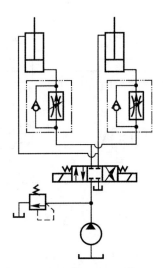

图 8-32　调速阀控制的同步回路

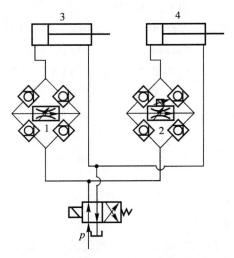

图 8-33　电液比例调整阀控制式同步回路

8.4.4　多缸快慢速互不干涉回路

在一泵多缸的液压系统中,往往其中一个液压缸快速运动时,会造成系统的压力下降,影响其他液压缸工作进给的稳定性。因此,在工作进给要求比较稳定的多缸液压系统中,必须采用快慢速互不干涉回路。

在图 8-34 所示的回路中,各液压缸分别要完成快进、工作进给和快速退回的自动循环。

回路采用双泵的供油系统,泵 1 为高压小流量泵,供给各缸工作进给所需的压力油;泵 2 为低压大流量泵,为各缸快进或快退时输送低压油,它们的压力分别由溢流阀 3 和 4 调定。

当开始工作时,电磁阀 1DT、2DT、3DT 和 4DT 同时通电,液压泵 2 输出的压力油经单向阀 6 和 8 进入液压缸的左腔,此时两泵供油使各活塞快速前进。当电磁铁 3DT 和 4DT 断电后,由快进转换成工作进给,单向阀 6 和 8 关闭,工进所需压力油由液压泵 1 供给。如果其中某一液压缸(例如缸 A)先转换成快速退回,即换向阀 9 失电换向,泵 2 输出的油液经单向阀 6、换向阀 9 和阀 11 的单向元件进入液压缸 A 的右腔,左腔经换向阀回油,使活塞快速退回。

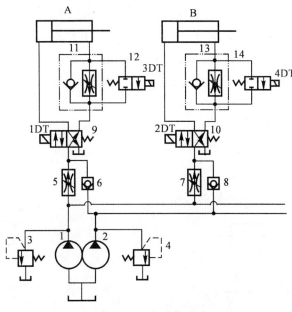

图 8 - 34　防干扰回路

而其它液压缸仍由泵 1 供油,继续进行工作进给。这时,调速阀 5(或 7)使泵 1 仍然保持溢流阀 3 的调整压力,不受快退的影响,防止了相互干扰。在回路中调速阀 5 和 7 的调整流量应适当大于单向调速阀 11 和 13 的调整流量,这样,工作进给的速度由阀 11 和 13 来决定,这种回路可以用在具有多个工作部件各自分别运动的液压系统中。换向阀 10 用来控制 B 缸换向,换向阀 12、14 分别控制 A、B 缸快速进给。

思考与练习

1.在图 8 - 1(c)所示多级调压回路中,已知先导式溢流阀 1 的调整压力为 8 MPa,远程调压阀 2、3 的调整压力分别为 4 MPa 和 2 MPa,试确定两回路在不同的电磁铁通、断电状态下的控制压力。

2. 如图 8 - 35 所示为采用电液换向阀的卸荷回路,分析此回路存在的问题,如何改正?

3.在如图 8 - 8(a)所示平衡回路中,活塞与运动部件的自重 $G=6\,000$ N,运动时活塞上的摩擦阻力为 $F_f=2\,000$ N,向下运动时要克服的负载力为 $F_1=24\,000$ N;液压缸内径 $D=$

100 mm,活塞杆直径 $d=70$ mm。若不计管路压力损失,试确定单向顺序阀 1 和溢流阀的调定压力。

4.在图 8-11 所示的回油路节流调速回路中,已知液压缸无杆腔面积 $A_1=50$ cm^2,有杆腔面积 $A_2=0.5A_1$;假定溢流阀的调定压力为 4 MPa,并不计管路压力损失和液压缸的摩擦损失。试求:

(1)回路的最大承载能力;

(2)当负载 F 由某一数值突然降为零时,液压缸有杆腔压力 p 可能达多大?

5.如图 8-36 所示的进口节流调速回路,已知液压泵 1 的输出流量 $q_p=25$ L/min,负载 $F=9\,000$ N,液压缸 5 的无杆腔面积 $A_1=50\times10^{-4}$ m^2,有杆腔面积 $A_2=20\times10^{-4}$ m^2,节流阀 4 的阀口为薄壁孔口,通流面积 $A_v=0.02\times10^{-4}$ m^2,其前后压差 $\Delta p=0.4$ MPa,背压阀 6 的调整压力 $p_b=0.5$ MPa。当活塞向下运动时,不计管路压力损失和换向阀 3 的压力损失,试求活塞杆外伸时:

(1)液压缸进油腔的工作压力;

(2)溢流阀 2 的调整压力;

(3)液压缸活塞的运动速度;

(4)溢流阀 2 的溢流量和液压缸的回油量。

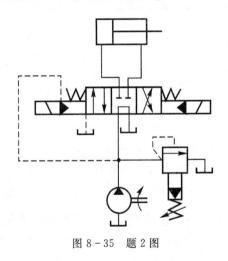
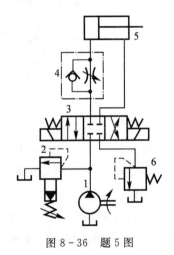

图 8-35　题 2 图　　　　　　　　图 8-36　题 5 图

6.变量泵一定量马达容积调速回路,马达驱动一恒转矩负载 $T=135$ N·m;马达的最高输出转速 $n=1\,000$ r/min;已知如下参数:

回路的最高工作压力 $p_{max}=15.7$ MPa;泵的输入转速 $n_p=1\,450$ r/min;泵、马达的容积效率 $\eta_{pV}=\eta_{mV}=0.93$;马达的机械效率 $\eta_{mm}=0.9$。

不计管路的压力、容积损失,试求:

(1)定量马达的排量;

(2)变量泵的最大排量和最大输入功率。

7.如图 8-37 所示回路中,调速阀 1 的节流口较大,调速阀 2 的节流口较小,试编制液压缸活塞"快速进给—中速进给—慢速进给—快速退回—原位停止"工作循环的电磁铁动作顺序表。

8.在不增加元件、仅改变某些元件在回路中位置的条件下,能否改变图 8 - 28 和图 8 - 29 中的动作顺序为①→②→④→③? 请重新画出液压回路图。

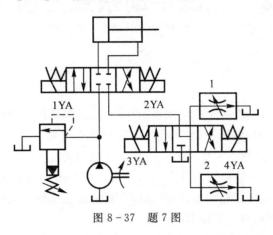

图 8 - 37 题 7 图

第9章　液压传动系统分析与使用

液压传动在行走式机动设备中的应用较为广泛。正确、迅速地分析液压系统,对于液压设备的设计、分析、研究、使用、维修、调整和故障排除均具有重要的指导作用。一个完整的液压系统是由若干基本回路组成的,它能够表达设备工作机构的基本工作过程,也即设备执行元件所能实现的各种动作。本章将通过对几个典型装备液压系统的分析,进一步熟悉各液压元件在系统中的作用和各种基本回路的组成,并掌握分析液压系统的方法和步骤,了解液压传动系统的设计、安装、调试、使用与维护保养的一般流程。

在发射车、发射台等发射设备中,以及在转载运输设备,如起重机、转载车、运弹车等设备中,液压系统获得了普遍应用。根据发射车、起重机等主机不同的工况要求,液压系统有着不同的组成形式、工作原理和过程。本章有选择地介绍几种典型装备中的液压系统,通过对装备液压系统的分析,可以加深对基本回路的认识,了解液压系统组成的规律,为今后分析其他导弹装备液压系统,以及对液压系统进行维护保养打下基础。

9.1　液压系统的分析方法及步骤

液压系统原理图是使用连线把液压元件的图形符号连接起来的一张简图,用来描述液压系统的组成及工作原理。

正确分析液压系统原理,需要熟悉掌握的液压知识包括:各种液压元件的工作原理、功能和特性,液压系统各种基本回路的组成、工作原理及基本性质,液压系统的各种控制方式,液压元件的标准图形符号等。

分析液压系统原理一般遵循如图9-1所示的步骤,具体在液压系统原理分析过程中,应结合具体的系统原理图适当调整或简化分析步骤,从而能更加正确快速地分析液压系统原理图。

9.1.1　液压系统的初步认识

在对给定的液压系统原理图进行分析之前,对被分析系统的基本情况进行了解是十分必要的,例如了解液压设备的应用场合、要达到的工作要求以及要实现的动作循环。

(1)了解液压设备的应用场合。不同的应用场合设备的工作任务有所区别,比如工程机械液压设备主要用于完成搬运、吊装、挖掘、清理等工作任务以及实现行走驱动和转向动作,国防军事液压设备主要用于完成跟踪目标、转向、定位和行走驱动等工作任务。

(2)了解系统的工作要求。所有的液压系统应该能够满足一些共同的工作要求,例如系统效率高、节能、安全等要求。对于液压传动系统,工作要求通常有:能够实现过载保护、液压泵卸荷、工作平稳和换向冲击小等;对于液压控制系统,除了具有上述液压传动系统的工作要求外,通常还应满足控制精度高、稳定性好及响应速度快等要求。

　　(3)了解系统的动作循环。不同的工作任务要求液压系统能够完成不同的工作循环,了解液压系统要完成的动作循环是分析液压系统原理的关键,只有了解液压系统的动作循环才能够依据动作循环,分析动作循环中各个动作过程液压系统的工作原理。

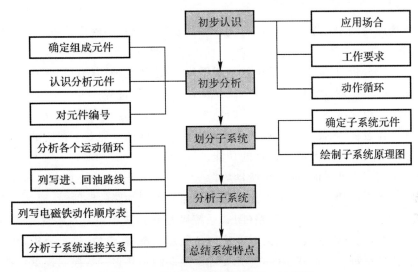

图 9-1　液压系统原理分析的一般步骤

9.1.2　初步分析液压系统

　　初步分析液压系统的步骤首先是浏览待分析的液压系统原理图,根据液压系统原理图的复杂程度和组成元件的多少,决定是否对原理图进行进一步的划分;如果组成元件多、系统复杂,则首先把复杂系统划分为多个单元、模块或元件组,然后明确整个液压系统或各个单元的组成元件,判断哪些元件是熟悉的常规元件,哪些元件是不熟悉的特殊元件。其次,尽量弄清所有元件的功能及工作原理,以便根据系统的组成元件对复杂的液压系统进行分解,把复杂液压系统分解为多个子系统。最后是对液压系统原理图中的所有元件进行编号,以便根据元件编号给出液压系统原理图的分析说明及各个工作阶段中液压子系统的进油和回油路线。

9.1.3　划分子系统

　　将复杂的液压系统分解成多个子系统,然后分别对各个子系统进行分析,是阅读液压系统原理图的重要方法和技巧,也是使液压系统原理图的阅读条理化的重要手段。划分子系统有多种方法,给划分好的子系统命名,并绘制出各个子系统的原理图是对各个子系统进行原理分析的前提。

　　由多个执行元件组成的复杂液压系统主要依据执行元件的个数划分子系统,如果液压油源结构和组成复杂,也可以把液压油源单独划分为一个子系统。只有一个执行元件的液压系统可以按照组成元件的功能来划分子系统,此外结构复杂的子系统有可能还需要进一步被分解成多个下一级子系统。总之应使原理图中所有的元件都能被划分到某一个子系统中。

必要时,可以重新绘制系统原理图,即把从液压油源到各个执行元件之间的所有元件都绘制出来,形成一个完整的液压回路。如果液压油源结构复杂或液压油源被单独划分为一个子系统,则不要把液压油源包含到各个子系统的原理图中,而只想要在每个子系统和油源的断开处标注出油源的供油即可。

9.1.4 分析子系统原理及连接关系

对液压系统原理图中各个子系统进行工作原理及特性分析是液压系统原理图分析的关键环节,只有分析清楚各个液压子系统的工作原理,才能够分析清楚整个液压系统的工作原理。对各个子系统进行分析包括分析子系统的组成结构,确定子系统动作过程和功能,绘制各个动作过程油路图,列写进、回油路以及填写电磁铁动作顺序表等过程。

根据子系统的组成结构能够把子系统归结为不同的基本回路,不同的基本回路具有不同的功能特点和动作过程,因此可以根据液压子系统组成元件的功能及子系统的组成结构,可以确定液压子系统的动作过程及能够实现的功能。

在分析子系统工作情况时,应从系统动力源——液压泵开始,并将每台液压泵的每条油路的"来龙去脉"逐条弄清楚,分清楚主油路及控制油路。写主油路的路线时,要按每个执行元件来写:从泵开始到执行元件,再回到油箱(闭式系统则是回到液压泵),成一完整循环。液压系统有多种工作状态,在分析油液流动路线时应先从图示状态(常态位)进行分析,然后再分析其它工作状态。在分析每一工作状态时,首先要确定换向阀和其它一些控制操纵元件(如先导阀等)的通路状态或控制油路的通过情况,然后再分别分析各个主油路。要特别注意系统从一种工作状态转换到另一种工作状态时是哪些发令元件发出信号,使哪些控制操纵元件动作,改变其通路状态而实现的。对于一个工作循环,应在一个动作的油路分析完后,接着做下一个动作的油路分析,直到全部动作的油路分析依次做完为止。有时一个油泵会同时向几个执行元件供油,这时要注意各个主油路之间及主油路与控制油路之间有无矛盾和相互干扰现象。如有这种现象,就表明此系统的工作情况分析有误。

9.1.5 总结液压系统的特点

在液压系统的动作原理分析清楚的基础上,根据系统所使用的基本回路的性能,对系统做综合分析,归纳总结整个液压系统的特点,以加深对所分析液压系统原理图的理解和认识。对液压系统的特点进行总结,主要是从液压系统的组成结构和工作原理上进行总结,总结液压系统在设计上是怎样更好地满足液压设备的工作要求的。通常从液压系统实现动作切换和动作循环的方式、调速方式、节能措施、变量方式、控制精度以及子系统的连接方式等几个方面进行总结。

9.2 汽车起重机液压系统

9.2.1 概述

汽车起重机是一种机动灵活、适应性强的起重作业机械,因能在冲击、震动、温差大、环境差的野外作业而广泛应用。图9-2所示为典型汽车起重机的外形简图。汽车起重机的起重作业机构包括支腿机构、回转机构、起升机构、伸缩臂机构和变幅机构五大部分,各部分相对独立,这些机构一般均采用液压驱动和控制。

支腿机构实现在起吊重物前支撑起整个车体,使轮胎架空,以防止起吊时整机的前倾或颠覆;回转机构实现吊臂在任意方位起吊;起升机构实现重物升降动作及控制停留;伸缩臂机构用于改变吊臂长度,扩大作业范围;变幅机构用于改变作业高度。

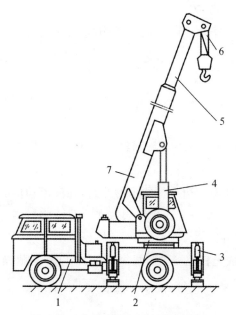

图 9-2　典型汽车起重机外形简图

1—载重汽车;2—回转机构;3—支腿;4—变幅液压缸;5—吊臂伸缩缸;6—起升机构;7—基本臂

9.2.2　液压系统工作原理

汽车起重机液压系统如图 9-3 所示,由支腿回路、起升回路、变幅回路、起重臂伸缩回路、回转回路和各回路共用的油源部分等组成。

1. 支腿回路

支腿回路包括水平支腿回路和垂直支腿回路。主要由支腿操纵阀组、4 个水平支腿液压缸、4 个垂直支腿液压缸、一个截止阀和双向液压锁等组成。

(1)当支腿操纵阀中换向阀处于中位时,油液流动情况如下:

双联齿轮泵中 50 泵→支腿操纵阀中换向阀 V 口→中心回转接头→上车多路换向阀→多路换向阀出油口→中心回转接头→回油滤油器→油箱。

(2)当向左拉支腿操纵阀中换向阀手柄后,油液流动情况如下:

进油路:双联齿轮泵中 50 泵→支腿操纵阀 C、D 口→四个换向阀右方框→4 个水平液压缸无杆腔。

回油路:4 个水平液压缸有杆腔→支腿操纵阀 M 口、支腿操纵阀中换向阀左方框→回油滤油器→油箱。

(3)当支腿操纵阀中换向阀的 4 个油口连通关系仍处于 3 个方框中左边方框所示的油路。而上边 4 个换向阀换至左边方框所示的油路,油液流动情况如下:

进油路:双联齿轮泵中 50 泵→支腿操纵阀 C、D 口→上边四个换向阀左方框→双向液压锁→4 个垂直液压缸无杆腔。

回油路:4 个垂直液压缸有杆腔→支腿操纵阀 M 口→支腿操纵阀中换向阀左方框→回油滤油器→油箱。

(4)当向右拉支腿操纵阀中换向阀手柄后,图中支腿操纵阀中换向阀的 4 个油口连通关系如 3 个方框中右边方框所示的油路,且上边 4 个换向阀换至右边方框所示的油路,油液流动情况如下:

进油路:双联齿轮泵中 50 泵→支腿操纵阀 M 口→上边 4 个换向阀右方框→4 个水平液压缸和垂直支腿液压缸的有杆腔。

回油路:4 个水平液压缸无杆腔→支腿操纵阀 D、C 口→支腿操纵阀中换向阀右方框→回油滤油器→油箱。

(5)当上边 4 个换向阀换至左边方框所示的油路,油液流动情况如下:

进油路:双联齿轮泵中 50 泵→支腿操纵阀 M 口→上边 4 个换向阀右方框→4 个水平液压缸和垂直支腿液压缸的有杆腔。

回油路:4 个垂直液压缸无杆腔→支腿操纵阀 D、C 口→支腿操纵阀中换向阀右方框→回油滤油器返回油箱。

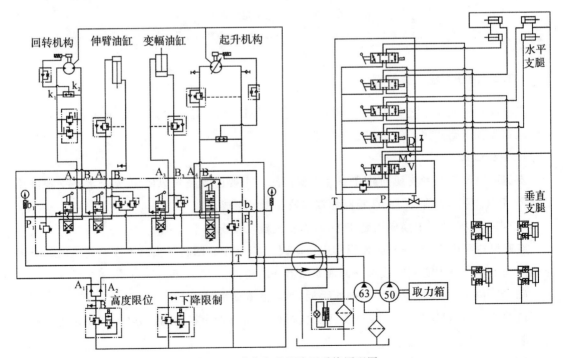

图 9-3　汽车起重机液压系统原理图

2. 回转回路

回转回路的功用是控制驱动上车回转平台转动或停止转动。回转油路由回转换向阀、双向缓冲阀、梭阀、单向阻尼阀、制动器作用缸及回转液压马达等组成。

(1)回转换向阀处于中位时,油液流动情况如下:

双联齿轮泵中 50 泵→回转换向阀流入下游回路。回转换向阀两个工作油口 A_1,B_1 均与回转液压马达相连,而在阀内 A_1,B_1 口是相通的,而且又与回油路相连,所以回转液压马达不转动。

(2)当向前推回转换向阀手柄,即换向阀油路连通关系换为 3 个方框中上方框表示的油路,油液流动情况如下:

进油:双联齿轮泵中 50 泵→回转换向阀前单向阀→回转换向阀→A_1 工作口→马达;A_1 口→梭阀→单向阻尼阀→制动器作用缸。

回油路:马达回油→B_1 口→回转换向阀→回油口流出→总回油路。

3. 起重臂伸缩回路

起重臂伸缩回路的作用,是控制与驱动起重臂伸缩液压缸,带着可伸缩的起重臂同步伸缩、停止伸缩及保持已伸出的长度。起重臂伸缩回路主要由伸缩回路换向阀、限压阀、平衡阀、伸缩机构液压缸、单向阀、电磁卸荷阀等组成。

(1)伸缩臂换向阀处于中位时,油液流动情况如下:

回转换向阀→伸缩臂换向阀→下游回路。换向阀两个工作油口中 A_2 口为伸臂供油口,即与伸缩缸无杆腔相连;B_2 为缩臂供油口,即与伸缩缸有杆腔相连。在换向阀内 A_2 口被封死,B_2 口又与回油口沟通,所以伸缩臂液压缸不运动。

(2)当向前推伸缩臂换向阀手柄后,即换向阀各油口的连通关系换为 3 个方框中上方框所表示的油路,油液流动情况如下:

进油路:换向阀前单向阀→换向阀→A_2 口→平衡阀中单向阀→伸缩臂缸无杆腔。

回油路:伸缩臂缸有杆腔油→B_2 口→换向阀回油口→回油路。

(3)当向后拉伸缩臂换向阀手柄,换向阀内油路换成下方框表示的油路,油液流动情况如下:

进油路:换向阀前单向阀→B_2 口→伸缩臂缸有杆腔。

回油路:当油路压力达一定值时,图中虚线表示的控制油路打开平衡阀中压力阀所控制的油路,伸缩缸无杆腔→平衡阀→换向阀回油口→回油路。

4. 起重臂俯仰回路

起重臂俯仰回路也叫变幅回路。它是控制和驱动起重臂作俯仰运动,并能使起重臂可靠地停在所需的仰角位置的回路。变幅回路主要由变幅回路换向阀、变幅回路平衡阀、变幅液压缸及限压阀等组成。

(1)变幅回路换向阀处于中位时,油液流动情况如下:

伸缩臂换向阀→变幅换向阀→下游回路。换向阀两个工作油口中 A_3 为降臂供油口,A_3 口在阀内与阀回油口沟通,避免因下游回路工作造成变幅换向阀窜油使起重臂自行下落。B_3

口为升臂供油口,它在阀内被堵死,使变幅缸无杆腔油路封闭,更可靠地防止起重臂自行下落。此状态下,起重不升也不落。

(2)当向后拉变幅换向阀手柄后,换向阀各油口的连通关系,换为 3 个方框中下方框所表示的油路,油液流动情况如下:

进油路:换向阀前单向阀→换向阀 B_3→变幅平衡阀内单向阀→变幅缸无杆腔。

回油路:变幅缸有杆腔→换向阀 A_3 油口与换向阀回油口→回油路连通。

(3)当向前推变幅换向阀手柄到位后,换向阀内油路换成上方框表示的油路,油液流动情况如下:

单向阀→A_3 口→变幅缸有杆腔供油,同时,向变幅回路平衡阀控制油路加压,使平衡阀打开变幅缸无杆腔回油通道。随着从 A_3 向变幅缸有杆腔供油,无杆腔排油,变幅缸活塞杆带着起重臂降落。如果起重臂降落速度过快,与从 A_3 口向有杆腔供油流量不相适应,则在 A_3 所连油路上压力下降,也就是控制平衡阀打开无杆腔回油路的压力下降,平衡阀内过油口关小。这样就使变幅缸无杆腔回油阻力加大而回油流量减小,从而使起重臂降落速度自行减慢。上述过程即降落起重臂时油流途径和平衡阀的限速原理。

5. 起升回路

起升回路用来控制和驱动起升机构,使其完成重物提升、下放和将重物吊在空中不动等工作。起升回路主要由起升回路换向阀、起升回路平衡阀、变量液压马达、制动器作用缸、单向阻尼阀、电磁卸荷阀等元件组成。

(1)起升换向阀处于图示中位时,油液流动情况如下:

50 泵和 63 泵→总回油路,两个工作油口 A_4,B_4 油口均与回油口沟通。

(2)在向后拉换向阀操纵手柄,使阀芯控制的油路连通关系,换为中位方框下方 Ⅰ 档位方框所示油路后,油液流动情况如下:

进油路:变幅回路换向阀→起升换向阀→回油路。63 泵→P_2 口→单向阀→换向阀 A_4 口→平衡阀中单向阀→起升液压马达。

回油路:马达 B_4 口→换向阀回油口→油箱。

制动油路:63 泵与换向阀之间油路压力油→单向阻尼阀的阻尼口→制动器作用缸,将制动器略迟后一步打开。

此时起升液压马达才可以驱动吊钩及重物上升。这是慢提升吊钩的工作原理。

(3)如果进一步拉换向阀操纵手柄,换向阀把油路连通关系换为中位下方 Ⅱ 档位油路,油液流动情况如下:

50 泵→变幅换向阀→起升换向阀→经单向阀与 63 泵→P_2 口→单向阀→换向阀 A_4 口→平衡阀中单向阀→起升液压马达。这是快提升吊钩的工作原理。

(4)在向前推起升换向阀手柄,换向阀油路连通关系换为上方 Ⅰ 档位所示油路后,油液流动情况如下:

进油路:50 泵→换向阀→油箱。63 泵→P_1 口→换向阀 B_4 口→马达。P_2 口处分流→单向阻尼阀的阻尼口→制动器作用缸。

回油路:在制动器缓慢松闸过程中,控制平衡阀压力达到开启平衡阀的压力将马达回油路接通了,此时马达才驱动吊钩下降。

如果进一步向前推换向阀手柄,换向阀中油路换为上方Ⅱ档位表示的油路。此时由 50 泵来的油在换向阀内被堵住,它只能经单向阀与 63 泵送来的油合并。此后油流方向和过程与下方Ⅰ档相同。这是快降吊钩的工作原理。

9.2.3　液压系统的主要特点

通过对本系统的分析可见,该起重机主要有以下特点:

(1)在起升回路、变幅回路、伸缩臂回路中均采用专用平衡阀,不仅起到了限速作用和锁紧作用,还具有安全保护作用。

(2)起升回路中采用常闭式制动器,且制动器的控制油压与起升油路联动,保证了起升作业的安全性。

(3)回转回路中采用专用的双向缓冲阀,减缓了由于回转运动停止过快导致机械系统和液压系统的冲击。

(4)水平支腿油缸、垂直支腿油缸既可以单独动作也可以同时动作,其动作由支腿操纵阀方便控制。

9.3　发射车液压系统

9.3.1　概述

发射车用于完成车体调平、起竖(回平)、检测、发射等任务,其中车体调平、起竖(回平)多采用液压驱动和控制。如图 9-4 所示为发射车的外形简图。

支腿调平一般由 4 或 6 条支腿实现,主要完成车腿快速落地、两后车腿左右调平、升两前车腿至预定高度的功能,并在撤收中完成车腿的快速回收,使发射车恢复初始状态。

起竖(回平)由多级伸缩油缸实现,主要完成将弹体由初始状态起竖至垂直状态,以及由垂直状态回平至初始状态的功能。其中垂直状态是指发射筒与大地水平面之间的绝对角度。在 0°~90°区间内,可按需要将导弹停留在任意位置,并可靠锁定。在应急状态下,可手动控制回平导弹。

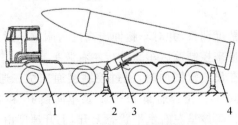

图 9-4　发射车外形简图

1—发射车车体;2—支腿;3—起竖油缸;4—导弹

9.3.2 液压系统工作原理

发射车液压系统主要由调平(降车)回路、起竖(回平)回路及油源回路等组成。

1. 调平(降车)回路

调平回路液压原理图如图 9-5 所示,主要由三位四通阀 3、比例调速阀 4～5、二位二通阀 9～12、压力继电器 13～16、双向锁 17 和 18、单向锁 19～22、油桥 23～24、车腿油缸 35～38、行程开关或限位开关 28～34 等组成。

(1)车腿落地。

进油路:油源→三位四通阀左位→油桥 23～24→比例调速阀 4～5→二位二通阀 9～12→单(双)向锁→车腿油缸 35～38 无杆腔。

回油路:车腿油缸 35～38 有杆腔→单(双)向锁三位四通阀左位→回油。

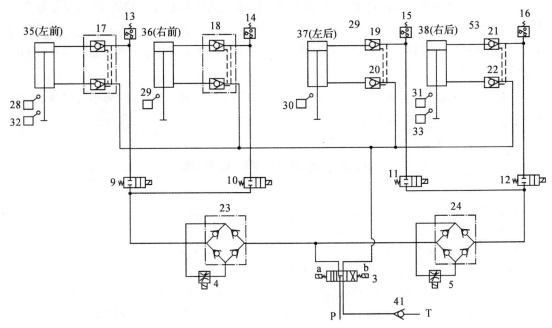

图 9-5 发射车调平液压回路原理图

为了不过高抬升车体保证系统安全,在该工步结束后,读取后右车腿行程开关 33 的信号,如果碰到行程开关则关闭二位二通阀 11～12 和比例调速阀 5;当前车腿压力继电器 13～14 发出到位信号后,关闭二位二通阀 9～10 和比例调速阀 4,延时后,转入调平工步。

(2)调平。

车体调平过程采用定精度调整,并对车腿伸出高度有限定。通过二位二通阀 11～12 的通断和比例调速阀 5 的开口量来控制两后车腿进行左右调平。

当车体左右水平误差在设定范围内时,通过控制接通二位二通阀 11～12,油液经三位四通阀 3、油桥 24、比例调速阀 5、二位二通阀 11～12 及单向锁 19 和 21 进入后车腿油缸 37～38 的无杆腔,两车腿同时伸出,车体呈左右水平状态上升,上升速度由比例调速阀 5 调节。

当车体左右水平误差大于设定范围时,通过控制高边车腿油缸的二位二通阀断电,该车腿停止运动。低边车腿油缸的二位二通阀仍接通,此车腿继续伸出,直到车体左右水平误差回到设定范围内,再接通原高边车腿油缸的二位二通阀,此时车体又呈左右水平状态同时上升。

当后右车腿碰行程开关 33,关闭二位二通阀 11、12 和比例调速阀 5。

(3)升前车腿。

油液经三位四通阀 3a、油桥 23、比例调速阀 4 及二位二通阀 9 和 10、双向锁 17 和 18 进入两前车腿油缸 35 和 36 无杆腔,两车腿同时伸出,车体上升,其速度由比例调速阀 4 调节。当前左车腿碰到行程开关 32 后,系统同时关闭二位二通阀 9 和 10、比例调速阀 4,升前车腿到位。

(4)降车。

三位四通阀 3b 得电后,二位二通阀 9、10 先得电,而后二位二通阀 11、12 得电,油液经三位四通阀 3b、双向锁 17 和 18、单向锁 20 和 22 进入车腿油缸 35~38 有杆腔。油缸无杆腔油液经过双向锁 17 和 18、单向锁 19 和 21、二位二通阀 9~12、油桥 23 和 24、比例调速阀 4 和 5、三位四通阀 3b 回油箱。车体下降速度由比例调速阀 4、5 调节进而实现车腿快速回收。

当车腿全部回收到位时,由限位开关 28~31 联合发出到位信号,所有电控元件断电,液压系统转入待机状态。

2. 起竖(回平)回路

典型起竖(回平)回路液压原理如图 9-6 所示,主要由电磁阀 1、单向锁 2 和 5、双向调速阀 3、单向平衡阀 4、均流阀 6、换向阀 7、起竖油缸 8 和 9、压力表 11 和 12、刚性开关 13~15 及油管等组成。

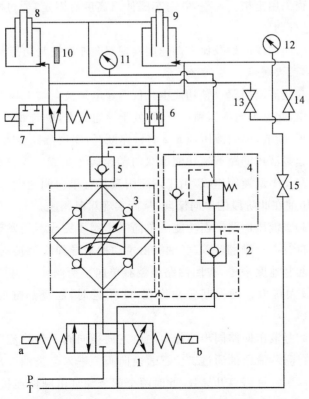

图 9-6　典型起竖回路液压系统原理图

1—电磁阀;2,5—单向锁;3—双向调速阀;4—单向平衡阀;6—均流阀;
7—换向阀;8,9—起竖油缸;10—回平到位开关;11,12—压力表;13,14,15—刚性开关

(1)起竖工步,电磁阀 1a 通电,油液流动情况如下:

进油路:高压油→电磁换向阀 1 左位→双向调速阀 3(同时打开单向锁 2)→单向锁 5→换向阀 7(一部分油液也通过均流阀 6)→起竖油缸 8、9 大腔,起竖发射装置。

回油路:起竖油缸 8、9 小腔→单向平衡阀 4→单向锁 2→电磁换向阀 1 右位→油箱。

(2)回平工步,电磁阀 1b 通电,油液流动情况如下:

进油路:高压油→电磁换向阀 1 右位→单向锁 2(同时打开单向锁 5)→单向平衡阀 4→起竖油缸 8、9 小腔。

回油路:起竖油缸 8、9 大腔→换向阀 7(一部分油液也通过均流阀 6)→单向锁 5→双向调速阀 3→电磁换向阀 1 右位→油箱。

多级油缸逐级回收,发射装置开始回平,由于双向调速阀 3 中有四个单向阀组成油桥,所以,回平和起竖速度基本相同。

(3)应急回平工步,刚性开关 13～15 用于应急回平发射装置。先打开刚性开关 13 和 14,然后慢慢打开刚性开关 15,控制发射装置的回平速度。一、二级缸回平,不需供油,靠发射装置自重回平。

9.3.3　液压系统主要特点

1.调平液压回路主要特点

(1)车体调平过程采用定精度调整,并对车腿伸出高度有限定,通过电磁换向阀和比例调速阀控制两后车腿进行调平。

(2)采用 4 个单向阀构成液桥及比例调速阀实现双向速度控制功能。

2.起竖液压回路主要特点

(1)自锁功能。起竖液压回路自锁功能由三位四通电磁换向阀 1 和单向液压锁 5、2 完成。当起竖时 1a 通电工作,此时单向液压锁 2 开锁,处于导通状态,单向液压锁 5、2 均有液压油流过,需要停止起竖时 1a 断电,单向液压锁 5、2 将油路断开,实现自锁功能。

(2)调速功能。起竖液压回路调速功能由双向调速阀 3 完成。双向调速阀 3 为专用液压阀,它由 4 个单向阀和 1 个调速阀组成,由于调速阀只具有单向调速性,因此在其外侧加装了 4 个单向阀,确保液压油在此阶段的单向流动,从而实现双向调速。

(3)平衡功能。起竖液压回路平衡功能由单向平衡阀 4 完成。当发射装置重心转过回转轴时,弹体因自重将自行向外倾翻,使起竖油缸由主动推动导弹变为被动接受导弹拉力,为平衡此外倾力矩,保证起竖速度平稳,在回油路上装有单向平衡阀 4,其压力调定值应大于导弹对起竖油缸产生的最大拉力。确保起竖角度在 90°附近时,起竖油缸的运动只仍然受正腔控制。

(4)同步功能。起竖液压回路同步功能由二位三通换向阀 7 和均流阀 6 完成。起竖过程中起竖油缸处于刚性连接,液压油通过二位三通换向阀 7 进入起竖油缸,当导弹起竖到位后,为了完成后续工作,起竖油缸需离开导弹,此时两个起竖油缸由刚性连接变为柔性连接,为实现柔性连接下的同步运动,二位三通换向阀 7 通电,迫使液压油通过均流阀 6 进入起竖油缸,确保同步运动。

9.4　挖掘机工作装置液压系统分析

9.4.1　挖掘机介绍

挖掘机是开挖和装载土石方的一种主要施工机械,其主要特点是使用范围广,可以完成挖、装、填、夯、抓、刨、吊、钻、推、压等多种作业;作业效率高,经济效益好。挖掘机在工民建设、交通运输、水利施工、露天采矿及现代军事工程中都有广泛应用。挖掘机主要由铲斗、斗杆、动臂、回转等机构组成,工作中,各执行机构启动制动频繁,负载变化大,振动冲击多,主要执行机构要能实现复合动作,有足够的可靠性和较完善的安全保护措施。

74 式Ⅲ型挖掘机是众多型号挖掘机中的一种,其为斗容量为 0.6 m³ 的单斗全回转轮胎式液压挖掘机。该挖掘机除行走为机械传动、气压制动外,全部挖掘作业均由液压驱动来完成。

9.4.2　液压系统工作原理及过程

9.4.2.1　液压系统组成

74 式Ⅲ型挖掘机工作装置液压系统如图 9-7 所示,包括先导油路和主油路两部分。先导油路主要由双联齿轮泵、手控先导阀、先导总开关、单向阀、限压阀、蓄能器、滤油器等组成。主油路主要由液压泵、回转马达、斗杆液压缸、动臂液压缸、铲斗液压缸、支腿液压缸、多路换向阀、液压锁、马达安全阀、油管、油箱、滤油器、散热器、旁通阀、中央回转接头等组成,其中多路阀中包含有六联换向阀、两个主安全阀、五个油缸过载阀、三个补油阀和六个换向阀杆内的十二个防点头单向阀。

9.4.2.2　液压系统工作原理

先导油路是由双联齿轮泵中的一个泵提供压力油,由两个手动先导阀控制动臂、铲斗、斗杆和转台的动作;另有支腿先导阀控制支腿的伸、缩。先导系统主油路压力为 3 MPa,由系统限压阀设定。此先导油路还装有蓄能器,能在系统发生故障或发动机熄火时,将工作装置安全置于地面。系统中的精滤器,可滤去回路中的杂质。先导油路中还装有测压接头,用来测量系统压力,当发现压力降低时,可调整系统限压阀。

先导油路采用的液压伺服油泵为 CBKF1016/1004-FL 双联齿轮泵,前联用于先导控制泵,最大流量为 8~10 L/min,伺服压力为 3 MPa;后一联用于转向泵。

先导油路的使用情况是:驾驶室座位右手边的右先导阀控制挖掘机的动臂和铲斗;驾驶室座位左手边的左先导阀控制挖掘机的斗杆和转台;座位前方的手控先导阀,控制左、右支腿。

为了避免操作手在上、下车时的误操作,该系统在先导油路中设置了先导总开关(其手柄位于左先导箱内侧)。作业开始前,将开关置于打开位置(ON),作业完毕或操作手离开驾驶室时,将开关置于关闭位置(OFF)。

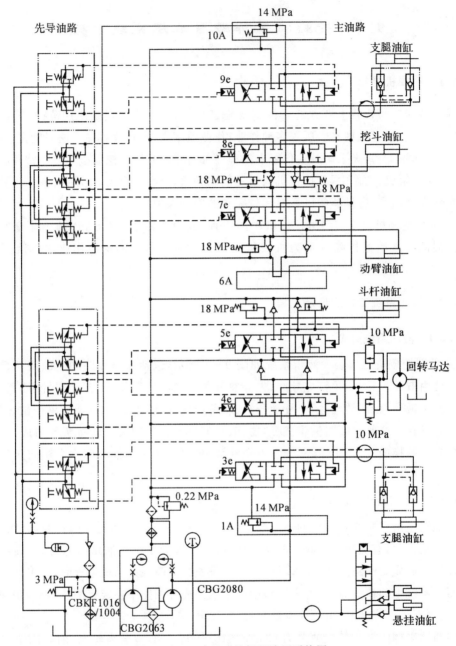

图 9-7　74 式Ⅲ型挖掘机液压系统图

　　先导油路操纵的具体情况如图 9-8 所示,左先导阀控制挖掘机的斗杆和转台。当将左操纵手柄压向左侧位置时,挖掘机转台向左旋转;将左操纵手柄压向右侧位置时,挖掘机转台向右旋转。而将左操纵手柄向前推时,挖掘机的斗杆向外转动;将左操纵手柄向后拉时,挖掘机的斗杆向内转动。

　　驾驶室里的右先导阀控制挖掘机的动臂和铲斗。将右操纵手柄向前推时,挖掘机的动臂下降;将右操纵手柄向后拉时,挖掘机的动臂上升。当将右操纵手柄压向左侧位置时,挖掘机铲斗挖土;将左操纵手柄压向右侧位置时,挖掘机铲斗卸土。

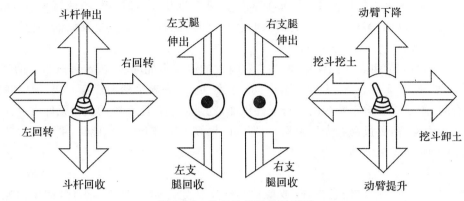

图 9-8　先导油路操作示意图

两个操纵手柄协调操纵(或将先导手柄扳在 45°方向)时,可使工作装置进行复合动作;挖掘机回转时,除斗杆油缸外,可进行其它任何动作;挖掘时,可实现任何两个复合动作;行走时,也可操纵回转和其它任何工作装置的动作。

9.4.2.3　工作装置液压系统工作过程

74 式Ⅲ型挖掘机液压系统中的多路阀为分片式结构,共有 9 片。以六号阀为中心两两对称,1 号阀、10 号阀为进油阀,10 号阀还兼总回油阀,两阀上都装有安全阀,调定压力为 13.7 MPa,1 号阀除无回油口外,其它结构和 10 号阀完全相同。6 号阀为通路阀,当各换向阀在中立位置时,甲、乙泵的油通过 6 号阀回油箱;当操纵 3,4,5 号阀时(无论单独操纵还是多个同时操纵),乙泵的油均经 6 号阀回油箱;当操纵 7,8,9 号阀时(无论单独操纵还是多个同时操纵),甲泵的油通过 6 号阀与乙泵的油合流。3 号阀和 9 号阀分别控制右支腿和左支腿的动作;4 号阀控制回转马达;5 号阀控制斗杆液压缸;7 号阀控制大臂液压缸;8 号阀控制铲斗液压缸。

1. 中位回油

各先导操纵手柄均没有动作,使各换向阀均处于中立位置时,甲泵排出的油→1 号阀第一油道→3,4,5 号阀第一油道→6 号阀→7,8,9,10 号阀第二油道→10,9,8,7 号阀第一油道→6 号阀→阀组回油道→滤油器→散热器→油箱。

乙泵排出的油→10 号阀第一油道→9,8,7 号阀第一油道→6 号阀→阀组回油道→滤油器→散热器→油箱。

2. 单泵供油

(1)单泵供油的单独动作。单独操纵支腿先导阀右侧操纵杆,或单独操纵左先导操纵手柄向任意方向时,即单独操纵 3,4 或 5 号阀时,甲泵单独向执行元件供油;乙泵的油经乙泵系统第一油道回油箱。此时可实现单泵供油的单独动作。

(2)复合动作。

1)六号阀同侧的组合。挖掘机作业时,两支腿已支好,作业过程中,支腿不能再有动作。因此,六号阀同侧的组合只有 4 号、5 号和 7 号、8 号。将左先导操纵手柄压向 45°方向,即同时操纵 4 号和 5 号时,甲泵同时向回转马达和斗杆油缸供油;乙泵的油经乙泵系统第一油道回油箱。此时,转台和斗杆可实现复合动作。

将右左先导操纵手柄压向45°方向,即同时操纵7号和8号时,甲、乙两泵来油,同时流向动臂和挖斗油缸供油,实现两个执行元件的复合动作。此时,已不是单泵供油,而是两泵同时供油。

2)六号阀两侧的组合。同样道理,与支腿有关的组合不能同时进行,可以组合的形式有4号、7号,4号、8号,5号、7号,5号、8号。同时操纵左、右先导手柄向任意方向,即同时操纵任一对组合时,均是甲泵向它系统的执行元件供油,乙泵向它自己系统的执行元件供油。如左右扳动左先导手柄、前后扳动右先导手柄时,即同时操纵了4号和8号,此时,甲泵向回转马达供油,乙泵向动臂液压缸供油。

3. 双泵合流

单独操纵右先导阀向任意方向,或单独操纵支腿先导阀左右侧操纵杆,即单独操纵了7号、8号或9号,此时,可实现双泵合流。即甲乙两泵的油均流向一个执行元件,加快了作业速度。

4. 安全保护

系统中油缸换向阀处于工作位置时,甲、乙两泵主安全阀限制系统工作压力不超过13.7 MPa;油缸换向阀处于中立位置时,若由于某种原因,使液压缸过载,则油缸过载阀限制油缸内压力不超过17.6 MPa;马达安全阀用来限制马达系统的压力不超过9.8 MPa。

9.5　装载机液压系统的分析

ZL50型为铰接车架式装载机,发动机额定功率220马力(1马力=745.7 W),斗容量3 m³,额定负荷5 t。下面来分析ZL50型装载机液压系统的工作原理。

9.5.1　液压系统

1. 液压系统组成

装载机液压系统是用来控制铲斗的动作,其典型工作原理如图9-9所示。该系统由转斗缸、动臂缸、转斗缸大小双作用安全阀、工作液压泵(CB-G3型)、分配阀等主要元部件组成。从图中可以看出,该液压系统中转斗缸为单缸,动臂缸为双缸,两个双作用安全阀为外置式。

当工作装置不工作时,来自油泵的液压油输入到工作分配阀,经分配阀回油腔回油箱。

当需要铲斗铲挖或卸料时,操纵转斗操纵杆后拉或前推,来自油泵的工作油经分配阀进入转斗油缸的后腔或前腔,使铲斗上翻或下转。当需要动臂提升或下降时,操纵动臂操纵杆后拉或前推,来自油泵的工作油经分配阀进入动臂油缸的下腔或上腔,使动臂和铲斗提升或下降。

2. 分配阀的结构及作用

分配阀为整体双联滑阀式,由转斗换向阀、动臂换向阀、安全阀三部分组装而成,而换向阀之间采用串并联油路。所以这两个动作不能同时进行,即使同时操纵了这两个操纵杆,装载机也只有铲斗的动作,动臂不动,只有铲斗在动作完毕,松开操纵手柄,使换向阀回位,动臂才能动作。

分配阀的作用是通过改变油液的流动方向控制转斗油缸和动臂油缸的运动方向,或使铲斗与动臂停留在某一位置以满足装载机各种作业动作的要求。

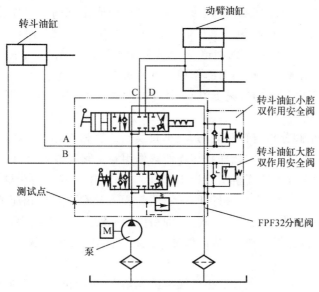

图 9-9　液压系统工作原理图

转斗换向阀是三位置阀,它可控制铲斗前倾、后倾和保持三个动作。

动臂换向阀是四位置阀,它可控制动臂上升、保持、下降、浮动四个动作。

安全阀是控制系统压力的,当系统压力超过 16 MPa 时,安全阀打开,油液溢流回油箱,保护系统不受损坏。

在转斗滑阀的两端装有两个单向阀,单向阀的作用为换向时避免压力油向油箱倒流,从而克服工作过程中的"点头"现象。此外,回油时产生的背压也能稳定系统的工作。

3. 液压系统工作原理

以动臂液压缸的动作为例,介绍换向阀及系统的工作情况。参看分配阀结构图和系统图,注意系统图中换向阀移动方向与结构图中阀杆移动方向相反。

(1)动臂工况。

1)动臂固定(换向阀杆中立)。铲斗油缸换向阀不动情况下,动臂油缸换向阀也固定在中立位置,动臂可以停止在任一高度位置上。这时,液压泵来的油经分配阀的进油口 P 进入,沿两换向阀的专用中立位置回油道回油箱,安全阀也关闭,系统空载循环。

2)动臂上升(换向阀杆右移)。动臂液压缸换向阀右移一个工作位置,专用中立位置回油道被切断,液压泵来油经分配阀 P 口进入,经第一联换向阀的专用中立位置回油道进入第二联换向阀,推开左边单向阀到通向动臂液压缸无杆腔的 D 口,进入动臂缸无杆腔,动臂缸有杆腔的油经管路到 C 口进入阀孔,经阀杆中心孔,再经阀体右边回油道流回油箱。动臂液压缸活塞杆外伸,实现铲斗上升。

3)动臂下降(换向阀杆左移一位)。动臂液压缸换向阀左移一个工作位置,专用中立位置回油道被切断,液压泵来油经分配阀 P 口进入,经第一联换向阀的专用中立位置回油道进入第二联换向阀,经阀杆中心孔,流到通向动臂液压缸有杆腔的 C,进入动臂缸有杆腔,动臂缸无杆腔的油经管路到阀口 D 进入阀孔,推开单向阀,经阀杆中心孔,再经阀体左边回油道流回油箱。动臂液压缸活塞杆回缩,实现铲斗下降。

4)动臂浮动(换向阀杆左移两位)。动臂液压缸换向阀左移两个工作位置,液压泵来油经分配阀P口进入,经第一联换向阀和第二联换向阀的专用中立位置回油道直接回油箱,也可经阀体中心孔到达C、D油口对应的油道,进入动臂缸两腔。这样,系统内形成无压力空循环,动臂缸受工作装置重量和地面作用力的作用而处于自由浮动状态。

(2)铲斗工况。动臂不动的情况下,操纵铲斗换向阀,可实现铲斗的前倾、后倾或固定。油路情况同上。

大、小双作用安全阀分别与转斗缸的大、小腔及回油道相连,对转斗油缸的两腔起过载保护和真空补油作用。与转斗油缸无杆腔相连的双作用安全阀调整压力为18 MPa,与转斗油缸有杆腔相连的双作用安全阀的调整压力为12 MPa。当工作过程中转斗缸的两腔油压超过两双作用安全阀的调整压力时,安全阀打开,限制两腔压力分别不超过相应值;当铲斗前倾快速卸载时,由于分配阀来油跟不上而产生真空,油箱内的油液在大气压作用下,推开单向阀,向转斗缸补油,防止产生气穴、气蚀现象,从而保证系统正常工作,并可使铲斗能快速前倾撞击限位块,实现撞斗卸料。

双作用安全阀的另一个作用是铲斗前倾到最大角度(极限位置)时,在提升动臂时,由于工作装置杆系本身运动的不协调,迫使转斗油缸的活塞杆外拉,使转斗缸有杆腔压力升高,无杆腔出现真空,这时与转斗缸有杆腔相连的双作用安全阀过载溢流,限制该腔压力不超过12 MPa,同时,与无杆腔相连的双作用安全阀中的单向阀向转斗油缸无杆腔补油。相反,当转斗缸前倾到极限再下降动臂时,转斗缸活塞杆内压使转斗油缸无杆腔压力升高,有杆腔出现真空,此时与无杆腔相连的双作用安全阀过载溢流,与转斗缸有杆腔相连的双作用安全阀向其有杆腔补油。从而解决了工作装置干涉的问题,起到稳定系统工作状况,保证系统有关油压元件充分发挥作用。

9.5.2　转向液压系统

柳州工程机械厂(简称"柳工")生产的ZL50C型装载机的转向系统采用流量放大系统。流量放大系统主要是利用低压小流量控制高压大流量来实现转向操作的,此系统分为先导操纵系统和转向系统两个独立的回路,特别适合大、中型功率机型。目前其在国产装载机上的应用越来越广泛。

1.转向系统组成

柳工ZL50C型的转向系统与作业系统相互独立,其系统图如图9-10所示。此系统图为单泵型,由图知该系统主要由转向泵、转向器、减压阀、流量放大阀、转向油缸、滤油器和散热器等组成,其中,减压阀和转向器属于先导油路,其余属于主油路。

2.液压转向器结构

液压转向器是一个小型的液压泵,起计量和换向的作用。柳工ZL50C使用的全液压转向器(BZZ3-125)如图9-11所示,由阀芯6、阀套2和阀体1组成随动转阀,起控制油液流动方向的作用,转子3和定子5构成摆线针齿啮合副,在动力转向时起计量马达

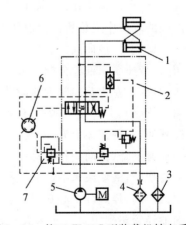

图9-10　柳工ZL50C型装载机转向系统
1—转向油缸;2—流量放大阀;3—散热器;
4—滤油器;5—转向泵;6—转向器;7—减压阀

作用,以保证流进流量放大阀的流量与转向盘的转角成正比。

转向盘不动时,阀芯切断油路,先导泵输出的液压油不通过转向器。

转动转向盘时,泵的来油经随动阀进入摆线针齿轮啮合副,推动转子跟随转向盘转动,并将定量油经随动阀输至转向控制阀阀芯的一端,推动阀芯移动,转向泵来油经转向控制阀流入相应的转向油缸腔。

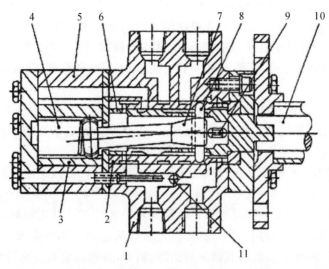

图 9 - 11　BZZ3 - 125 全液压转向器

1—阀体;2—阀套;3—计量马达转子;4—圆柱;5—计量马达定子;
6—阀芯;7—连接轴;8—销子;9—定位弹簧;10—转向轴;11—止回阀

3. 系统工作原理

方向盘不转动时,转向器 6 通向流量放大阀两端的两个油口被封闭,流量放大阀 2 的主阀杆在复位弹簧作用下保持中立。转向泵 5 排出的油经流量放大阀中的溢流阀溢流回油箱,转向油缸没有油液流动,机械不转向。

转动方向盘时,转向泵排出的油作为先导油液进入流量放大阀,推主阀杆移动,打开通向转向油缸的控制阀口,转向泵排出的大部分油液经过流量放大阀打开的阀口进入转向油缸,实现机械转向。转向器受方向盘操纵,转向器排出的油与方向盘的转角成正比,因此,进入转向油缸的流量也与方向盘的转角成正比,即控制方向盘的转角大小,也就是控制了进入转向油缸的流量。由于流量放大阀 2 采用了压力补偿,使得进出口的压差基本上为一定值,因而进入转向油缸 1 的流量基本与负载无关。

方向盘停止转动后,流量放大阀杆一端的先导油液通过节流小孔与另一端接通回油箱,阀杆两端的油压趋于平衡,流量放大阀杆在两侧复位弹簧作用下回到中位,切断了通向转向油缸的通道,机械停止转向。

当机械转向阻力过大,或当机械直线行驶车轮遇到较大障碍,迫使车轮发生偏转时,转向油缸某腔压力将增大。此高压油经梭阀和油道到溢流阀(安全阀)的阀前,当转向油压达到安全阀调定压力(12 MPa)时,安全阀开启溢流,限制转向油缸某腔的压力不再继续升高,保护转向系统的安全。

9.6 液压传动系统的设计简介

液压传动系统的设计是设备设计的一部分。因此,液压传动系统的设计必须在满足设备功能要求的前提下,力求做到结构合理、安全可靠、操作维护方便和经济性好。

液压传动系统的设计步骤和内容包括以下几方面。

(1)明确设计要求。主要是了解设备对液压系统的运动和性能要求,例如运动方式、速度范围、行程、负载条件、运动平稳性和精度、动作循环和周期、同步或联锁要求、工作可靠性等。还要了解液压系统所处的工作环境,例如安装空间、环境温度和湿度、污染程度、外界冲击和振动情况等。

(2)分析液压系统工况,确定主要参数。根据设备对运动和动力的要求,分析每个执行元件在各自工作过程中的速度和负载的变化规律,并以此作为确定系统主要参数(压力和流量)的依据。一般可参考同类型机器液压系统的工作压力初步确定系统的工作压力,根据负载计算执行元件的参数(液压缸的工作面积或液压马达的排量),再根据速度计算出执行元件所需的流量。

(3)拟定液压系统原理图。这是液压系统设计成败的关键。首先根据设备的动作和性能要求,选择、设计主要的基本回路,例如,机床液压系统从选择调速回路入手,压力机液压系统从调压回路开始,等等;然后再配以其他辅助回路,例如,有超越负载工况的系统要考虑平衡回路,有空载运行的系统要考虑卸荷回路,有多个执行元件的系统要考虑顺序或同步回路,等等。最后将这些回路有机地组合成完整的系统原理图,组合回路还要避免回路之间的干扰。

(4)选择液压元件。依据系统的最高工作压力和最大流量选择液压泵,注意要留有一定的储备。一般泵的额定压力应比计算的最高工作压力高 25%～60%,以避免动态峰值压力对泵的破坏;考虑到元件和系统的泄漏,泵的额定流量应比计算的最大流量大 10%～30%。液压阀则按实际的最高工作压力和通过该阀的最大流量来选择。

(5)液压系统的验算。验算主要目标是压力损失和温升两项,计算压力损失是在元件的规格和管路尺寸等确定之后进行的。温升的验算是在计算出系统的功率损失和确定了油箱的散热面积之后,按照热平衡原理进行的。若压力损失过大、温升过高,需重新设计系统或加设冷却器。

(6)绘制工作图和编制技术文件。主要包括液压系统原理图、各种装配图(泵站装配图、管路装配图)、非标准件部件图和零件图、设计、使用说明书和液压元件、密封件、标准件明细表等。其中,液压系统原理图应按照 GB/T 786.1 — 1993 的规定绘制,图中应附有动作循环顺序表或电磁铁动作顺序表,还要列出液压元件规格型号的明细表。

以上设计步骤只是一般的设计流程,在实际的设计过程中并不是固定不变的,各步骤之间彼此关联,相互影响,往往是交叉进行的,并经多次反复才能完成。

9.7 液压系统的安装和调试

液压系统的安装和调试质量的好坏是关系到液压系统能否可靠工作的关键,必须科学、正确、合理地完成安装过程中的每个环节,才能使液压系统能够正常运行,充分发挥其效能。

9.7.1　液压系统的安装

液压系统在安装前,首先要弄清设备对液压系统的要求,液压系统与机、电、气的关系和液压系统的原理,以充分理解其设计意图;然后验收所有的液压元件、辅助元件、密封件、标准件(型号、规格、数量和质量)。

1. 液压元件的安装

(1)液压泵的安装。

1)泵传动轴与电动机(或发动机)驱动轴的同轴度误差应小于 0.1 mm,一般采用弹性联轴器连接,不允许使用 V 带等传动泵轴,以免泵轴受径向力的作用而破坏轴的密封。

2)泵的进、出口不得接反,有外泄油口的必须单独接泄油管引回油箱。

3)泵的吸入高度必须在设计规定的范围内,一般不超过 0.5 m。

(2)液压阀的安装。

1)阀的连接方式有螺纹连接、板式连接、法兰连接三种,不管采用哪一种方式,都应保证密封,防止渗油和漏气。

2)换向阀应保持轴线水平安装。

3)板式阀安装前,要检查各油口密封圈是否合乎要求,每个固定螺钉要均匀拧紧,使安装平面与底板平面全部接触。

4)防止油口装反。

(3)液压缸的安装。

1)液压缸只能承受轴向力,安装时应避免产生侧向力。

2)对整体固定的液压缸缸体,应一端固定,另一端浮动,允许因热变形或受内压引起的轴向伸长。

3)液压缸的进、出油口应向上布置,以利于排气。

2. 液压管路的安装

(1)管路的内径、壁厚和材质均应符合设计要求。

(2)管路敷设要便于装拆,尽量平行或垂直,少拐弯,避免交叉。长管路应等间距设置防振管卡。

(3)管路与管接头要紧固,密封,不得渗油和漏气。

(4)管路安装分两次进行。一次试装后,拆下管道经酸洗(在 40~60℃ 的 10%~20% 的稀硫酸或稀盐酸溶液中洗 30~40 min)、中和(用 30~40℃ 的 10% 的苏打水)、清洗(用温水)、干燥和涂油处理,以备二次正式安装。正式安装应注意清洁和保证密封性。

3. 液压系统的清洗

液压系统安装后,还要对管路进行循环清洗,要求高的复杂系统可分两次进行。

(1)主要循环回路的清洗。将执行元件进、出油路短接(既执行元件不参与循环),构成循环回路。油箱注入其容量 60%~70% 的工作用油或试车油,油温适当升高清洗效果较好。将滤油车(由液压泵和过滤器组成)接入回路进行清洗,也可直接用系统的液压泵进行(回油口接临时过滤器)。清洗过程中,可用非金属锤棒轻击管路,以便将管路中的附着物冲洗掉。清洗时间随系统的复杂程度、过滤精度要求及污染程度而异,通常为十几小时。

(2)全系统的清洗。将实际使用的液压油注入油箱,系统恢复到实际运转状态,启动液压泵,使油液在系统中进行循环,空负荷运转1～3 h。

4.液压系统的压力试验

液压系统的压力试验应在系统清洗合格、并经过空负荷运转后进行。

(1)系统的试验压力。对于工作压力低于16 MPa的系统,试验压力一般为工作压力的1.5倍;对于工作压力高于16 MPa的系统,试验压力一般为工作压力的1.25倍。但最高试验压力不应超过设计规定的数值。

(2)试验压力应逐级升高,每升高一级(每一级为1 MPa)宜稳压5 min左右,达到试验压力后,持压10 min;然后降至工作压力,进行全面检查,以系统所有焊缝和连接处无渗、漏油,管道无永久变形为合格。

9.7.2 液压系统的调试

液压系统调试一般按泵站调试、系统调试的顺序进行,各种调试项目均由部分到整体逐项进行,即部件、单机、区域联动、机组联动等。调试前全面检查液压管路、电气线路的连接正确性;核对油液牌号,液面高度应在规定的液面线上;将所有调节手柄置于零位,选择开关置于"调整""手动"位置;防护装置要完好;确定调试项目、顺序和测量方法。

1.泵站调试

(1)启动先空载(即泵在卸荷状态下)启动液压泵,以额定转速、规定转向运转,观察泵是否有漏油和异常声响,泵的卸荷压力是否在允许的范围内。启动时通常采取点动(启动—停止),经几次反复确认无异常现象,才允许投入空载连续运转。

(2)压力调试。空载连续运转时间一般为10～20 min,然后调节溢流阀的调压手柄,逐渐分档升压(每档3～5 MPa,时间10 min)至溢流阀的调定值。同时观察压力表,压力波动值应在规定范围内。若压力波动过大(压力表针抖动),多数是由于泵吸油不足引起的。

2.系统调试

(1)压力调试。逐个调整每个分支回路上的各种压力阀,如溢流阀、减压阀和顺序阀等。调整压力时,应先对管路油液进行封闭,保证压力油仅从被调整阀中通过,然后逐渐分挡升压至压力阀的调定值。例如,在调整溢流阀时,若换向阀的中位机能是M型,中位状态下则油液经换向阀卸荷而无压,此时应将换向阀处左位或右位,使液压缸活塞退回到原位,油液就只能经溢流阀返回油箱,才可进行溢流阀的压力调整。

(2)流量调试(执行元件的速度调试)。

1)无负荷(空载)运转。应将执行元件与工作机构脱开,操纵换向阀使液压缸做往复运动或使液压马达做回转运动,在此过程中,一方面检查液压阀、液压缸或液压马达、电气元件,机械控制机构等是否灵活可靠;另一方面进行系统排气。排气时,最好是全管路依次进行。对于复杂或管路较长的系统,排气要进行多次。同时检查油箱液面是否下降。

2)速度调节。逐步调节执行元件的速度(节流调速回路将节流阀或调速阀的开口逐步调大,容积调速将变量泵的排量逐步调大,而变量马达则将其排量逐步调小)。待空载运转正常后,再停机将工作机构与执行元件连接,重新启动执行元件从低速到高速带负载运转。如调试中出现低速爬行现象,可检查工作机构是否润滑充分,排气是否彻底等。速度调试应逐个回路进行,在调试一个回路时,其他回路均应处于关闭状态。

(3)全负荷程序运转。按设计规定的自动工作循环或顺序动作,一般可在空载、工作负载、最大负载三种情况下分别进行。检查各动作的协调性,同步和顺序的正确性,启动停止、换向、速度换接的平稳性,有无误信号、误动作和爬行、冲击等现象;最后还要检查系统在承受负载后,是否实现了规定的工作要求,如速度—负载特性如何、泄漏量如何、功率损耗及油温是否在设计允许值内,液压冲击和振动噪声是否在允许的范围内等。

调试期间,对主要的调试内容和主要参数的测试应有现场记录,经核准归入设备技术档案,作为以后维修时的原始技术数据。

9.8　液压系统的泄漏与控制

9.8.1　液压系统泄漏的原因

液压系统泄漏的原因是错综复杂的,主要与振动、温升、压差、间隙和设计、制造、安装及维护不当有关。泄漏可分为外泄漏和内泄漏两种。外泄漏是指油液从元器件或管件接口内部向外部泄漏;内泄漏是指元器件内部由于间隙、磨损等原因有少量油液从高压腔流到低压腔。外泄漏会造成能源浪费,污染环境,危及人身安全甚至造成火灾。内泄漏会引起系统性能不稳定,使压力、流量不正常,严重时会造成停产事故。为控制内泄漏量,国家对制造元件厂家生产的各类元件颁布了元件出厂试验标准,标准中对元件的内泄漏量做出了详细评等规定。控制外泄漏,常通过以提高几何精度、选择合理的设计、正确使用密封件来解决。液压系统外泄漏的主要部位及原因可归纳以下几种。

(1)管接头和油塞在液压系统中使用较多,在漏油事故中所占的比例也很高,可达30%～40%以上。管接头漏油大多数发生在与其它零件连接处,如集成块、阀连接板、管式元件等与管接头连接部位上,当管接头采用公制螺纹连接,螺孔中心线不垂直密封平面,即螺孔的几何精度和加工尺寸精度不符合要求时,会因组合垫圈密封不严而造成泄漏。当管接头采用锥管螺纹连接时,锥管螺纹与螺堵之间不能完全吻合密封,如螺纹孔加工尺寸、加工精度超差,极易产生漏油。以上两种情况一旦发生很难根治,只能借助液态密封胶或聚四氟乙烯生料带进行填充密封。管接头组件螺母处漏油,一般都与加工质量有关,如密封槽加工超差,加工精度不够,密封部位的磕碰、划伤都可造成泄漏。必须经过认真处理,消除存在的问题,才能达到密封效果。

(2)元件等接合面的泄漏也是常见的,如板式阀、叠加阀、阀盖板、方法兰等均属此类密封形式。接合面间的漏油主要是由几方面问题所造成:与 O 形圈接触的安装平面加工粗糙,有磕碰、划伤现象,O 形圈沟槽直径、深度超差,造成密封圈压缩量不足;沟槽底平面粗糙度低、同一底平面上各沟槽深浅不一致、安装螺钉长、强度不够或孔位超差,都会造成密封面不严,产生漏油。针对以上问题分别进行处理,对 O 形圈沟槽进行补充加工,严格控制深度尺寸,提高沟槽底平面及安装平面的粗糙度、清洁度,消除密封面不严的现象。

(3)液压缸的漏油。造成液压缸漏油的原因较多,如活塞杆表面黏附粉尘泥水、盐雾、密封沟槽尺寸超差、表面的磕碰、划伤、加工粗糙、密封件的低温硬化、偏载等原因都会造成密封损伤、失效引起漏油。解决的办法可从设计、制造、使用几方面进行,如选耐粉尘、耐磨、耐低温性能好的密封件并保证密封沟槽的尺寸及精度,正确选择滑动表面的粗糙度,设置防尘伸缩套,尽量不要使液压缸承受偏载,经常擦除活塞杆上的粉尘,注意避免磕碰、划伤,搞好液压油的清洁度管理。

(4)泵、马达旋转轴处的漏油。主要由与油封内径过盈量太小,油封座尺寸超差,转速过高,油温高,背压大,轴表面粗糙度差,轴的偏心量大,密封件与介质的相容性差及不合理的安装等因素造成。可从设计、制造、使用几方面进行预防,控制泄漏的产生。如设计中考虑合适的油封内径过盈量,保证油封座尺寸精度,装配时油封座可注入密封胶。设计时可根据泵的转速、油温及介质,选用适合的密封材料加工的油封,提高与油封接触表面的粗糙度及装配质量等。

(5)温升发热往往会造成液压系统较严重的泄漏现象。温升发热可使油液黏度下降或变质,使内泄漏增大;温度继续增高,会造成密封材料受热后膨胀增大了摩擦力,使磨损加快,使轴向转动或滑动部位很快产生泄漏。密封部位中的 O 形圈也由于温度高、加大了膨胀和变形,造成热老化,冷却后不能恢复原状,使密封圈失去弹性,因压缩量不足而失效,逐渐产生渗漏。因此控制温升,对液压系统非常重要。造成温升的原因较多,如机械摩擦引起的温升、压力及容积损失引起的温升、散热条件差引起的温升等。为了减少温升发热所引起的泄漏,首先应从液压系统优化设计的角度出发,设计出传动效率高的节能回路,提高液压件的加工和装配质量,减少内泄漏造成的能量损失。采用黏-温特性好的工作介质,减少内泄漏。隔离外界热源对系统的影响,加大油箱散热面积,必要时设置冷却器降低油温。

9.8.2　液压系统防止与治理泄漏的措施

液压系统防止与治理泄漏主要采取以下几种措施:

(1)尽量减少油路管接头及法兰的数量,在设计中广泛选用叠加阀、插装阀、板式阀,采用集成块组合的形式,减少管路泄漏点,是防漏的有效措施之一。

(2)将液压系统中的液压阀台安装在与执行元件较近的地方,可以大大缩短液压管路的总长度,从而减少管接头的数量。

(3)液压冲击和机械振动直接或间接地影响系统,造成管路接头松动,产生泄漏。液压冲击往往是由于快速换向所造成的。因此在工况允许的情况下,尽量延长换向时间,即阀芯上设有缓冲槽、缓冲锥体结构或在阀内装有延长换向时间的控制阀。液压系统应远离外界振源,管路应合理设置管夹,泵源可采用减振器、高压胶管、补偿接管或装上脉动吸收器来消除压力脉动,减少振动。

(4)定期检查、定期维护是防止泄漏、减少故障最基本保障。

9.9　液压系统的使用与维护

据统计表明,液压系统发生的故障有90％是由使用管理不善所致。因此在生产中合理使用和正确维护液压设备,可以防止元件与系统遭受不应有的损坏,从而减少故障的发生,并能有效地延长使用寿命;进行主动保养和预防性维护,做到有计划地检修,可以使液压设备经常处于良好的技术状态,发挥其应有的效能。

9.9.1　液压系统的使用要求

(1)按设计规定和工作要求,合理调节系统的工作压力和工作速度。压力阀和流量阀调节到所要求的数值后,应将调节机构锁紧,防止松动。不得随意调节,严防调节失误造成事故。不准使用有缺陷的压力表,不允许在无压力表的情况下调压或工作。

(2)系统运行过程中,要注意油质的变化状况,要定期进行取样化验,当油液的物理化学性能指标超出使用范围,不符合使用要求时,要进行净化处理或更换新油液。新更换的油液必须经过过滤后才能注入油箱。为保证油液的清洁度,过滤器的滤芯应定期更换。

(3)注意油液的温度。正常工作时,油液温度不应超过 60℃。一般控制在 35～55℃之间。冬季由于温度低,油液黏度较大,应升温后再启动。

(4)当系统某部位出现异常现象时,要及时分析原因进行处理,不要勉强运行,以免造成事故。

(5)不准任意调整电控系统的互锁装置,不准任意移动各行程开关和限位挡铁的位置。

(6)液压设备若长期不用,应将各调节手轮全部放松,防止弹簧产生永久变形而影响元件的性能。

9.9.2　液压系统的维护和保养

液压系统通常采用日常检查和定期检查作为维修和保养的基础。通过日常检查和定期检查可以把液压系统中存在的问题排除在萌芽状态,还可以为设备维修提供第一手资料,从中确定修理项目,编制检修计划,并可以从中找出液压系统出现故障的规律,以及液压油、密封件和液压元件的更换周期。日常检查和定期检查的项目及内容分别见表 9-3 和表 9-4。

表 9-3　日常检查项目和内容

检查时间	项　目	内　容
系统启动前	油位	是否正常
	行程开关	是否紧固
		是否正常
	手动、自动循环压力	系统压力是否稳定和在规定的范围内
在设备运行中监视工况	液压缸	运动是否平稳
	油温	是否在 35～55℃ 范围内
	泄漏	全系统有无漏油
	振动和噪声	有无异常

表 9-4　定期检查项目及内容

项　目	内　容
螺钉、螺母和管接头	定期检查并紧固: 1.10 MPa 以上系统每月一次 2.10 MPa 以下系统每三月一次
过滤器	定期检查:每月一次,根据堵塞程度及时更换

续表

项　目	内　容
密封件	1. 定期检查或更换:按环境温度、工作压力、密封件材质等具体规定更换周期 2. 对重大流水线设备大修时全部更换(一般为两年) 3. 对单机作业,非连续运行设备,只更换有问题的密封
压力表	按设备使用情况,规定检验周期
油箱、管道、阀板	定期清洗:大修时
油液污染度	1. 对已确定换油周期的提前一周取样化验(取样数量 300～500 mL) 2. 对新换油,经 1 000 h 使用后,应取样化验 3. 对大、精、稀设备用油经 600 h 使用后,取样化验
液压元件	定期检查或更换:根据使用工况,对泵、阀、缸、马达等元件进行性能测定,尽可能采取在线测试办法测定其主要参数。对磨损严重和性能指标下降,影响正常工作的元件进行修理或更换
高压软管	根据使用工况规定更换时间
弹簧	按使用工况、元件材质等具体规定更换时间

思考与练习

1.怎样阅读和分析一个复杂的液压系统?

2.分析图 9-3 所示的汽车起重机液压系统中双向液压锁、平衡阀的作用,说明系统能否同时实现吊臂伸缩、变幅、回转和起升动作。为什么?

3.分析图 9-5 所示的液压系统中油桥的作用,并说明车体的调平过程。

4.分析图 9-6 所示的液压系统中平衡阀 4、换向阀 7 的作用。

5.为什么液压系统要进行两次安装?

6.液压系统的泄漏途径有哪些? 泄漏控制的措施有哪些?

7.为什么液压系统安装后要进行清洗? 新更换的液压油为什么必须经过过滤后才能注入油箱?

第10章 液压伺服控制系统

伺服系统又称随动系统或跟踪系统,它是一种自动控制系统,在这种系统中,系统的输出量能自动、快速而准确地复现输入量的变化规律。由液压伺服控制元件和液压执行元件组成的控制系统称为液压伺服控制系统。

液压伺服控制系统除了具有液压传动的各种优点外,还具有响应速度快、系统刚性大和控制精度高等优点,因此在国防工业和许多民用工业部门得到了广泛的应用。

10.1 液压伺服控制系统概述

10.1.1 液压伺服控制系统的工作原理

图 10 - 1 所示为一个简单的液压伺服控制系统的原理图。液压泵 4 是系统的动力源,它以恒定的压力向系统供油,供油压力由溢流阀 3 调定。伺服阀是控制元件,液压缸是执行元件。伺服阀按节流原理控制进入液压缸的流量、压力和流动方向,使液压缸带动负载运动。伺服阀阀体与液压缸缸体刚性连接,从而构成机械反馈控制。

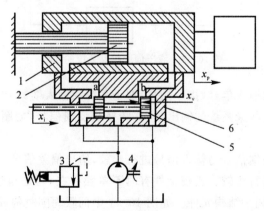

图 10 - 1 液压伺服控制系统原理图

1—缸体;2—液压缸活塞;3—溢流阀;4—液压泵;5—伺服阀阀芯;6—伺服阀阀体

按图示给伺服阀阀芯 5 输入位移 x_i,则窗口 a、b 便有一个相应的开口 $x_v (= x_i)$,压力油经窗口 b 进入液压缸右腔,液压缸左腔油液经窗口 a 排出,缸体右移 x_p;与此同时伺服阀阀体 6 也右移,使阀的开口减小,即 $x_v = x_i - x_p$;直到 $x_p = x_i$,即 $x_v = 0$,伺服阀的输出流量为零,缸体才停止运动,处在一个新的平衡位置上,从而完成液压缸输出位移对阀输入位移的跟随运动。如果阀芯反向运动,液压缸也反向跟随运动。在此系统中,输出量(缸体位移 x_p)之所以能够迅速、准确地复现输入量(阀芯位移 x_i)的变化,是因为阀体与缸体连成一体构成了机械的负反馈控制。由于缸体的输出位移能够连续不断地反馈到阀体上并与阀芯的输入位移进行比较,有偏差(阀的开口)缸体就向着减小偏差的方向运动,直到偏差消除为止,即以偏差来消除偏差。

如图 10 - 2 所示为用方框图表示的液压伺服控制系统的工作原理。

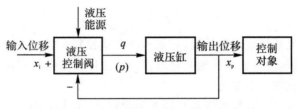

图 10 - 2　控制系统工作原理方框图

10.1.2　液压伺服控制系统的组成和分类

1. 系统的组成

实际的液压伺服系统无论多么复杂,也都是由一些基本元件所组成的。根据元件的功能,系统的组成可用图 10 - 3 表示。

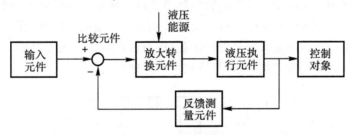

图 10 - 3　液压伺服控制系统的组成

(1)输入元件。给出输入信号(指令信号)加于系统的输入端。

(2)反馈测量元件。测量系统的输出量,并转换成反馈信号,如图 10 - 1 中的缸体与阀体的机械连接。

(3)比较元件。将反馈信号与输入信号进行比较,给出偏差信号。反馈信号与输入信号应是相同的物理量,以便进行比较。比较元件有时不单独存在,而是与输入元件、反馈测量元件或放大元件一起组合为同一结构元件。如图 10 - 1 中伺服阀同时构成比较和放大两种功能。

(4)放大转换元件。将偏差信号放大并进行能量形式的转换,如放大器、伺服阀等。放大转换元件的输出级是液压的,前置级可以是机械的、电的、液压的、气动的或它们的组合形式。

(5)执行元件。与液压传动系统中的相同,是液压缸、液压马达或摆动缸。

2. 系统的分类

液压伺服控制系统可以从不同的角度分类,每一种分类方法都代表系统一定的特点。

(1)按输入信号的变化规律。分为定值控制系统、程序控制系统和伺服系统。

(2)按系统输出量的名称。分为位置控制系统、速度控制系统、加速度控制系统、力控制系统等。

(3)按信号传递介质的形式。分为机液控制系统、电液控制系统、气液控制系统。

(4)按驱动装置的控制方式和元件的类型。分为节流式控制(阀控式)、容积式控制(变量泵控制或变量马达控制)系统。

10.2　液压伺服阀的基本类型

液压伺服阀是液压伺服系统中最基本和最重要的元件,它起着信号转换和功率放大的作用。常用的伺服阀类型有滑阀、喷嘴挡板阀和射流管阀,其中以滑阀应用最为普遍。

10.2.1　滑阀

按滑阀工作边数(起控制作用的阀口数)可分为单边滑阀、双边滑阀和四边滑阀。

图 10-4(a)所示为单边滑阀的工作原理,它只有一个控制边。压力油直接进入液压缸左腔,并经活塞上的固定节流孔 a 进入液压缸右腔,压力由 p_s 降为 p_1,再通过滑阀唯一的控制边(可变节流口)流回油箱。这样固定节流口与可变节流口控制液压缸右腔的压力和流量,从而控制了液压缸缸体运动的速度和方向。液压缸在初始平衡状态下,有:$p_1 A_1 = p_s A_2$,对应此时阀的开口量为 x_{v0}(零位工作点)。当阀芯向右移动时,开口 x_v 减小,p_1 增大,于是 $p_1 A_1 > p_s A_2$,缸体向右运动。阀芯反向移动,缸体亦反向运动。

图 10-4(b)所示为双边滑阀的工作原理,它有两个控制边,压力油一路直接进入液压缸左腔,另一路经左控制边开口 x_{v1} 与液压缸右腔相通,并经右控制边开口 x_{v2} 流回油箱。所以是两个可变节流口控制液压缸右腔的压力和流量。当滑阀阀芯移动时,x_{v1} 与 x_{v2} 此增彼减,共同控制液压缸右腔的压力,从而控制液压缸活塞的运动方向。显然,双边滑阀比单边滑阀的调节灵敏度高,控制精度也高。

单边、双边滑阀控制的液压缸是差动缸(单活塞杆缸),为了得到两个方向上相同的控制性能,须使 $A_1 = 2A_2$。

图 10-4(c)所示为四边滑阀,它有 4 个控制边,开口 x_{v1} 和 x_{v2} 分别控制液压缸两腔的进油,而开口 x_{v3} 和 x_{v4} 分别控制液压缸两腔的回油。当阀芯向右移动时,进油开口 x_{v1} 增大,回油开口 x_{v3} 减小,使 p_1 迅速提高;与此同时,x_{v2} 减小,x_{v4} 增大,p_2 迅速降低,导致液压缸活塞迅速右移。反之,活塞左移。与双边阀相比,四边阀同时控制液压缸两腔的压力和流量,故调节灵敏度更高,控制精度也更高。

由上可知,单边、双边和四边滑阀的控制作用基本上是相同的。从控制质量上看,控制边数越多越好;从结构工艺上看,控制边数越少越容易制造。

滑阀在零位时有负开口($x_{v0} < 0$)、零开口($x_{v0} = 0$)和正开口($x_{v0} > 0$)3 种开口形式,如图 10-5 所示。零开口阀的控制性能最好,但加工精度要求高;负开口阀有一定的不灵敏区,较少应用;正开口阀的控制性能较负开口的好,但零位功率损耗较大。

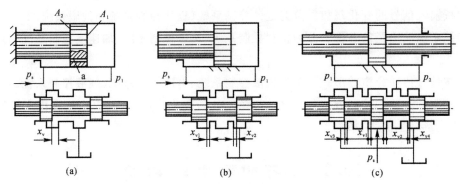

图 10-4   滑阀的工作原理

(a) 单边滑阀;(b) 双边滑阀;(c) 四边滑阀

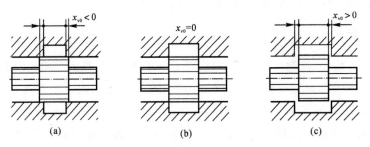

图 10-5   滑阀的开口形式

(a) 负开口;(b) 零开口;(c) 正开口

10.2.2   喷嘴挡板阀

喷嘴挡板阀有单喷嘴和双喷嘴两种结构形式,它们的工作原理基本相同,如图 10-6 所示为双喷嘴挡板阀的工作原理图,它由挡板 1、喷嘴 2 和 3、固定节流孔 4 和 5 等组成。挡板与喷嘴之间形成两个可变节流缝隙占 δ_1 和 δ_2。当挡板处于中间位置时,两缝隙所形成的节流阻力相等,两喷嘴内的油液压力也相等,即 $p_1 = p_2$,液压缸不动,压力油经固定节流孔 4 和 5、节流缝隙 δ_1 和 δ_2 流回油箱;当输入信号使挡板向左摆动时,缝隙 δ_1 变小,δ_2 变大,p_1 上升,p_2 下降,液压缸缸体向左移动,因机械负反馈作用,当喷嘴跟随缸体移动到挡板两边缝隙对称时,液压缸停止运动。

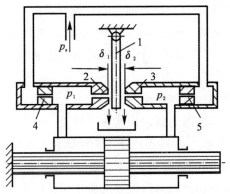

图 10-6   双喷嘴挡板阀的工作原理图

1—挡板;2,3—喷嘴;4,5—固定节流孔喷嘴挡板阀的优点是结构简单,加工方便,挡板运动部件惯性小,位移小,因此反应快、灵敏度高,抗污染能力较滑阀强。缺点是无功损耗大。常用作多级放大元件中的前置级。

10. 2. 3　射流管阀

射流管阀由射流管 1 和接受器 2 组成(见图 10 - 7)。射流管在输入信号的作用下可绕轴 O 摆动,压力油经轴孔进入射流管,从喷嘴射出的液流冲到接受器的两个接受孔内,两接受孔分别与液压缸的两腔连通。液压能通过射流管的喷嘴转换为液流的动能,液流被接受孔接受后,动能又转变为压力能。当射流管喷嘴处于两接受孔的中间位置(零位)时,两接受孔所接受的射流动能相同,因此恢复压力也相同,液压缸不动。当射流管偏离中间位置时,两接受孔所接受的射流动能不再相等,恢复压力也不相等,一个增加,另一个减小,形成液压缸两腔的压差,推动活塞运动。

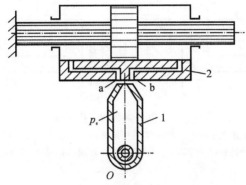

图 10 - 7　射流管阀的工作原理
1—射流管;2—接收器

射流管阀的优点是结构简单,加工精度要求较低;抗污染能力强,对油液的清洁度要求不高;单级功率比喷嘴挡板阀高。其缺点是受射流力的影响,高压易产生干扰振动;射流管运动惯量较大,响应不如喷嘴挡板阀快;无功损耗较大。因此,射流管阀适用于低压小功率的伺服系统。

10. 3　电液伺服阀

电液伺服阀是电液转换元件,又是功率放大元件,能将很小功率的输入电信号转换为大功率的输出液压能。电液伺服阀是电液控制系统的关键部件,用于电液伺服系统的位置、速度、加速度和力的控制。它具有结构紧凑、工作性能稳定可靠、动态响应高、流量范围宽、体积小等优点。

图 10 - 8 所示为一种典型的电液伺服阀的工作原理图。它由电磁和液压两部分组成。电磁部分是一个力矩马达,主要由一对永久磁铁 1、一对导磁体 2、衔铁 3、线圈 4 和弹簧管 5 组成。衔铁、弹簧管与液压部分是一个两级功率放大器,第一级采用双喷嘴挡板阀,称前置放大级;第二级采用四边滑阀,称功率放大级。衔铁 3、弹簧管 5 与喷嘴挡板阀的挡板 6 连接在一起,挡板下端为一小球,嵌放在滑阀 8 的中间凹槽内,构成反馈杆。图 10 - 9 所示是其结构外形图。

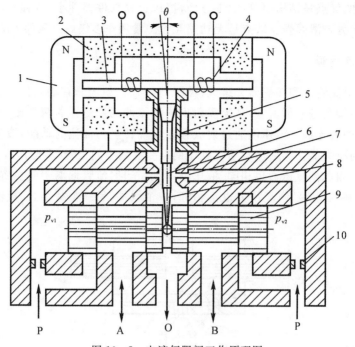

图 10-8　电液伺服阀工作原理图

1—永久磁铁;2—导磁体;3—衔铁;4—线圈;5—弹簧管;
6—挡板;7—喷嘴;8—反馈杆;9—滑阀;10—固定节流孔

图 10-9　电液伺服阀的外形

　　当线圈中无信号电流输入时,衔铁、挡板和滑阀都处于中间对称位置,如图 10-8 所示。当线圈中有信号电流输入时,衔铁被磁化,与永久磁铁和导磁体形成的磁场合成产生电磁力矩,使衔铁连同挡板偏转 θ 角,挡板的偏转,使两喷嘴与挡板之间的缝隙发生相反的变化,滑阀阀芯两端压力 p_{v1}、p_{v2} 也发生相反的变化,一个压力上升,另一个压力下降,从而推动滑阀阀芯移动。阀芯移动的同时使反馈杆产生弹性变形,对衔铁挡板组件产生一反力矩。当作用在衔铁挡板组件上的电磁力矩与弹簧管反力矩、反馈杆反力矩达到平衡时,滑阀停止运动,保持在一定的开口上,有相应的流量输出。由于衔铁、挡板的转角,滑阀的位移都与信号电流成比例变化,所以在负载压差一定时,阀的输出流量也与输入电流成比例。输入电流反向,输出流量亦反向。因此,这是一种流量控制电液伺服阀。

10.4　电液伺服控制系统举例

电液伺服控制系统是由电信号处理部分和液压功率输出部分组成的闭环控制系统。由于电检测器的多样性，所以可以组成许多物理量的闭环控制系统。最常见的是电液位置伺服系统、电液速度控制系统和电液力或压力控制系统。电液伺服控制系统综合了电和液压两方面的优势，具有控制精度高、响应速度快、信号处理灵活、输出功率大、结构紧凑和重量轻等优点，因此得到了广泛的应用。

10.4.1　电液位置伺服系统

图 10-10(a) 所示为一电液位置伺服系统的工作原理图，该系统控制工作台的位置，使之按照指令电位器给定的规律变化。系统由指令电位器 5、反馈电位器 4、电放大器 6、电液伺服阀 1、液压缸 2 和工作台 3 组成。图 10-10(b) 所示为该系统的方框图。

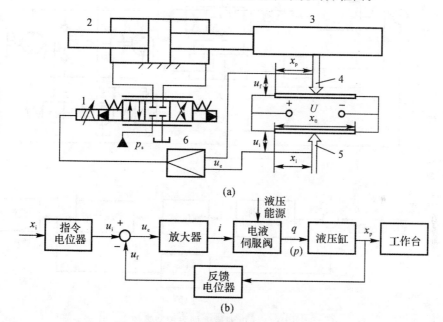

图 10-10　电液位置伺服系统及其方块图
(a) 系统原理图；(b) 方块图
1—电液伺服阀；2—液压缸；3—工作台；4—反馈电位器；5—指令电位器；6—电放大器

指令电位器将滑臂的位置指令 x_i 转换成指令电压 u_i，工作台的位置 x_p 由反馈电位器检测转换为反馈电压 u_f。两个线性电位器接成桥式电路，从而得到偏差电压为

$$u_e = u_i - u_f = K(x_i - x_p), K = U/x_0 \tag{10-1}$$

当工作台位置与指令位置相一致时，偏差电压 $u_e = 0$，此时放大器输出电流为零，电液伺服阀处于零位，液压缸和工作台不动，系统处在一个平衡状态。当指令电位器滑臂位置发生变化时，如向右移动 Δx_i，在工作台位置变化之前，电桥输出的偏差电压 $u_e = K\Delta x_i$，经放大器放大后转变为电流信号去控制电液伺服阀，电液伺服阀输出压力油，推动工作台右移。随着工作

台的移动,电桥输出的偏差电压逐渐减小,直至工作台位移等于指令电位器位移时,电桥输出偏差电压为零,工作台停止运动。如果指令电位器反向移动,则工作台也反向跟随运动。因此,此系统中的工作台能够精确地跟随指令电位器滑臂位置的任意变化,实现位置的伺服控制。

10.4.2 电液速度控制系统

图 10-11(a) 所示为一种电液速度控制系统的工作原理图,该系统控制滚筒的转动速度,使之按照速度指令变化。系统的主回路就是一个变量泵和定量马达组成的容积调速回路。这里变量泵既是液压能源又是主要的控制元件。由于操纵泵的变量机构所需的力较大,故通常采用一个小功率的液压放大装置作为变量控制机构,这又构成了本系统中一个局部的电液位置伺服系统(与图 10-10 所示系统相同)。

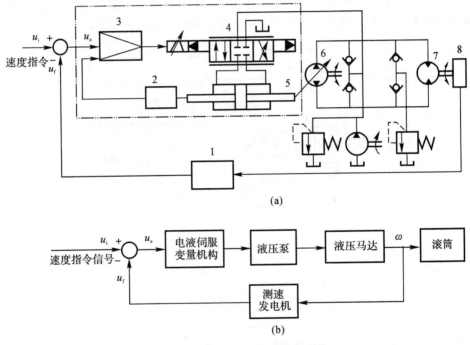

(a)

(b)

图 10-11　电液速度伺服控制系统

1—测速发电机;2—位移传感器;3—放大器;4—电液伺服阀;
5—变量液压缸;6—变量泵;7—定量马达;8—滚筒

系统输出速度由测速发电机 1 检测,并转换为反馈电压信号 u_f,与输入速度指令信号相比较,得出偏差电压信号 $u_e = u_i - u_f$,作为变量机构的输入信号。当速度指令 u_i 给定时,滚筒 8 以一定的速度旋转,测速发电机输出电压为 u_{f0},则偏差电压 $u_{e0} = u_i - u_{f0}$,此偏差电压对应于一定的变量液压缸 5 位置(如控制轴向柱塞泵斜盘成一定的倾斜角),从而对应于一定的泵流量输出,此流量为保持工作速度 ω_0 所需的流量。可见这里偏差电压 u_{e0} 是保持工作速度所必需的。在滚筒转动过程中,如果负载力矩、摩擦、泄漏、温度等因素引起速度变化时,则 $u_f \neq u_{f0}$;假如 $\omega < \omega_0$,则 $u_f < u_{f0}$,而 $u_e = u_i - u_f > u_{e0}$,使得变量液压缸输出位移增大,于是泵的输出流量增加,马达速度便自动上升至给定值。反之,如果速度超过 ω_0,则 $u_f > u_{f0}$,因而 $u_e <$

u_{e0},使变量液压缸输出位移减小,泵的输出流量减少,速度便自动下降至给定值。因此,马达转速是根据指令信号自动加以调节的,并总保持在与速度指令相对应的工作速度上。图 10-11(b)所示为这个系统的方框图。

思考与练习

1.液压伺服控制系统与一般的液压传动系统有何不同?

2.液压伺服控制系统由哪些基本元件所组成?

3.双喷嘴挡板阀,若有一个喷嘴被堵塞,会发生什么现象?单喷嘴挡板阀可控制哪种形式的液压缸? 试画出单喷嘴挡板阀控制液压缸的结构原理图来。

4.机液伺服系统和电液伺服系统有什么不同?

附录　常用液压图形符号

我国制定的液压与气动图形符号标准与国际标准接近,是一种通用的国际工程语言。我国国标 GB/T 786 确立了各种符号的基本要素,规定了液压气动元件和回路图表中符号的设计规则。由于国标 GB/T 786 经历了 GB/T 786 — 1965,GB/T 786 — 1976,GB/T 786.1 — 1993,GB/T 786.1 — 2009 等不断的修订和完善,许多生产厂家给出的系统图也采用了不同时期标准进行绘制,因此,在分析原理图时注意理解。附录中给出了常用元件图形符号的 GB/T 786.1 — 2009和 GB/T 786 — 1976 新、老国标对照表,请参考使用。

1. 管路及连线

名　称	图　形　符　号	
	GB786.1 — 2009	GB786 — 1976
工作管路		
控制管路		
泄油管路		
连接管路		
交叉管路		
软管总成		

2. 动力源及执行元件

名　称	图　形　符　号	
	GB786.1 — 2009	GB786 — 1976
单向定量液压泵		

续　表

名　称	图 形 符 号	
	GB786.1—2009	GB786—1976
双向定量液压泵		
单向变量液压泵		
双向变量液压泵		
电动机	M	D
单向定量液压马达		
双向定量液压马达		
单向变量液压马达		
双向变量液压马达		
液压源		
摆动马达		
单作用单活塞杆缸		
单作用弹簧复位式单活塞杆缸		
单作用伸缩缸		
双作用单活塞杆缸		

续 表

名 称	图 形 符 号	
	GB786.1 — 2009	GB786 — 1976
双作用单活塞杆缸	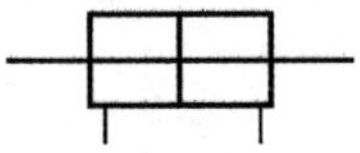	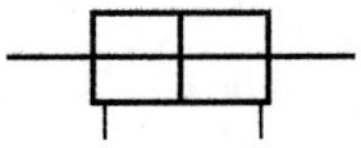
双作用可调单向缓冲缸	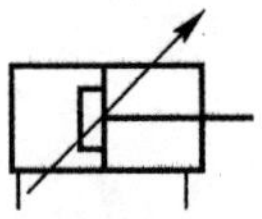	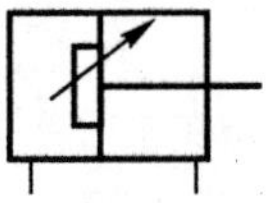
双作用伸缩缸	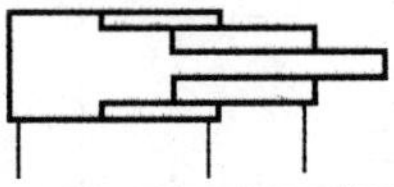	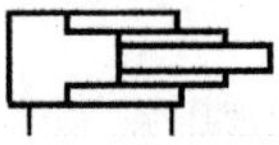

3. 控制方式

名 称	图 形 符 号	
	GB786.1 — 2009	GB786 — 1976
手柄式人力控制	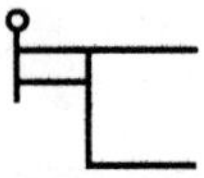	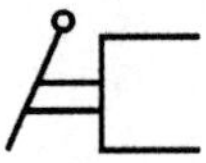
按钮式人力控制	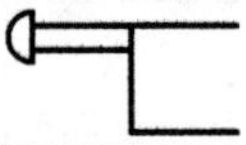	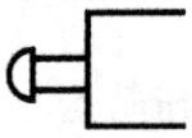
踏板式人力控制	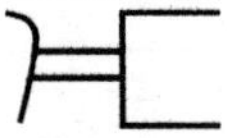	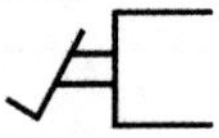
弹簧式机械控制	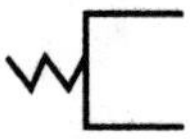	
顶杆式机械控制	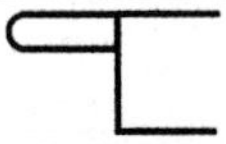	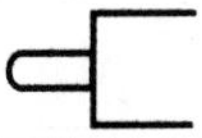
滚轮式机械控制	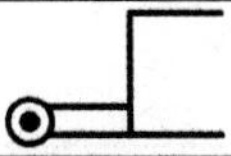	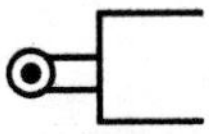
直控式液压控制	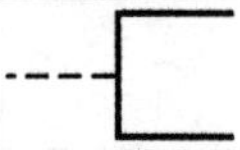	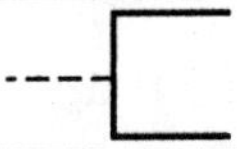
先导式液压控制	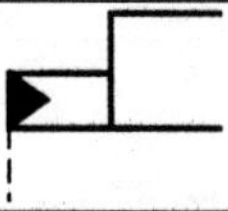	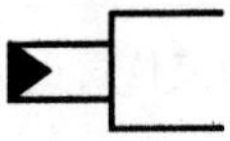
单作用电磁控制	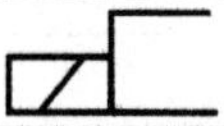	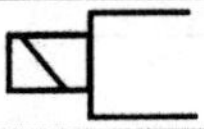
电磁-液压先导控制	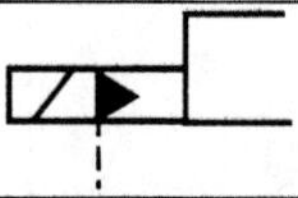	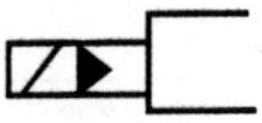
三位定位机构	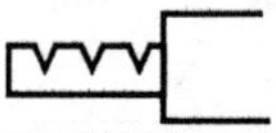	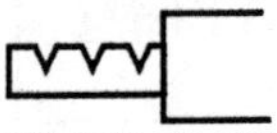

4. 压力控制阀

名　称		图　形　符　号	
		GB786.1 — 2009	GB786 — 1976
溢流阀		一般符号或直动型溢流阀 先导型溢流阀 	直动型或先导型溢流阀
先导型比例电磁式溢流阀			
减压阀		一般符号或直动型减压阀 先导型减压阀 	直动型或先导型减压阀
顺序阀	内部压力控制	一般符号或直动型顺序阀 先导型顺序阀 	直动型或先导型顺序阀
	外部压力控制		

续 表

名 称	图 形 符 号	
	GB786.1—2009	GB786—1976
平衡阀 （单向顺序阀）	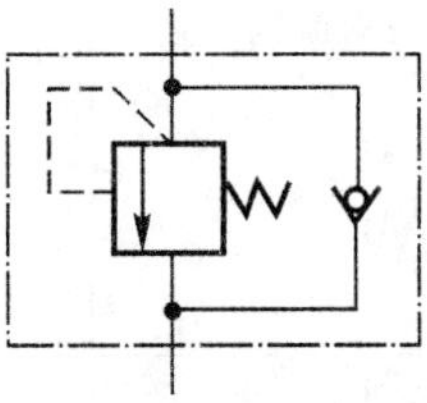	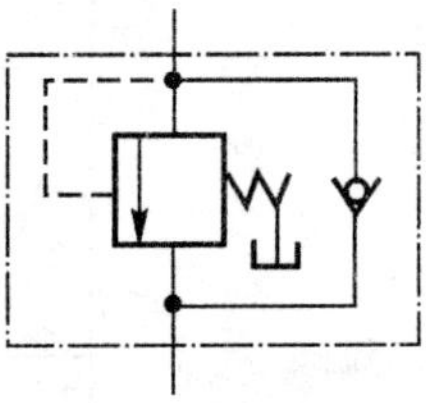
压力继电器	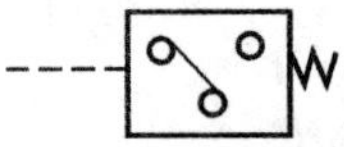	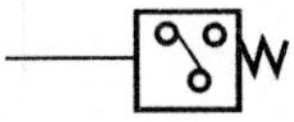

5.流量控制阀

名 称	图 形 符 号	
	GB786.1—2009	GB786—1976
不可调节流阀	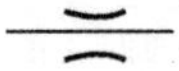	 ，又称固定节流器
可调节流阀		
可调单向 节流阀	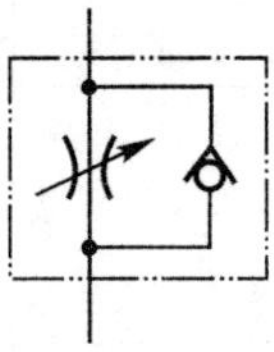	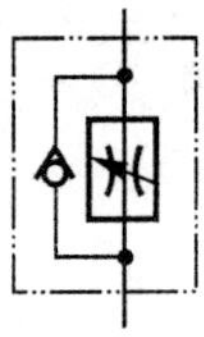
截止阀		
温度补偿型 调速阀		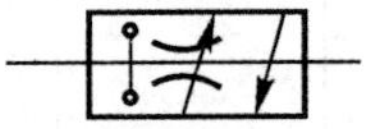
普通型调速阀		
单向调速阀	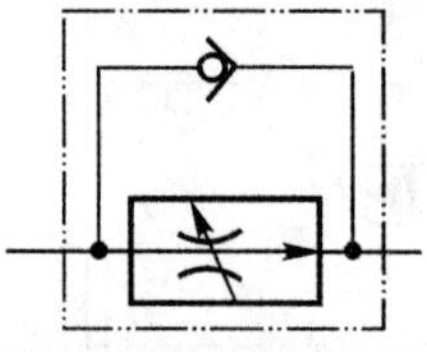	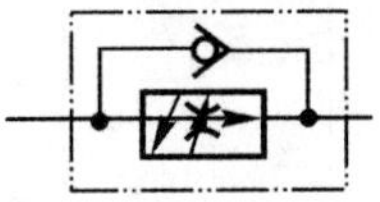
旁通型调速阀	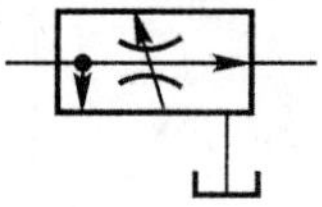	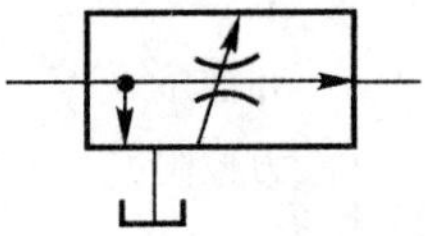

续 表

名　称	图 形 符 号	
	GB786.1 — 2009	GB786 — 1976
分流阀	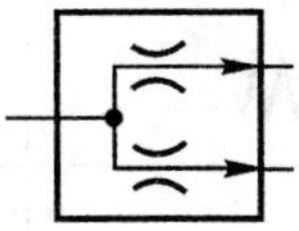	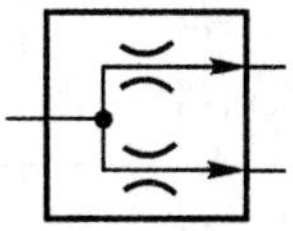
集流阀	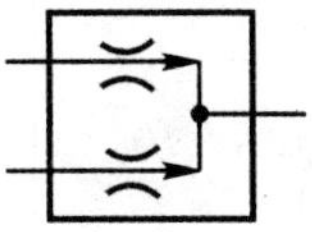	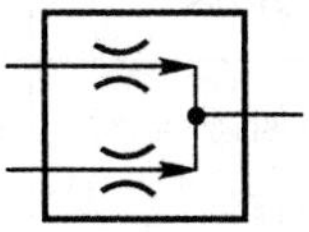
分流集流阀	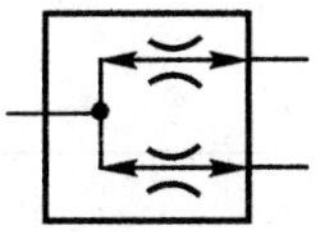	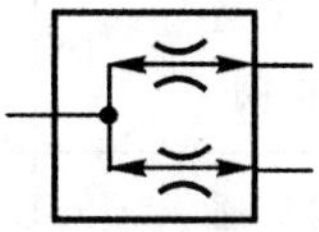

6. 方 向 控 制 阀

名　称	图 形 符 号	
	GB786.1 — 2009	GB786 — 1976
单向阀		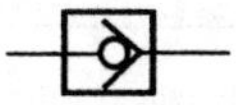
先导式液控单向阀，带复位弹簧	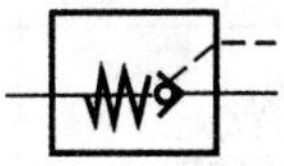	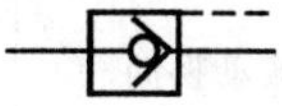
液压锁	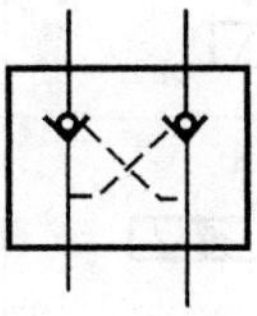	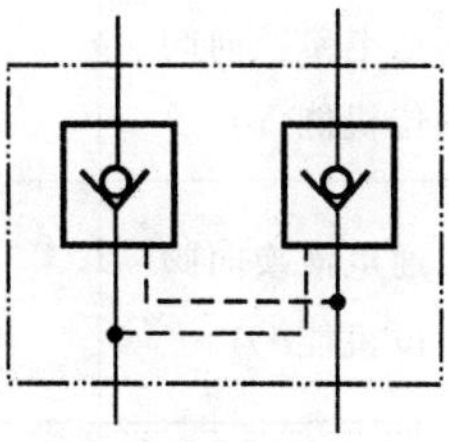
或门型梭阀	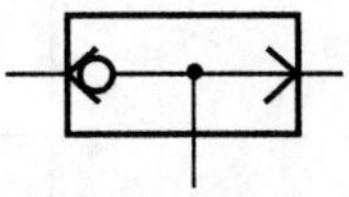	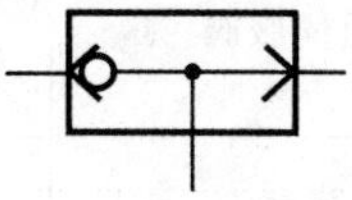
常闭式二位二通换向阀	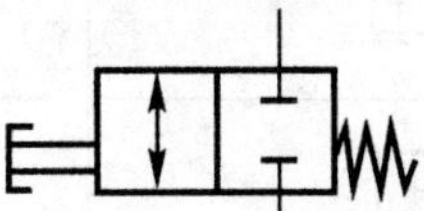	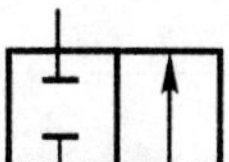

续表

名　称	图　形　符　号	
	GB786.1—2009	GB786—1976
常开式二位二通换向阀		
常闭式二位三通换向阀		
二位四通换向阀		
二位五通换向阀		
三位三通换向阀		
三位四通换向阀（中位机能 O）		
三位四通手动换向阀（中位机能 O）		
二位二通手动换向阀		
三位四通液动换向阀（中位机能 H）		
三位四通电磁换向阀（中位机能 Y）		
三位四通电液换向阀（中位机能 O）		
二通伺服阀		
三通伺服阀		
四通伺服阀		

7. 附件和其他装置

名　称	图　形　符　号	
	GB786.1 — 2009	GB786 — 1976
油箱	⊔	⊔
压力油箱		
蓄能器		
弹簧式蓄能器		
重锤式蓄能器		
隔膜式充气蓄能器		
温度调节器		
加热器		
冷却器		
滤油器	一般符号 带磁性滤芯 带污染指示器	粗滤油器 精滤油器
压力计		

续 表

名　称	图 形 符 号	
	GB786.1 — 2009	GB786 — 1976
流量计		
温度计		
转速仪		

参 考 文 献

[1] 沈兴全.液压传动与控制[M].4 版.北京:国防工业出版社,2017.

[2] 李鄂民.实用液压技术一本通[M].2 版.北京:化学工业出版社,2016.

[3] 李壮云.液压元件与系统[M].3 版.北京:机械工业出版社,2016.

[4] 盛敬超.液压流体力学[M].北京:机械工业出版社,1980.

[5] 陈卓如.流体力学[M].北京:高等教育出版社,1988.

[6] 王洪伟.我所理解的流体力学[M].北京:国防工业出版社,2014.

[7] 王淑莲.工程流体力学[M].沈阳:辽宁科学技术出版社,1996.

[8] 王懋瑶.液压传动与控制教程[M].天津:天津大学出版社,2001.

[9] 张海平.液压螺纹插装阀[M].北京:机械工业出版社,2012.

[10] 张海平.液压速度控制技术[M].北京:机械工业出版社,2014.

[11] 张海平.液压平衡阀应用技术[M].北京:机械工业出版社,2017.

[12] 雷天觉.新编液压工程手册[M].北京:北京理工大学出版社,1998.

[13] 张群生.液压与气压传动[M].北京:机械工业出版社,2002.

[14] 阎祥安,曹玉平.液压传动与控制[M].天津:天津大学出版社,2005.

[15] 章宏甲.液压与气压传动[M].北京:机械工业出版社,2002.

[16] 许福玲.液压与气压传动[M].武汉:华中科技大学出版社,2001.

[17] 贾铭新.液压传动与控制[M].北京:国防工业出版社,2003.

[18] 王海涛.飞机液压元件与系统[M].北京:国防工业出版社,2012.

[19] 张海平.实用液压测试技术[M].北京:机械工业出版社,2015.

[20] 张海平.白话液压[M].北京:机械工业出版社,2018.

[21] 胡燕平,彭佑多,吴根茂.液阻网络系统学[M].北京:机械工业出版社,2003.

[22] 吴卫荣.液压技术[M].北京:中国轻工业出版社,2006.

[23] 中国机械工程学会设备与维修工程分会.工程机械维修问答[M].北京:机械工业出版社,2006.